新工科应用型人才培养信息技术类系列教材 · 专业公共课

通信与物联网专业概论

李文娟　刘金亭
胡珺珺　赵瑞玉　编著

西安电子科技大学出版社

内 容 简 介

本书系统地介绍了通信与物联网的知识体系。全书共 8 章，针对信息终端、信息传输与接入系统、信息交换与信息网络、物联网体系架构、物联网核心技术及物联网与当前热门技术进行了深入浅出的阐述，使学生对通信与物联网从宏观上有全面的认识。

本书内容广泛，涉及较多基础知识，图文结合，重点突出，表达清晰易懂，方便自学；在注重理论与实际应用相结合的同时，力图反映新技术的发展动态。

本书可作为普通高校通信、物联网等相关专业的“专业发展概论”课程教材或参考书，也可作为其他专业学生学习通信与物联网基本知识的自学参考资料。

图书在版编目(CIP)数据

通信与物联网专业概论 / 李文娟等编著. —西安：西安电子科技大学出版社，2021.3
ISBN 978-7-5606-5965-7

Ⅰ. ①通… Ⅱ. ①李… Ⅲ. ①通信技术—概论 ②物联网—概论
Ⅳ. ①TN ②TP393.4 ③TP18

中国版本图书馆 CIP 数据核字(2021)第 010928 号

策划编辑 李惠萍
责任编辑 苑 林 雷鸿俊
出版发行 西安电子科技大学出版社(西安市太白南路 2 号)
电　　话 (029)88201467　　邮　　编 710071
网　　址 www.xduph.com　　电子邮箱 xdupfxb001@163.com
经　　销 新华书店
印刷单位 陕西天意印务有限责任公司
版　　次 2021 年 3 月第 1 版　2021 年 3 月第 1 次印刷
开　　本 787 毫米×1092 毫米 1/16 印 张 12.5
字　　数 291 千字
印　　数 1～2000 册
定　　价 30.00 元
ISBN 978-7-5606-5965-7 / TN

XDUP 6267001-1

如有印装问题可调换

前　言

随着科技的发展，通信技术和物联网技术已经逐渐深入社会各个领域和人们生活的各个角落，并发挥着重要的作用。通信技术与物联网技术的融合发展及跨界应用，带来了层出不穷的颠覆性创新和产业新业态，也为技术和产业发展提供了前所未有的机遇。特别是5G技术、人工智能等技术的迅猛发展，对传统产业产生了巨大的冲击，促进了各行业的创新发展，创造了巨大的经济利益，也使物联网迎来了巨大的技术革新。

"通信与物联网专业概论"是为引导通信工程、物联网工程等电子信息相关专业大一新生初步认识和理解所学专业而设置的课程。为了适应通信与物联网技术的最新发展，编者总结了多年教学经验，参考国内外优秀教材，并结合近几年来编者学校的教学实践和改革成果编写了本书。

本书旨在通过介绍通信与物联网专业的知识体系，使学生了解所学专业的基础知识、培养目标和后续所学课程的教学内容，树立正确的专业思想和学习观，激发学习兴趣与专业学习潜力，为今后在校学习打下良好的思维基础和学习方法基础，并且引导学生提前做好专业发展规划。本书建立了完整的知识框架，可使学生从宏观上对通信与物联网有个全面的认识，对以后在专业课中有针对性地学习起到指导作用。

本书强调基础概念，内容涉及面广，图文结合，知识结构体系完整，便于自学。编者以最易被学生接受的方式介绍了通信与物联网中的主体概念、基本构成、常用技术及发展与相关应用，在注重基本理论和基础概念的同时，又力图反映一些技术的最新发展和实际意义，理论联系实际，缩短读者对抽象知识的距离感。

全书共8章。第1章为通信与物联网的发展历程和应用，介绍了通信与物联网的发展简史、地位和典型应用。第2章为通信与物联网的基本概念，简要介绍了一些常用术语、通信与物联网的基本概念、通信系统分类及通信方式、通信系统的组成，简述了通信系统的基础理论。第3章为信息终端，介绍了固定电话终端，移动终端中的手机、笔记本电脑和平板电脑，电视终端和物联网终端的分类、组成以及接入方式。第4章为信息传输与接入系统，首先介绍了传输系统的基本任务和传输方式，然后重点讨论了几种典型的传输系统和接入系统。第5章为信息交换与信息网络，首先说明了交换的基本作用、目的和发展过程，重点介绍了电路交换、分组交换等交换技术，说明了网络的基本概念，然后在介绍几种常见信息网络的基础上，简要阐述了三网融合。第6章为物联网体系构架，介绍了物联网的感知层、网络层和应用层，并对物联网标准作了简述。第7章为物联网核心技术，主要介绍了物联网系统中的自动识别技术、无线传感技术、定位技术、物联网接入技术、物联网数据处理与存储技术、物联网信息安全技术等。第 8 章为物联网与当前热门技术，主要介绍了物联网与当前热门技术的结合，如与 5G 通信、大数据、云计算及泛在网之间的关系。

本书可作为应用型本科院校通信工程、物联网工程及其相近专业的教材(建议在大学一年级开设的“专业发展概论”课程中使用)，也可以供其他专业学生学习通信与物联网基本知识时使用。

本书的第 1、2、4 章由李文娟编写，第 6、7、8 章由刘金亭编写，第 5 章由胡珺珺编写，第 3 章由赵瑞玉编写。全书由李文娟统编和定稿。

本书在编写过程中得到了毛期俭教授、鲜继清教授、张毅教授和蒋青教授的支持和帮助，在此深表感谢。

由于编者的经验和水平有限，书中难免有不足或疏漏之处，希望读者提出宝贵的意见和建议。

编　者

2020 年 10 月

目　录

第 1 章　通信与物联网的发展历程和应用

1.1　通信发展概述

从“周幽王烽火戏诸侯”到“竹信”，从“漂流瓶”到人类历史上第一份电报——“上帝创造了何等的奇迹！”百年间，通信技术借助现代科技飞速发展。通信的历史演进与社会生活的变化以及人类社会的发展有极为密切的关系。通信技术在不断改善人们生活质量的同时，也深刻地改变着人们的生产方式和生活方式，推动人类社会向前迈进。从通信的发展过程可以看到社会的发展。通信发展的历史过程虽然没有明确的界限，但大致可以分为 4 个阶段，即古代通信、近代通信、现代通信和未来通信。

1.1.1　古代通信

古代通信利用自然界的基本规律和人的基础感官(视觉、听觉等)可达性建立通信系统，是人类基于需求的最原始的通信方式。

广为人知的“烽火传信”(周朝)、“信鸽传书”“击鼓传声”“风筝传信”(春秋时期，以公输班和墨子为代表)、“天灯”(其代表是三国时期孔明灯的使用，发展到后期的热气球为其延伸)、“旗语”以及随之发展的依托于文字的信件(周朝已经有驿站出现，由其传递公文)都是古代传信的方式，而信件在较长的历史时期内都是人们传递信息的主要方式。这些通信方式，或者是广播式，或者是可视化的、没有连接的，但是都满足现代通信信息传递的要求，即一对一、一对多、多对一的信息传递。在我们的生活中仍然能找到这些通信方式的影子，如旗语、号角、击鼓传信、灯塔、船上使用的信号旗、喇叭、风筝、漂流瓶、信号树、信鸽、信猴等。

1. 烽火通信

烽火是我国古代用以传递边疆军事情报的一种通信方法，始于商周，延至明清，延习几千年之久，其中尤以汉代的烽火组织规模为大。在边防军事要塞或交通要冲的高处，每隔一定距离建筑一高台，俗称烽火台，亦称烽燧、墩堠、烟墩等。高台上有驻军守候，发现敌人入侵，白天燃烧柴草以“燔烟”报警，夜间燃烧薪柴以“举烽”(火光)报警。一台燃起烽烟，邻台见之也相继举火，逐台传递，须臾千里，以达到报告敌情、调兵遣将、求得援兵、克敌制胜的目的(见图 1.1)。在我国历史上，还有一个为了讨得美人欢心而随意点燃烽火，最终导致亡国的“烽火戏诸侯”的故事。

图 1.1　烽火通信

2. 鸿雁传书

鸿雁传书的典故出自《汉书·苏武传》中“苏武牧羊”的故事。据载，汉武帝天汉元年(公元前 100 年)，汉朝使臣中郎将苏武出使匈奴被单于(匈奴君主)扣留，他英勇不屈，单于便将他流放到北海(今贝加尔湖)无人区牧羊。19 年后，汉昭帝继位，汉匈和好，结为姻亲。汉朝使节来匈，要求放苏武回去，但单于不肯，却又说不出口，便谎称苏武已经死去。后来，汉昭帝又派使节到匈奴，和苏武一起出使匈奴并被扣留的副使常惠通过禁卒的帮助，在一天晚上秘密会见了汉使，把苏武的情况告诉了汉使，并想出一计，让汉使对单于讲：“汉朝天子在上林苑打猎时，射到一只大雁，足上系着一封写在帛上的信，上面写着苏武没死，而是在一个大泽中。”汉使听后非常高兴，就按照常惠的话来责备单于。单于听后大为惊奇，却又无法抵赖，只好把苏武放回。

有关“鸿雁传书”，民间还流传着另一个故事。唐朝薛平贵远征在外，妻子王宝钏苦守寒窑数十年矢志不渝。有一天，王宝钏正在野外挖野菜，忽然听到空中有鸿雁的叫声，勾起她对丈夫的思念。动情之中，她请求鸿雁代为传书给远征在外的薛平贵，但是荒郊野地哪里去寻笔墨？情急之下，她便撕下罗裙，咬破指尖，用血和泪写下了一封思念夫君、盼望夫妻早日团圆的书信，让鸿雁捎去。

以上两则“鸿雁传书”的故事已经流传了千百年，而“鸿雁传书”也渐渐成为邮政通信的象征。

3. 鱼传尺素

在我国古诗文中，鱼被看作传递书信的使者，并用“鱼素”“鱼书”“鲤鱼”“双鲤”等作为书信的代称。唐代李商隐在《寄令狐郎中》一诗中写道：“嵩云秦树久离居，双鲤迢迢一纸书。”古时候，人们常用绢帛书写书信，到了唐代，进一步流行用织成界道的绢帛来写信，由于唐人常用一尺长的绢帛写信，因此书信又被称为“尺素”(“素”指白色的生绢)。因为捎带书信时人们常将尺素结成双鲤之形，所以就有了李商隐“双鲤迢迢一纸书”的说法。显然，这里的“双鲤”并非真正的两条鲤鱼，而只是结成双鲤之形的尺素。

书信和“鱼”的关系其实在唐朝以前就有了，秦汉时期，有一部乐府诗集名为《饮马长城窟行》，主要记载了秦始皇修长城，强征大量男丁服役而造成妻离子散之情景，且多为妻子思念丈夫的离情诗篇。其中有一首五言写道：“客从远方来，遗我双鲤鱼；呼儿烹鲤鱼，中有尺素书。长跪读素书，书中竟何如？上言长相思，下言加餐饭。”这首诗中的“双鲤鱼”也不是真的指两条鲤鱼，而是指用两块板拼起来的一条木刻鲤鱼。在东汉蔡伦发明造纸术之前，没有现在的信封，写有书信的竹简、木牍或尺素是夹在两块木板里的，而这两块木板被刻成了鲤鱼的形状，便成了诗中的“双鲤鱼”了。两块鲤鱼形木板合在一起，用绳子在木板上的三道线槽内捆绕三圈，再穿过一个方孔缚住，在打结的地方用极细的黏土封好，然后在黏土上盖上玺印，就成了“封泥”，这样可以防止在送信途中信件被私拆。至于诗中所用的“烹”字，也不是真正去“烹饪”，而只是一个风趣的用字罢了。

4. 青鸟传书

据我国上古奇书《山海经》记载，青鸟是西王母的随从与使者，它们能够飞越千山万水传递信息，将吉祥、幸福、快乐的佳音传递给人间。据说，西王母曾经给汉武帝写过书信，西王母派青鸟前去传书，而青鸟则一直把西王母的信送到了汉宫承华殿前。在以后的神话中，青鸟又逐渐演变成为百鸟之王——凤凰。南唐中主李璟有诗“青鸟不传云外信，丁香空结雨中愁”，唐代李白有诗“愿因三青鸟，更报长相思”，李商隐有诗“蓬山此去无多路，青鸟殷勤为探看”，崔国辅有诗“遥思汉武帝，青鸟几时过”，借用的均是“青鸟传书”的典故。

5. 黄耳传书

《晋书·陆机传》中有：“初机有俊犬，名曰黄耳，甚爱之。既而羁寓京师，久无家问，笑语犬曰：‘我家绝无书信，汝能赍书取消息不？’犬摇尾作声。机乃为书以竹筒盛之而系其颈，犬寻路南走，遂至其家，得报还洛。其后因以为常。”

宋代尤袤《全唐诗话·僧灵澈》中有：“青蝇为吊客，黄犬寄家书。”苏轼《过新息留示乡人任师中》中有：“寄食方将依白足，附书未免烦黄耳。”

元代王实甫《西厢记》第五本第二折中有：“不闻黄犬音，难得红叶诗，驿长不遇梅花使。”

黄耳传书在后代也多次出现。

6. 飞鸽传书

对于飞鸽传书，大家都比较熟悉，因为现在还有信鸽协会，并常常举办长距离的信鸽飞行比赛。信鸽在长途飞行中不会迷路，源于它所特有的一种功能，即可以通过感受磁力与纬度来辨别方向。信鸽传书确切的开始时间现在还没有一个明确的说法，但早在唐代，信鸽传书就已经很普遍了。五代王仁裕《开元天宝遗事》一书中有“传书鸽”的记载：“张九龄少年时，家养群鸽。每与亲知书信往来，只以书系鸽足上，依所教之处，飞往投之。九龄目为飞奴，时人无不爱讶。”张九龄是唐朝政治家和诗人，他不但用信鸽来传递书信，还给信鸽起了一个美丽的名字——“飞奴”。此后的宋、元、明、清诸朝，信鸽传书一直在人们的通信生活中发挥着重要作用。

7. 风筝通信

我们今天娱乐用的风筝在古代曾作为一种应急的通信工具，发挥过重要的作用。传说早在春秋末期，鲁国巧匠鲁班就曾仿照鸟的造型“削竹木以为鹊，成而飞之，三日不下”，这种以竹木为材制成的会飞的“木鹊”就是风筝的前身。到了东汉，蔡伦发明了造纸术，人们又用竹篾做架，再用纸糊之，便成了“纸鸢”。五代时人们在做纸鸢时会在上面拴上一个竹哨，风吹竹哨，声如筝鸣，“风筝”这个词便由此而来。

最初的风筝是为了军事上的需要而制作的，它的主要用途是军事侦察或传递信息和军事情报。到了唐代以后，风筝才逐渐成为一种娱乐的玩具，并在民间流传开来。

军事上利用风筝的例子史书上多有记载。汉初楚汉相争时，刘邦围困项羽于垓下，韩信向汉王刘邦建议用绢帛竹木制作大型风筝，在上面装上竹哨，于晚间放到楚营上空，发出呜呜的声响，同时汉军在地面上高唱楚歌，引发楚军的思乡之情，从而瓦解了楚军的士气，赢得了战事的胜利。

8. 通信塔

18 世纪，法国工程师克劳德·查佩成功研制出一个加快信息传递速度的实用通信系统。该系统由建立在巴黎和里尔 230 千米间的若干个通信塔组成。在这些塔顶上竖起一根木柱，木柱上安装一根水平横杆，人们可以使木杆转动，并能在绳索的操作下摆动形成各种角度。在水平横杆的两端安有两个垂直臂，也可以转动。这样，每个塔通过木杆可以构成 192 种不同的构形，附近的塔用望远镜就可以看到表示 192 种含义的信息。这样依次传下去，在 230 千米的距离内仅用 2 分钟便可完成一次信息传递。该系统在 18 世纪法国革命战争中立下了汗马功劳。

9. 旗语

在 15～16 世纪的 200 年间，舰队司令靠发炮或扬帆作训令，指挥属下的舰只。1777 年，英国的美洲舰队司令豪上将印了一本信号手册，成为第一个编写信号书的人。后来海军上将波帕姆爵士用一些旗子作“速记”字母，创立了一套完整的旗语字母。1805 年，纳尔逊勋爵指挥特拉法尔加战役时，在阵亡前发出的最后信号是波帕姆旗语第 16 号：“驶近敌人，近距离作战。”

1817 年，英国海军马利埃特上校编出第一本国际承认的信号码。航海信号旗共有 40 面，包括 26 面字母旗、10 面数字旗、3 面代用旗和 1 面回答旗。旗的形状各异，有燕尾形、长方形、梯形、三角形等。旗的颜色和图案也各不相同。

1.1.2 近代通信

近代通信的革命性变化源于电的发现与使用，是把电作为信息载体后发生的。电流的发现对通信产生了不可估量的推动作用，引领了以电报、电话的发明为代表的第一次信息技术革命。

1. 电报与电话的发明

19 世纪 30 年代，由于铁路迅速发展，迫切需要一种不受天气影响、没有时间限制又比火车跑得快的通信工具。此时，发明电报的基本技术条件(电池、铜线、电磁感应器)也已具备。1837年，英国库克和惠斯通设计制造了第一个有线电报机，且不断加以改进，发报速度不断提高。这种电报很快在铁路通信中获得了应用。他们的电报系统的特点是电文直接指向字母。在众多的电报发明家中，最有名的还要算萨缪尔·莫尔斯，莫尔斯是一名享誉美国的画家。

1832年，美国人莫尔斯对电磁学产生了浓厚的兴趣，他在1835年研制出电磁电报机的样机，后又根据电流通、断时出现电火花和没有电火花两种信号，于1838年发明了由点、划组成的莫尔斯电码。此为电信史上最早的编码，是电报发明史上的重大突破。图1.2为莫尔斯及其发明的电报机。

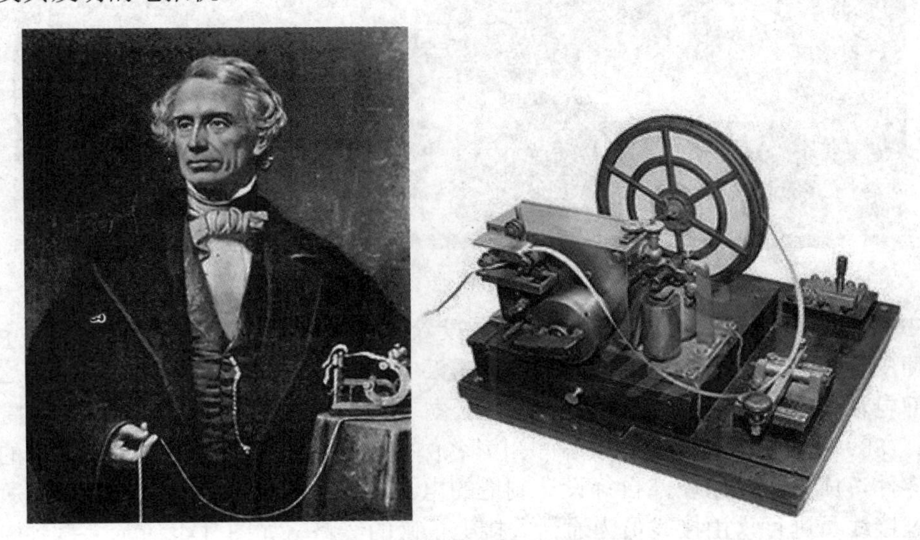

图1.2 莫尔斯及其发明的电报机

莫尔斯在取得突破以后，马上就投入紧张的工作中，把设想变为实用的装置，并且不断地加以改进。1844年5月24日，莫尔斯在美国国会大厅里亲自按动电报机按键，随着一连串“滴滴嗒嗒”声响起，电文通过电线很快传到了数十千米外的巴尔的摩。他的助手准确无误地把电文译了出来，莫尔斯向巴尔的摩发出了人类历史上第一份电报“上帝创造了何等的奇迹！”莫尔斯电报的成功轰动了美国、英国和世界其他各国，他的电报很快风靡全球。19世纪后半叶，莫尔斯电报已经获得了广泛的应用。电报是利用架空明线来传送的，所以这是有线通信的开始。电报的发明拉开了电信时代的序幕，由于有电作为载体，信息传递的速度大大加快，“滴—嗒”一声(1秒)，它便可以载着信息绕地球7圈半，这是以往任何通信工具所望尘莫及的。在1896年，德国建立了电报局。

电报只能传达简单的信息，所以有很大的局限性，而且要译码，很不方便。1876年，亚历山大·格雷厄姆·贝尔利用电磁感应原理发明了电话(传输语音)，预示着个人通信时代的开始。1876年3月10日，贝尔在做实验时不小心将硫酸溅到腿上，他痛苦地呼喊他的助手：“沃森先生，快来帮我啊！”谁也没有料到这句极为普通的话，竟成了人类通过电话传送的第一句话。当天晚上，贝尔含着热泪，在写给他母亲的信件中预言：“朋友们各自留在家里，不用出门也能互相交谈的日子就要到来了！”1877年，也就是贝尔发明电话后的第二年，在波士顿和纽约架设的第一条电话线路开通了，两地相距 300 千米。也就在这一年，有人第一次用电话给《波士顿环球报》发送了新闻消息，从此开始了公众使用电话的时代。一年之内，贝尔共安装了 230 部电话，建立了贝尔电话公司，这就是美国电报电话公司(AT&T)的前身。图 1.3 为贝尔和他发明的电话。

图 1.3 贝尔和他发明的电话

1879 年，第一个专用人工电话交换系统投入运行。电话传入我国是在 1881 年，英籍电气技师皮晓浦在上海十六铺沿街架起一对露天电话，花费 36 文钱可通话一次，这是中国的第一部电话。1882 年 2 月，丹麦大北电报公司在上海外滩办起我国第一个电话局，有 25 家用户。1889 年，安徽省安庆州候补知州彭名保自行设计了一部电话，包括自制的五六十种大小零件，成为我国第一部自行设计制造的电话。最初的电话并没有拨号盘，所有的通话都通过接线员进行，由接线员为通话人接上正确的线路，如图 1.4 所示。直到中华人民共和国成立后的 1955 年，上海市调整布局，更新设备，统一全市网络，所有电话才得以互通直拨。进入 20 世纪末，上海市电话改为 8 位数号码后，电话已基本普及到城乡每户家庭。

图 1.4 1898 年上海的电话交换局

2. 无线电应用

电报和电话的相继发明，使人类获得了远距离传送信息的重要手段。但是，电信号都是通过金属线传送的，只有线路架设到的地方信息才能传到，遇到大海、高山，则无法架设线路，也就无法传递信息，这就大大限制了信息的传播范围。因此，人们又开始探索不受金属线限制的无线电通信(简称无线通信)。无线通信与早期的电报、电话通信不同，它是利用无线电波来传递信息的。那么，谁是无线通信的“报春人”呢？

1864 年，麦克斯韦发表了电磁场理论，成为人类历史上第一个预言电磁波存在的人。1887 年，德国物理学家赫兹通过实验证实了电磁波的存在，并得出电磁能量可以越过空间进行传播的结论，这为日后电磁波的广泛应用铺平了道路。但遗憾的是，赫兹否认了将电磁波用于通信的可能性。

1895 年，20 岁的意大利青年马可尼发明了无线电报机(见图 1.5)。虽然当时的通信距离只有 30 米，但他闯进了赫兹的“禁区”，开创了人类利用电磁波进行通信的历史。1901 年，无线电越过了大西洋，人类首次实现了隔洋远距离无线通信。两年后，无线电话实验成功。由于在无线通信上的卓越贡献，1909 年，35 岁的马可尼登上了诺贝尔物理学奖的领奖台。

图 1.5　1899 年 3 月 27 日无线电之父马可尼在接收无线电信号

无线通信在海上通信中也获得了大量应用。近一个世纪以来，用莫尔斯代码拍发的遇险求救信号“SOS”成了航海者的“保护神”，拯救了不计其数的人的性命，挽回了巨大的财产损失。例如，1909 年 1 月 23 日，“共和号”轮船与“佛罗里达号”相撞，30 分钟后，“共和号”发出的“SOS”信号被航行在该海域的“波罗的海号”所截获。“波罗的海号”迅速赶到出事地点，使相撞两艘船上的 1700 条生命得救。类似的事例不胜枚举。图 1.6 为 1912 年航船上使用的无线电报设备。

图 1.6　1912 年航船上使用的无线电报设备

但是，反面的教训也是十分沉重的。1912 年 4 月 14 日，豪华客轮“泰坦尼克号”(见图 1.7)在进行处女航时因船上电报出现了故障，导致它与外界的联系中断了 7 个小时，且它与冰山相撞后发出的“SOS”信号又没有及时被附近的船只所接收，最终酿成了 1500 人葬身海底的震惊世界的惨剧。“泰坦尼克号”的悲剧，似诉似泣，它告诉我们，通信与人类的生存有着多么密切的关系！

图 1.7　泰坦尼克号

在第二次世界大战中，无线电技术发挥了巨大的威力，以至于有人把第二次世界大战称为“无线电战争”。其中特别值得一提的便是雷达的发明和应用。1935 年，英国皇家无线电研究所所长沃森·瓦特等人成功研制出世界上第一部雷达。20 世纪 40 年代初，雷达在英、美等国军队中获得广泛应用，被人称为“千里眼”，如图 1.8 所示。后来，雷达也被广泛应用于气象、航海等民用领域。

图 1.8　1943 年在第二次世界大战中使用的雷达

3. 广播与电视的发明

19 世纪，人类在发明无线电报之后，便进一步希望用电磁波来传送声音。要实现这一愿望，首先需要解决的是如何把电信号放大的问题。1906 年，继英国工程师弗莱明发明真空二极管之后，美国人福雷斯特又制造出了世界上第一个真空三极管(见图 1.9)，它解决了电信号的放大问题，为无线电广播和远距离无线电通信的实现铺平了道路。

图 1.9　福雷斯特及其制造的真空三极管

广播诞生于 20 世纪 20 年代。1906 年圣诞节前夜，美国的费森登和亚历山德逊在纽约附近设立了一个广播站，并进行了有史以来第一次广播，如图 1.10 所示。早期只有极少数的人能够收听这些早期的广播，随着无线电的广泛使用以及人们对于大功率发射机和高灵敏度电子管接收机技能的熟练掌握，广播逐渐普及至千家万户。

图 1.10　1906 年历史上第一次无线电广播

1925 年，英国人贝尔德发明了可以映射图像的电视装置(机械扫描式电视接收机，如图 1.11 所示)。1927 年，英国广播公司试播了 30 行机械扫描式电视，从此便开始了电视广播的历史。1935 年，英国广播公司用电子扫描式电视取代了机械扫描式电视，这标志着一个新时代由此开始。图 1.12 为 1936 年电视传播在柏林举行的第 11 届奥林匹克运动会。20 世纪 50 年代是电视开始普及的年代，1953 年，美国 RCA 公司设定了全美彩电标准，并于 1954 年推出第一台彩色电视机。到 1964 年，有 31%的美国家庭拥有了彩色电视机。

图 1.11 机械扫描式电视接收机

图 1.12 1936 年电视转播在柏林举行的第 11 届奥林匹克运动会

1958 年 3 月 17 日，这是我国第一台黑白电视机的“生日”。1978 年，国家批准引进第一条彩电生产线，并将生产重任委托给上海电视机厂(现在的上海广电集团)。1982 年 10 月，这条生产线竣工投产。不久，国内第一个彩色电视机显像管厂咸阳彩虹显像管厂成立。这期间我国彩电业迅速升温，并很快形成规模。

随着时代的发展，电视机的多媒体功能也越来越多样化，创维早在 2007 年就推出了全球首款支持 RM/RMVB 格式网络视频文件播放的酷开 TV。中国的消费者由此可以抛开 DVD、VCD，直接下载网络视频内容在电视上共享。到了 2008 年，这种多媒体娱乐功能又得到了进一步加强，创维在电视上加入了酷 K 功能，使消费者通过电视便可以实现“在家 K 歌”，在当时的年轻用户中引起了巨大反响。

2011 年，智能电视的概念逐渐被炒热，三星电视在 1 月的 CES(International Consumer Electronics Show，全球消费电子展)上发布智能电视，一时间其风头盖过智能手机和平板电脑，成为最受瞩目的“智能明星”。到了同年 4 月，三星率先将 13 款 Smart TV 引入国内市场。而为了给用户提供更充分的娱乐，三星在 2010 年智能电视还处于概念期时，已经率先开发出了自己的 App 应用程序商店。此后，索尼、夏普等品牌也纷纷投入各自应用程序平台的开发中。三星 Smart TV 发布不久，其智能应用程序商店的程序下载量很快就达到 200 万次。

1.1.3　现代通信

电话、电报从其发明时起，就开始改变人类的经济和社会生活的方方面面。但是，只有在以计算机为代表的信息技术进入商业化以后，特别是互联网技术进入商业化以后，才完成了近代通信技术向现代通信技术的转变，通信的重要性日益得到增强。

1946 年，世界上第一台通用电子计算机问世，如图 1.13 所示；1947 年，晶体管在贝尔实验室问世，为通信器件的进步创造了条件，如图 1.14 所示；1948 年，香农提出了信息论，建立了通信统计理论；1951 年，直拨长途电话开通；1956 年，铺设越洋通信电缆；1958 年，发射第一颗通信卫星；1959 年，美国的基尔比和诺伊斯发明了集成电路，如图 1.15 所示；1962 年，发射第一颗同步通信卫星，开通国际卫星电话；1967 年，大规模集成电路诞生，做成了一块米粒般大小的硅晶片上可以集成一千多个晶体管的线路；1977 年，美国、日本科学家制成超大规模集成电路，30 平方毫米的硅晶片上集成了 13 万个晶体管。微电子技术极大地推动了电子计算机的更新换代，使电子计算机拥有了前所未有的信息处理能力，成为现代高新科技的重要标志。

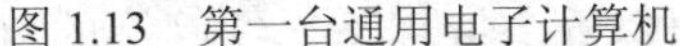

图 1.13　第一台通用电子计算机

图 1.14　晶体管

图 1.15 集成电路

1970—1994 年，是骨干通信网由模拟网向数字网转变的阶段。这一时期数字技术和计算机技术在网络中被广泛使用，除传统 PSTN(Public Switched Telephone Network，公共交换电话网络)外，还出现了多种不同的业务网。基于分组交换的数据通信网技术在这一时期已发展成熟，TCP/IP(Transmission Control Protocol/Internet Protocol，传输控制协议/网际协议)、X.25、帧中继等都是在这期间出现并发展成熟的。在这一时期，形成了以 PSTN 为基础，Internet、移动通信网等多种业务网络交叠并存的结构。从 1995 年一直到目前，可以说是信息通信技术发展的黄金时期，是新技术、新业务产生最多的时期。互联网、光纤通信、移动通信成为这一阶段的主要标志。骨干通信网实现了全数字化，骨干传输网实现了光纤化，同时宽带化的步伐日益加快，数据通信业务增长迅速，独立于业务网的传送网也已形成。由于电信政策的改变，电信市场由垄断转向全面的开放和竞争。

至此，以微电子和光电技术为基础，以计算机和数字通信技术为支撑，以信息处理技术为主导的信息技术(Information Technology，IT)正在改变着我们的生活，数字化信息时代已经到来。在信息交换方面，数字信号的交换和处理越来越频繁地使用计算机来实现；在信息传递方面，具有全时空通信功能的移动通信、卫星通信、光纤通信已成为当今传递信息的三大新兴通信手段；在网络发展方面，电信技术可使通信网络向用户提供更多样化、更现代化的电信新业务，形成综合业务数字网(ISDN)。综合业务数字网以电话网为基础，将电话、电报、传真、数据、图像、电视广播等业务网络用数字程控交换机和光纤传输、卫星通信及移动通信等系统连接起来，实现信息采集、传递、处理和控制一体化。它可以提供比普通电话网传输速度更快、容量更大、质量更高的信息通道。

现代通信涉及的技术可归为 5 类：

(1) 数字技术，包括编解码器和数字信号处理器。

(2) 软件技术，包括程控时分交换和分组交换。

(3) 微电子技术，包括超大规模集成电路的计算机辅助设计和微加工。

(4) 光子技术和光电子技术，包括光纤通信、光纤传感、激光器件和光电子集成。

(5) 微波技术，包括卫星通信与广播、微波接力线路和超高频移动通信。

现代通信的主要特点如下：

(1) 容量越来越大。光纤通信、卫星通信和移动通信等现代化通信系统的容量逐步加大，系统采用更先进的科技手段增加了信息传输的容量，特别是光纤网络的建立，不仅提高了通信行业的通信容量，而且提高了通信的质量和速度。

(2) 通信距离越来越长。现代通信技术可以有效降低信息在传输过程中的损耗，对于长距离传输的通信信息可以经过系统和网络的加工，在新科技和新材料的加工、处理下变为稳定、安全的信息，实现长距离传输。

(3) 抗干扰能力提高。现代通信网络有针对雷电干扰、电离层的变化和自然环境干扰的措施，通过建立现代通信网络可有效防止可能出现的干扰，在通信信息传输的过程中，通过抗干扰系统的工作，确保通信质量的稳定。

(4) 宽带化、无线网络化。近年来，世界范围内光纤网络和高通透量网络的建设全面展开，现代通信技术朝宽带化的方向演进，同时无线网络由电路交换网络转变为无线 IP 网络，处理数据的能力大大提升，抗干扰能力也大大增加。宽带化和无线网络化为通信向个人化、智能化发展奠定了基础。

通信经历了从最初使用人力，到现在使用电、光、无线电波作为媒介来传递信息，实现了人们传达信息、交流思想的愿望，摆脱了空间地域的束缚。现代通信技术不仅满足了人们获取信息的渴望，而且大大丰富了人们的生活，各式各样的图片、声音、视频等多媒体信息充斥在我们周围，娱乐、办公、学习……无法想象，没有了现代通信技术的支持，我们的生活会变得多么枯燥乏味。通信技术从单纯的语音通信进入多媒体通信时代，多媒体通信将成为 21 世纪人类通信的基本方式。同时，3G、4G 的出现正是源于用户对多媒体业务越来越广泛的需求。多媒体通信，特别是可视媒体无疑将会在很大程度上提高人类的生活水平并改变人类的生活、工作习惯。5G 是 4G 之后的延伸，它带动着整个生态圈，即与 5G 通信相关联的技术发生裂变式发展，包括大视频、物联网(Internet of Things，IoT)、云计算、AI(Artificial Intelligence，人工智能)、VR(Virtual Reality，虚拟现实)、无人机等多个领域。

现代通信的典型系统、具体应用、相关技术等，将在后面的章节详细介绍。

1.1.4　未来通信

未来通信向着个人化、智能化方向发展。个人化是指通信可以实现“每个人在任何时间和任何地点与任何其他人通信”。每个人将有一个识别号，而不是每一个终端设备(如现在的电话、传真机等)有一个号码。现在的通信，如拨电话(座机)、发传真，只是拨向某一设备(话机、传真机等)，而不是拨向某人。如果被叫的人外出，则不能与该人通话。未来的通信只需拨该人的识别号，无论该人在何处，均可拨至该人并与之通信(使用哪一个终端取决于他所持有的或归其暂时使用的设备)。要达到通信个人化，需有相应终端和高智能化的网络。智能化需要建立先进的智能网。一般来说，智能网是能够灵活方便地开设和提供新业务的网络，且当网络提供的某种服务因故障中断时，智能网可以自动诊断故障和恢复原来的服务。它是隐藏在现存通信网里的一个网，而不是脱离现有的通信网而另建一个独立的“智能网”，即只是在已有的通信网中增加一些功能(智能)单元。

随着计算机结构和功能向着微型化、超强功能、智能化和网络化的方向发展，人机界面将更为友好。未来，通信工具的操作将变得非常简单，无论您是何种文化水平、身体是否健全，都能享受到交流的乐趣。

下面介绍我们对未来通信的一些展望。

1．更便捷的可穿戴通信工具

未来人们的通信工具没有电话线，也不用手持，因为通信工具已经植入人们的日常用品中(如衣服、眼镜、腕表等)了。而未来通信工具的显示器可以和我们的日常视觉融为一体，只需要触摸镜头屏幕，它就会在我们脑海中形成三维影像或在空间中形成三维影像，如图 1.16 所示。

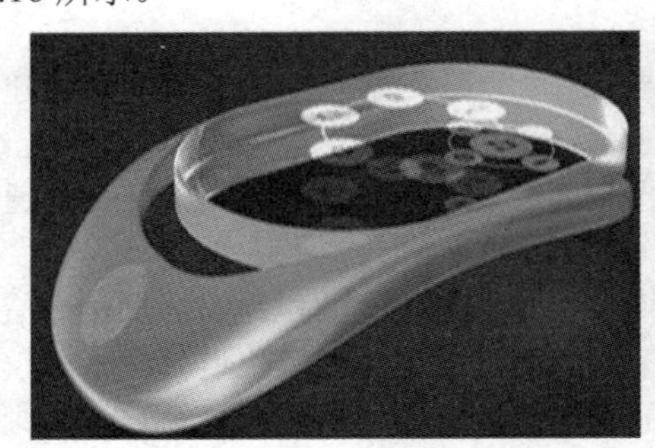
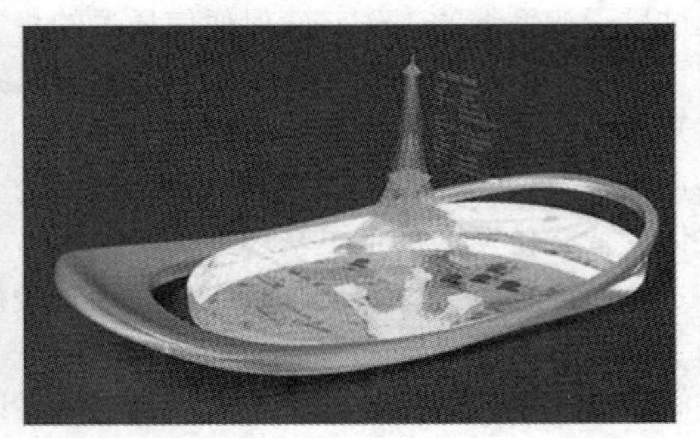

图 1.16　未来通信工具的显示器

2．混合现实技术

混合现实技术是虚拟现实技术的进一步发展，该技术通过在现实场景呈现虚拟场景信息，在现实世界、虚拟世界和用户之间搭起一个交互反馈的信息回路，以增强用户体验的真实感。例如，无论在何时何地，人们都可以了解到周围发生的一切及随时获悉所关注事物的数字信息。假如遇见一个陌生人，便可以通过混合现实技术知道这个人的名字，了解 Facebook 上关于他的个人资料、Twitter 账号及其他信息，如图 1.17 所示。

图 1.17　混合现实技术

3．全息技术

全息技术可以让从物体发射的衍射光被重现，其位置和大小同之前一模一样。全息技术已经广泛用于显示静态三维图片，但是使用三维体全息仍然不能任意地显示物体。全息摄影打印出来的照片可以从多个角度观看，但是有角度局限性。很多防伪标识都是使用全息摄影打印出来的图像制作的。全息投影是利用干涉和衍射原理记录并再现物体真实的三维图像的技术，如图 1.18 所示。全息影像(Holographic Display)尚在研究，多在科幻作品中出现。制作一种物理上的纯三维影像，观看者可以从不同角度不受限制地观察甚至进入影像内部。

图 1.18　全息投影技术

4．未来通信中的概念产品

由 Nokia Benelux 设计竞赛赢家设计的 Nokia 8888 概念手机如图 1.19 所示。这款造型类似手镯的 8888 概念手机除了拥有一般手机的闹钟、个人数字助理(Personal Digital Assistant，PDA)、电子邮件接收、电子钱包等功能以外，其构想还包括液态电池(Liquid Battery)供电、语音辨识、弹性触控屏幕以及具有触感的机身外壳。这些构想中，除了液态电池以外，其余功能在不久之后很有可能都会一一实现。因为全彩电子墨水、弹性 OLED(Organic Light-Emitting Diode，有机发光二极管)屏幕以及超薄电路板印刷技术都已到位，我们即将进入下一个通信世界的新领域。

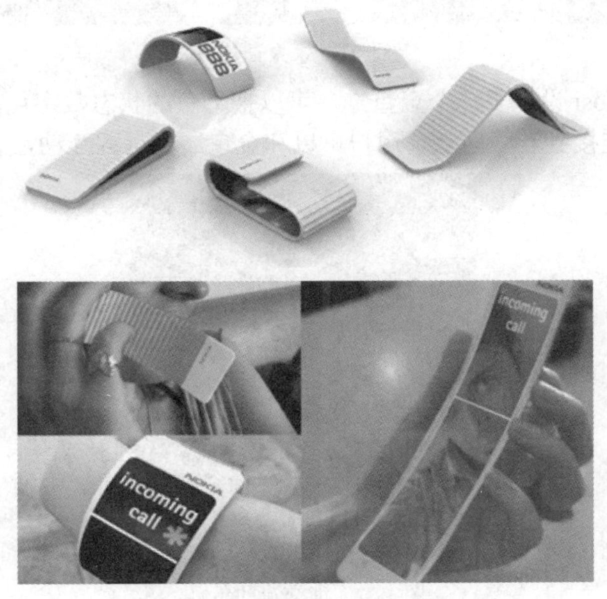

图 1.19　Nokia 8888 概念手机

由 Jung Dae Hoon 设计的一款前卫的手镯式概念手机 Dial Phone 被认为是时尚产品，设计师将手机设计成环形，可以像手镯一样方便携带。该手机的数字键通过手镯边缘透射出来，在手镯接口处有一个小型的 LED 显示屏，可以显示时间、信号强度或来电号码，并且还可以将时间透射到人的手上，以方便查看，如图 1.20 所示。

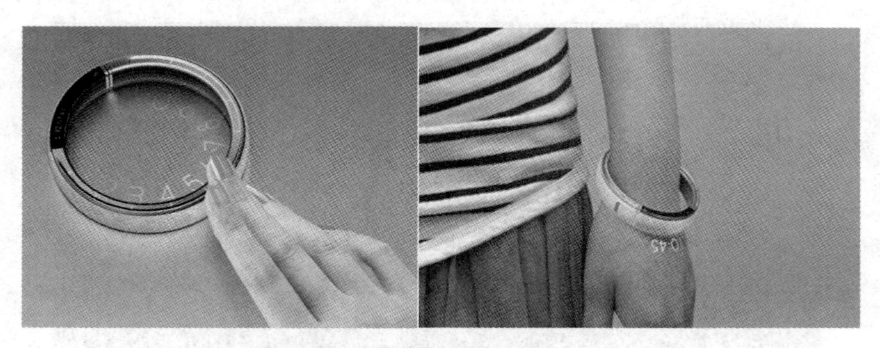

图 1.20　手镯式概念手机 Dial Phone

5．未来计算机

由北京中关村科技公司设计和构思的一台未来计算机如图 1.21 所示。它的形状只是一个手掌大小的小球，显示屏和键盘都由球两面的三维立体投影完成。

图 1.21　未来计算机

设计师 Bruno Fosi 设计了一个金鱼缸，可以把金鱼的状态数字化，通过无线网络方式把金鱼的生活方式连接到互联网上，用户可以和金鱼展开远程互动，如图 1.22 所示。

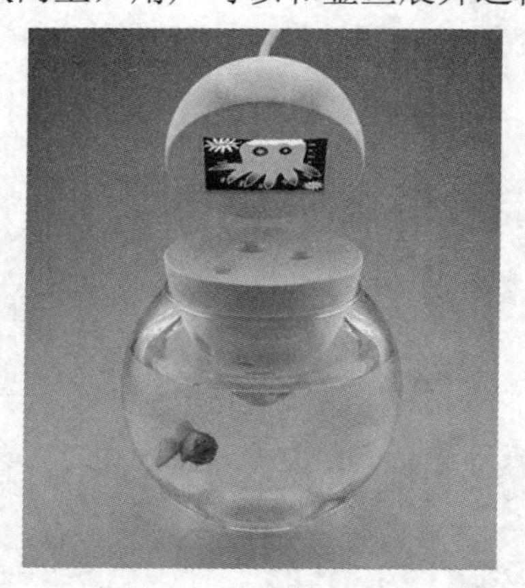

图 1.22　能交流的鱼缸

1.2　通信的地位和作用

在现代社会，经济高速发展，社会日益前进，广阔的经济发展前景离不开通信的发展。

近几十年来，全球通信迅猛发展。通信作为社会发展的基础设施和发展经济的基本要素，越来越受到世界各国的高度重视和大力发展。通信改变了社会和人们的生活方式，通信的发展也给政府和商家的日常活动带来便利和机会。在政府政务方面，目前，税务、交管、公安、工商等部门都提供了网上发布信息和办理各种手续的手段，大大方便了和群众的交互。网络的出现除了给工商业原有的活动带来便利以外，更是创造了大量的商机和新的运营模式。网上商店、电子商务、网上交易等的出现创造了更多的就业机会和方式，促进了经济的发展和人民生活水平的提高。社会需求推动了通信的迅速发展，反过来，通信的发展也促进了社会的宏观发展，典型的例子是克林顿时期的美国“信息高速公路”(National Information Infrastrcture，NII)计划。

美国学者阿尔温、托夫勒在 20 世纪 80 年代出版的《第三次浪潮》曾在世界引起强烈反响，他把迄今为止人类社会发展历程视为三次革命浪潮，第一次是农业革命，第二次是工业革命，第三次就是信息技术革命。信息技术革命的代表之一是信息高速公路。因信息高速公路而来的时尚——苹果 iPad 信息高速公路是当时社会的热门话题，其提出者是美国。这一概念是在 1992 年 2 月美国总统乔治·H·W·布什发表的国情咨文中提出的，即计划用 20 年时间，耗资 2000～4000 亿美元，以建设美国国家信息基础结构作为美国发展政策的重点和产业发展的基础。倡议者认为，它将永远改变人们的生活、工作和相互沟通的方式，产生比工业革命更为深刻的影响。21 世纪前期，在欧美国家兴起的高速公路的建设在振兴经济中产生了巨大作用和战略意义。中国科学院对 NII 的解释为：由大量的相互作用的信息要素(通信网、计算机系统、信息与人)构成的开放式综合的巨型网络系统，能以 Gb/s 级的速率传递信息，以先进的技术采集、处理信息并供全社会成员方便地利用信息，因此它是现代化社会的国家信息基础设施。从信息应用层面上，NII 可简单用图 1.23 来表示。

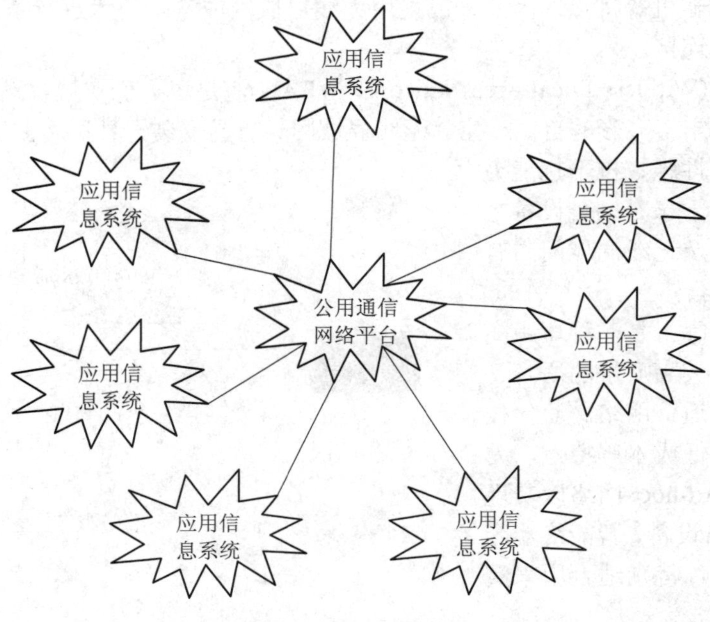

图 1.23 NII 结构

由图 1.23 可以看出，NII 由公用通信网络平台和各种不同的应用信息系统构成，利用现代通信手段和技术来拓展和完成各种信息功能。公用通信网络平台是信息的核心，各种应用信息系统都需要通过公用通信网络平台进行传输，解决远距离信息交流的问题。

通信与我们的日常生活息息相关，它的应用涉及许多领域，是人类社会发展的基础，是推动人类文明与进步的巨大动力，是现代化社会的国家信息基础设施。

1.3 通信的典型应用

1.3.1 通信在生活中的应用

通信在日常生活中的应用非常普遍，电话已经成为人们不可缺少的通信设备，电视也已是男女老少业余生活中的伙伴，计算机上网更受人们欢迎，电子邮箱逐渐代替了纸质书信。应用互联网，可以在家里看书学习，玩各种丰富多彩的游戏，观赏电影，欣赏音乐。人们足不出户即可在家中应用通信网络到各大商场浏览、选购满意的商品，还可以网上订购飞机票、火车票等，并且通过电子银行在网上结算。人们可以通过远程医疗在家中与医院进行网络联系，求医问病，医生可对病人进行远程诊断和治疗救助。

信息家电、智能家居技术或者家庭信息化都是相近的概念，指的是将微处理技术尤其是嵌入式技术、通信技术引入传统的家居、家电中，用于安全防范、智能控制以及家庭信息服务等各种家庭服务，这已经成为当今计算机及通信研究应用的热点之一。在实现信息家电的几个关键技术中，采用何种家庭网络控制平台来实现家电的互连、信息共享与控制以及与外界的信息交换是其中的关键技术之一。由于家庭网络具有连接设备多、传输信息种类多以及布局随机等特点，因此一般采用无线局域网或宽带技术进行通信并通过家庭网关等设备与外界连接。

无线局域网(Wireless Local Area Network，WLAN)满足了人们实现移动办公的梦想，为我们创造了一个丰富多彩的自由天空。无线局域网具有易安装、易扩展、易管理、易维护、移动灵活、保密性强、抗干扰能力强等特点，可用于家庭办公设备之间的无线连接以及无线局域网与有线网之间的连接。

蓝牙技术实际上是一种短距离无线连接，支持较高质量的语音、数据传输的无线通信网络。蓝牙技术具有短距离、低成本等特点，尤其是容易构建 Ad-hoc 网络以实现移动式计算/通信设备、智能终端等之间的信息共享，特别适合用来实现家庭信息网络。

家庭信息网如图 1.24 所示。

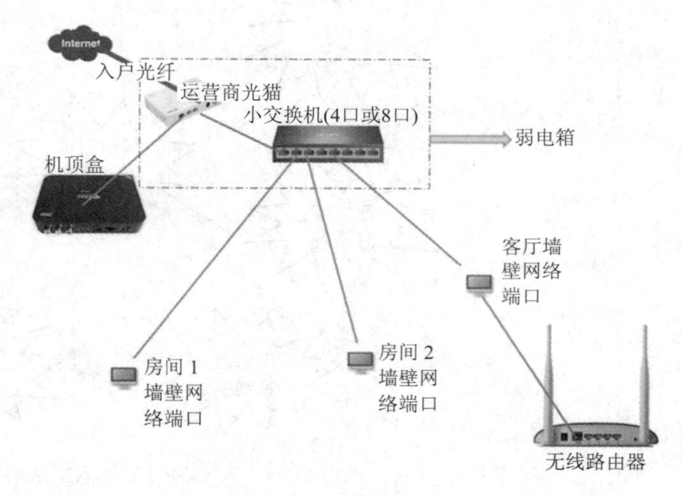

图 1.24　家庭信息网

1.3.2　通信在校园网中的应用

随着 Internet 的快速普及与高速发展，校园网已经成为每个学校必备的信息基础设施之一，是学校提高教学、科研及管理水平的重要途径和手段。国家对教育信息化建设给予了大力推进和支持，极大地鼓励学校积极参与校园网的建设。

校园网的层次结构较多，职能不同的部门分布在不同的地理位置，需要进行子网划分，以便于管理。校园网可采用星型拓扑结构，核心是骨干网，周围是各个子网，子网向下连接工作组网，工作组网向下再连接基层网段。骨干网必须有较大的带宽和很强的中心交换能力。子网相对独立，在骨干网汇聚处形成子网边界。通过汇集层交换机与骨干网进行星型连接，汇集层采用交换能力为数兆每秒的交换机，向上利用光纤连接骨干网节点，向下根据距离的大小采用不同的传输介质连接接入层节点：100 米内采用普通的同轴电缆或屏蔽双绞线，100 米外采用光缆连接。每个接入点又通过交换机、集线器连接到各宿舍、教室或办公室。

校园网为校园提供全方位的网络信息化服务，同时整合社会上其他优势资源，让校园网络服务包罗万象，应有尽有，也带动其他产业快速发展，形成一条完整而巨大的校园产业服务链。

1.3.3　通信在交通中的应用

通信在交通中也起着非常重要的作用，如列车、飞机的售票系统需要通信，途中的各种信息传递、指挥调度等也需要通信。下面我们来看看通信在交通中一些比较典型的应用。

1. 城市交通监控管理系统

城市交通监控管理系统能大大提高各地交警部门对城市交通的现代化综合管理水平，有效地解决诸如交通堵塞、闯红灯、机动车违章、交通肇事等问题。在城市各街道站口设立监控点(红绿灯及摄像机等)，由这些点采集信号并用光纤或电缆通过局域网或信号集中器通信接口(E1)与多点控制器(Multipoint Control Unit，MCU)相连接，并传送到主控室(指挥部调度中心)及电视监视屏，如图 1.25 所示。

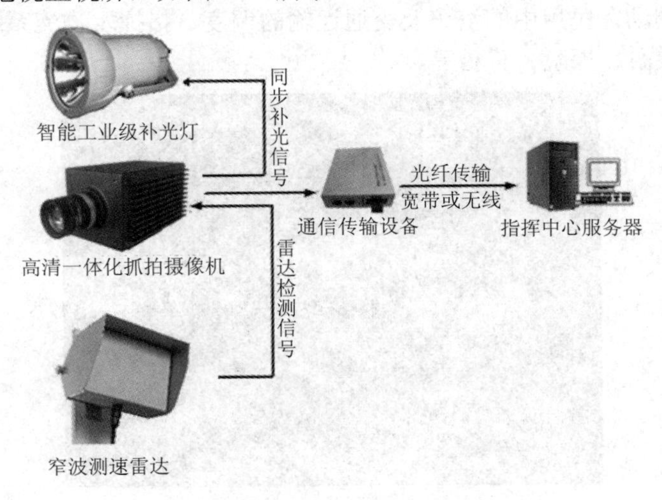

图 1.25　电子警察

2. 高速公路信息网

高速公路信息网是对高速公路及在公路上运行的车辆进行现代化管理的信息网络，它可对在道路上行驶的车辆进行远程监控，特别是对高速公路的进出口、隧道、桥梁以及各收费站点进行监视、控制及通信联络等。

高速公路监控系统主要由信息采集子系统、监控中心及信息提供子系统三大部分组成。信息采集子系统包括车辆检测器、气象检测器、紧急电话和巡逻车；监控中心是高速公路全线路监控系统的最高层，即控制中心，主要负责全线路范围内交通情况的监视和控制；信息提供子系统包括交通标志、标线和信号等，是交通监控管理为汽车用户服务的主要形式。高速公路监控系统用于交通监控、交通信息和气象信息的采集以及交通疏导。该系统通过在高速公路沿线、立交、收费广场设置 CCD(Charge Coupled Device，电荷耦合器件)摄像机，并把其信号传输至监控中心集中监控，从而实现交通状况的可视监控；通过在沿线关键位置设置车辆计数器、车辆测速器、气象资料采集器，并把信号传输至监控中心集中处理，实现交通信息和气象信息的采集；通过安装于道路中间分隔带的可变速标志，可以从中心对外发布交通疏导和交通控制信息。

3. GPS 与交通管理网

GPS(Global Positioning System，全球定位系统)(GPS 卫星见图 1.26)可以提供车辆定位、防盗、反劫、行驶路线监控及呼叫指挥等功能。要实现以上所有功能，必须具备 GPS 终端、传输网络和监控平台三个要素。GPS 导航系统是以全球 24 颗定位人造卫星为基础，向全球各地全天候地提供三维位置、三维速度等信息的一种无线电导航定位系统。它由三部分构成，一是地面控制部分，由主控站、地面天线、监测站及通信辅助系统组成；二是空间部分，由 24 颗卫星组成，分布在 6 个轨道平面；三是用户装置部分，由 GPS 接收机和卫星天线组成。民用的定位精度可达 10 米内。GPS 从根本上解决了人类在地球上的导航、定位及精度授时(如通信系统中的定时信号)等需求，可以满足不同用户的特殊要求，如海洋监测、石油勘探、浮标建立、海轮出港引航、沙漠中定位导向、飞机着陆导航、武器投掷定点、导弹飞行定位、海上协同作战、空中交通管制，军队的各种车辆、坦克、部队、炮兵、空降兵的指挥与调动，民用中的汽车及交通运输的调度、指挥及物流系统的监控管理，人们日常生活中的旅游、探险、狩猎等。

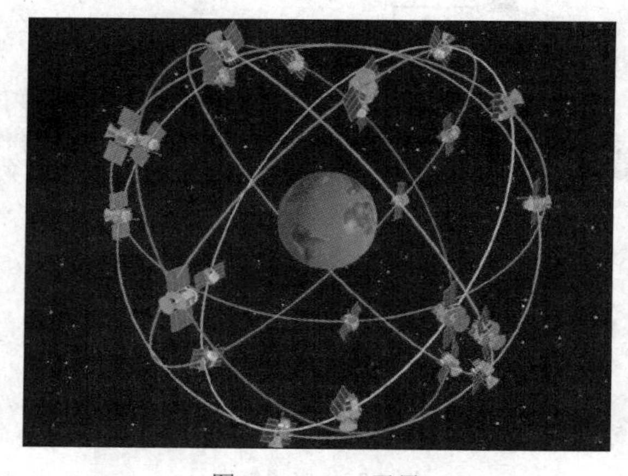

图 1.26 GPS 卫星

装配了 GPS 接收机的车辆，利用系统对其位置进行跟踪、定位，并与地理信息系统(Geographic Information System，GIS)配合，利用通信网的接口可实时地对车辆进行监控管理，并可在监控器上实时显示此车辆的具体位置和车上的情况，便于调度、指挥，进行安全监控，以改善交通状况，提高运输效率。GPS 技术可广泛应用于交通物流行业，为城市交通管理、出租车安全防范、公交车业务调度、公共卫生急救调度、社会货运物流配送、大型企业物流、公共信息导航、海关贸易监管等领域提供服务。

1.3.4　通信在电力中的应用

通信在电力系统中具有非常重要的作用。电力通信在电网运行中起到感知、传输、交互的作用，是为电力工业的发展提供保障的重要基础设施，被称为智能电网的“神经系统”。通信被应用于发电、输电、变电、配电、用电和调度等各领域中。在电力通信的发展初期，我国电网中主要采用的通信方式是电力线载波与微波通信，这两种方式的规模相对较小，技术也相对简单。随着电力需求的不断增长，电网规模不断增大，电力系统对于信息的传输质量及通道容量等有了更高要求，原来采用的电话指挥已无法满足安全用电的要求。另外，电力系统中的调度管理技术也日益复杂。在此背景下，光纤通信日益成为电力通信的基础网络。

1. 电力信息主干网

电力信息主干网是专为电力行业现代化而组建的信息网络，它是基于网络化的电力生产、电力控制、电力市场的电力信息系统，是集办公、语音等信息服务为一体的专用宽带信息网络。

2. 小型专用信息网

电力线通信专网(Power Line Communication，PLC)是在电力输送网(线)基础上实现电力通信网络内部各节点之间与其他通信网络之间通信的系统。它是一线两用，既是输电线又是通信线，各种家用电器均可作为网络终端。此种网络在功能和业务上与其他现有通信网络相融合，可实现远程网络教学、网络医疗、保健、网络视频及语音通信、网络娱乐、安全防范等各方面的服务。

3. 5G 通信在电力中的应用

5G 为智能电网发展提供了一种更优的无线解决方案，为电力行业用户打造定制化的“行业专网”服务，可更好地满足电网业务差异化需求，进一步提升了电网企业对自身业务的自主可控能力和运营效率。

在电力系统中，采用 5G 通信的输电线路巡检，可利用 5G 通信系统的大带宽性能优势，监拍输电线路高清图像及视频并实时传输至后台，解决了人工巡检无法到达、无人机巡检缺乏实时性、输电线监拍视频图像质量差等问题，提升了输电线路的监控效率。另外，智能电表已经取代传统电表成为新的用户用电计量装置。目前用电信息采集主要依靠租赁运营商的 GPRS 或 4G 公网实现，用电信息采集效率较低。在 5G 通信大带宽特性的支撑下，采集频率可以实现大幅度提升，从而有力支撑电力系统营销业务，且能更好地保护客户用电信息的安全性。除此之外，5G 通信还可应用于智慧新能源发电、智慧输变电、智慧配电和智慧用电等领域。

1.3.5 通信在工业中的应用

随着通信技术、计算机技术和传感器技术的发展普及，工业生产的信息化得到快速发展，宏观上表现为生产的全球化、开放化，计算机集成制造系统、虚拟工厂、供应链管理等新的概念涌现出来，分布在全球的各企业之间、企业各部门之间，利用信息技术完成从市场调研、设计、制造到销售和售后服务一系列的任务；另外，在工厂生产现场，机器人、流水线、自动化检测与控制装置的采用使生产现场十分复杂，它们相互间必须通过信息网连接实现通信以协调工作，因此信息网络已成为现代工业企业不可缺少的部分。

例如，20 世纪 80 年代初出现了现场总线技术(网络拓扑中的总线型网络)，将专用微处理器植入传统的测控装置，使其具有了计算和数字通信能力；采用双绞线作为总线，将现场设备连接成网络，按公开规范的通信协议，使现场设备之间、测控装置与计算机之间实现数据传输与信息交换，实现全分布自控系统，构成现场总线控制系统(Fieldbus Control System，FCS)。

以太网(Ethernet)用于工业控制可以有效地利用高速发展的通用网络技术，有利于实现系统的集成和综合自动化。由于以太网仅提供了 OSI(Open System Interconnection，开放系统互连)参考模型中的物理层和数据链路层协议，在商业应用中由公共协议保证互操作性，而工业应用中要在其上为工业控制领域的 TCP/IP 定义公共的应用层协议，实现数据传输和网络管理功能，这样就产生了基于控制和信息协议的新型以太网——工业以太网，使以太网贯穿于控制系统的各个层次，实现从设备层到管理层的直接通信，真正实现企业控制、管理的无缝集成。

1.3.6 通信在军事中的应用

通信作为具有重要战略意义的“千里眼”“顺风耳”，在现代高技术战争(特别是在信息化战争)中的地位和作用尤为突出。通信被誉为信息化战争综合信息系统中敌我较量的“生命线”，是作战指挥的“网络神经”。在战争中，由于无线通信有着无可替代的优越性(移动性和灵活性)，可实现随时随地获取和处理信息，已成为各国军事通信专家研究的重点。

随着战略性武器的大量出现和运用，战争在时间上进一步缩短，空间上进一步扩大。随着光通信、卫星通信、数字通信技术的发展，军事通信时空观也随之发生了变化，通信时效已是实时信息传递或近乎实时的信息传递(以秒为数量级)，通信已能覆盖全球任何一个角落，包含地下、地上、空中、太空等各个方面。这时军事通信追求的是全球的、多维的、实时的信息传递。

在现代战场上，各种军事车辆之间、士兵之间、士兵与军事车辆之间都需要保持密切的联系，以实现统一指挥、协同作战。由此，美国军方在 20 世纪 70 年代的无线分组网基础上研究移动自组织网络(Mobile Ad-hoc Network，MANET)。无线或移动自组织网络是一种无中心的无线网络，这种分布式或自组织的网络节点之间不需要经过基站或其他管理控制设备就可以直接实现点对点的通信。

随着技术的发展和战争的变化，通信也从配角到主角，从后台到前台，通信在战争中的地位不断跃升。在海湾战争中，少数走散的美军在沙漠中迷路了，部队给部分官兵配备的 GPS 系统起到了意想不到的作用。在此以后，美军又把 GPS 应用到了飞机上，之后又安装到炸弹上，成为今天精确的制导炸弹。

在未来信息化战争中必须夺取制信息权，而夺取制信息权离不开信息传输手段，离不开强有力的军事通信保障。只有将这些通信技术科学地综合应用，才能为未来高技术战争提供最可靠的支持。

1.3.7　通信在航空航天中的应用

通信系统是保障航空航天正常运行的神经网络，起着至关重要的作用。远离地面的飞机、飞船、卫星等必须随时与地面控制中心保持联系，接受地面信息的控制和服务，否则飞机不能正常降落，飞船和卫星不能进入正确的轨道。

以“神舟六号”载人飞船(见图1.27)为例，“神舟六号”载人飞船系统共有七大系统：发射场系统、运载火箭系统、航天员系统、载人飞船系统、测控通信系统、飞船应用系统和着陆场系统。作为七大系统之一的测控通信系统始终掌管着神舟飞船的一举一动，从它的发射启程开始，航天测控通信网就通过强大的捕捉机构和能力，始终对“神舟六号”飞船的运动和工作状态进行着严密的测量和控制。

图 1.27　“神舟六号”载人飞船

载人飞船采用无线电通信来保持与地面的紧密联系，测控网主要由轨道测量、遥控、遥测、火箭安全控制及航天逃逸控制、计算机系统及监控设备、船地通信和地面通信设备等组成。该通信网将测距、测角、测速、遥控、语音传输、图像传输、数据传输等功能综合为一体，可以减少船载和地面站的设备，极大地提高信息传输的效率和设备的利用率，还可通过国际联网、地缘优势互补提高地面站的使用率，降低费用。“神舟六号”测控网由 3 个中心、9 个测控站、4 条测控船组成高实时、高可靠、高覆盖的信息网，实质就是卫星移动检测通信控制系统。

1.3.8 5G通信的应用案例

5G在全社会数字化转型进程中担负着不可替代的重要使命。5G的大带宽、大连接、低时延等网络能力，与其他基础共性能力，如人工智能物联网、云计算、大数据和边缘计算等构成新一代信息基础设施，成为推动传统行业数字化转型升级与数字经济社会发展的重要基石。从全球视角来看，目前5G无论是在技术、标准、产业生态还是网络部署等方面都取得了阶段性的成果，5G新的应用场景与市场探索也逐渐显现，5G相关应用已开始在部分行业出现，包括政务与公用事业、工业、农业、文体娱乐、医疗、交通运输、金融、旅游、教育和电力等行业。

1. 智慧安防案例——博鳌论坛5G+AR智慧安防

博鳌论坛5G+AR智慧安防解决方案是：警察佩戴5G AR安防智能警用头盔，利用5G网络将视频画面或声音信息实时回传到指挥中心的云平台，再结合人工智能视频分析技术，将识别的车辆信息、人员信息和语音信息通过5G网络传回头盔，并与头盔AR眼镜中的目标物叠加呈现给警察，为现场执法提供实时的信息支持，使安防保障与区域管控的效率和准确性得到提升。

2. 智慧楼宇案例——SOHO中国5G智能楼宇

SOHO全面启动北京地区16座楼宇的5G网络部署与智慧楼宇建设。基于5G网络，实现楼宇综合管理，涵盖照明管理、节能管理、环境监测、智能抄表、安防监控、电梯监控、智能泊车等。

3. 智慧农场案例——淄博临淄区禾丰5G智慧农场

山东理工大学利用5G网络、人工智能图像识别、卫星遥感、大数据等技术，驱动各类无人驾驶农机装备，实现自动化作业，包括航空植保无人机、无人驾驶高地隙植保机、旋耕机、玉米播种机、无人喷灌系统等，应用于小麦和玉米耕、种、管等环节，实现安全可靠、环保节能的农场作业，打造全国首个示范性生态无人农场。

4. 视频制播案例——中央广播电视总台5G新媒体平台

中央广播电视总台5G新媒体平台是我国第一个基于5G技术的国家级新媒体平台，该平台将5G与4K、8K、VR等技术结合，支持超高清信号的多路直播回传，构建超高清直播节目的多屏、多视角应用场景。2020年5月27日以5G+4K+VR云游珠峰慢直播方式，与全国人民共同见证高程测量登山队冲顶时刻，领略珠峰之美。

5. 远程手术案例——解放军总医院5G远程手术

解放军总医院利用5G网络和手术机器人实施远程手术。位于海南的神经外科专家，通过5G网络实时传送的高清视频画面，远程操控手术器械，成功为身处中国人民解放军总医院(北京)的一位患者完成了“脑起搏器”植入手术。5G网络大带宽与低时延特性，有效地保障了远程手术的稳定性、可靠性和安全性。

6. 智慧公交案例——宇通5G无人驾驶公交线路

宇通在郑州郑东新区智慧岛的开放道路上试运行5G无人驾驶公交线路，提升了自动驾驶车辆车载系统与自动驾驶平台的数据交互，将响应时间从 4G 的平均 50 ms 减少到 10 ms 左右。试乘路段上有一系列的行驶场景，如巡线行驶、自主避障、路口同行、车路协同、自主换道、精准进站等。

7. 智慧教学案例——北京邮电大学 5G+4K 全息投影远程直播授课

北京邮电大学采用 5G 网络与全息直播技术，实现两校区同上一门课。在远端教室，授课教师的三维全息投影人像清晰呈现，如同站在本教室讲台上为大家实时授课。教室里还配备了 AI 助学机器人，在现场针对课程内容进行提问互动。

8. 智慧配电案例——南方电网 5G 配电网自动化

中国南方电网完成5G智能电网的外场测试。5G网络切片使端到端时延平均达到10 ms以内，可满足电网的差动保护和配电网自动化、物理和逻辑隔离等需求，支持传输电力的配网自动化、视频监控与公众业务。

1.4 物联网的发展

1.4.1 物联网的萌芽

物联网是随着技术进程的不停演化而最终形成的，其发展可以追溯到 1946 年。

1946 年，苏联的莱昂·泰勒明发明了用于转发携带音频信息的无线电波，通常认为它是 RFID(Radio Frequency Identification，射频识别)的前身。1948 年，美国的哈里·斯托克曼发表了《利用反射功率的通信》，正式提出 RFID 一词，标志着 RFID 技术的面世。1973 年，马里奥·卡杜勒申请的专利是现今 RFID 真正意义上的原型。1973 年，在美国 LOS ALAMOS 实验室诞生了第一个 RFID 标签的样本。1980 年，日本东京大学坂村健博士倡导的全新计算机体系 TRON(The Realtime Operating System Nucleus，实时操作系统内核)，计划构筑“计算无所不在”的环境。1991 年，马克·维瑟发表文章《21 世纪的计算机》，预言泛在计算(无所不在的计算)的未来应用。1995 年，巴黎最早开始在交通系统中使用 RFID 技术，随后在很多欧洲城市的交通系统中开始普及 RFID。

1995 年，比尔·盖茨《未来之路》一书中提到了“物联网”的构想，即互联网仅仅实现计算机的联网，而未实现与万事万物的联网，但迫于当时网络终端技术的局限，使得这一构想无法真正落实。

比尔·盖茨在书中还描述了在华盛顿湖边兴建的别墅，除了用木材、玻璃、水泥、石头建成之外，还有硅片和软件等，图 1.28 是比尔·盖茨宅邸客厅。他对这幢别墅的各种功能的描述如下：“当你走进去时，所遇到的第一件事是有一根电子别针夹住你的衣服，这根别针把你和房子里的各种电子服务接通了……凭借你戴的电子附件房子会知道你是谁你在哪儿，房子将用这一信息尽量满足甚至预见你的需求……当外面黑暗时，电子别针会发出一束移动光陪你走完这幢房子。空房子不用照明，当你沿大厅的路走动时你可能不会注意到你前面的光逐渐变得很强你后面的光正在消失。音乐也会和你一起移动，尽管看上去音乐无所不在，但事实上，房子里的其他人会听到完全不同的音乐，或者什么也听不到，电影或新闻也将跟着你在房子里移动。如果你接到一个电话，只有离你最近的话机才会响，手持式遥控器会让你掌管屋内的娱乐系统，遥感会扩大电子别针的能力，它不仅让房子承认你，而且还允许你来发指令，能从数千张图片、录音、电影和电视节目中选择你要的东西。因为有些人比其他人喜欢的温度高一些，房间软件根据谁在里面住以及一天的什么时候来调节温度使人更加舒适。房间知道在寒冷的早晨客人起床前把温度调得让人暖烘烘的。晚上天黑下来时，如果打开了电视，房间的灯就暗些；如果白天有人在房间，房间会把它里面的亮度与室外搭配和谐。当然，住在里面的人总能够明确地给出命令来控制场景……”这就是一幅物—物相连的智能房屋的场景描述。

图 1.28 比尔·盖茨宅邸客厅

这不就是我们期待的物联网吗？比尔·盖茨从互联网技术的发展前景角度和市场角度为我们的未来生活勾勒出了一幅美丽的画卷。由于当时计算机水平、网络水平及物联网核心技术——RFID 不发达，人们的关注点还在如何实现人与人的联系上。

1.4.2 物联网的诞生

1999 年，美国 Auto-ID 首先提出了“物联网”的概念，当时的物联网主要是建立在物品编码、RFID 技术和互联网的基础上。它是以美国麻省理工学院 Auto-ID 实验室研究的产品电子代码(Electronic Product Code，EPC)为核心，利用射频识别无线数据通信等技术，基于计算机互联网构造的实物互联网。简单地说，物联网就是将各种信息传感设备如射频识别装置、红外感应器等与互联网结合形成的一个巨大网络，让相关物品都与网络连接在一起，以实现物品的自动识别和信息的互联共享。EPC 的成功研制标志着物联网的诞生。

2005 年 11 月 17 日，在突尼斯举行的信息社会世界峰会(World Summit on the Information Society，WSIS)上，国际电信联盟(International Telecommunication Union，ITU)发布的《ITU 互联网报告 2005：物联网》正式提出了“物联网”的新概念。报告指出：无所不在的物联

网通信时代即将来临，世界上所有的物体从轮胎到牙刷、从房屋到纸巾都可以通过 Internet 主动进行信息交换。

ITU 在《The Internet of Things》报告中对物联网的概念进行了扩展，提出任何时刻、任何地点、任意物体之间的互联，无所不在的网络和无所不在的计算的发展愿景，除 RFID 技术外，传感器技术、纳米技术、智能终端等技术将得到更加广泛的应用。计算机技术与通信技术的普及，互联网的平民化，人与人之间的联系变得如此简单，物与物的联系成了人们的关注点，世界掀起了物联网的热潮。

1.4.3　物联网的兴起

2009 年 1 月，奥巴马就任美国总统后与美国工商业领袖举行了一次“圆桌会议”。IBM(International Business Machines Corporation，国际商业机器公司)首席执行官彭明盛首次提出“智慧地球”的概念，建议新政府投资新一代的智慧型基础设施。该战略认为，IT 产业下一阶段的任务是把新一代 IT 技术充分运用到各行各业之中。具体地说，就是把感应器嵌入和装备到电网、铁路、桥梁、隧道、公路建筑、供水系统等各种物体中并且普遍连接，形成物联网，然后将物联网与现有的互联网整合起来，实现人类社会与物理系统的整合。随着奥巴马确定将物联网作为美国今后发展的国家战略方向之一，世界各国都把目光投向了物联网。

1.4.4　物联网在中国的发展

我国的科研机构在 1999 年就提出了“感应网络”的概念，2009 年 9 月，无锡市与北京邮电大学就传感网技术研究和产业发展签署合作协议，标志着中国物联网进入实际建设阶段。2010 年 3 月，温家宝总理在十一届全国人大三次会议上作政府工作报告时指出，大力培育战略性新兴产业，积极推进“三网”融合取得实质性进展，加快物联网的研发应用。2010 年 10 月，《国务院关于加快培育和发展战略性新兴产业的决定》出台，标志着物联网被列入国家发展战略。《国家中长期科学与技术发展规划(2006—2020)》、2009—2011 年电子信息产业调整和振兴规划、2010 年“新一代宽带移动无线通信网”国家科技重大专项、国家重点基础研究发展计划(973 计划)及国家自然科学基金委员会等都将物联网相关技术列入重点研究和支持对象。《物联网“十二五”发展规划(2011—2015 年》《国务院关于推进物联网有序健康发展的指导意见》提出物联网发展格局，优化物联网产业体系，组织实施重大应用示范工程，推进示范区和产业基地建设，中央财政安排物联网发展专项资金，物联网被纳入高新技术企业认定和支持范围。物联网项目得到国家各大部委和省市各级政府的大力支持，设立专项资金，多层次、全方位推进地方物联网发展。

我国在物联网关键技术研发、应用示范推广、产业协调发展和政策环境建设等方面均取得了显著成效。在电网、交通、物流、智能家居、节能环保、工业自动控制、精细农牧业、金融服务业、公共安全等领域取得了进展。此外，物联网还用于人口管理、零售业、航天航空、电子支付等多行业领域。物联网与移动互联网融合，推动家居健康、养老、娱乐等民生应用创新空前活跃，在公共安全、城市交通、设施管理、管网监测等智慧城市领域的应用显著提升了城市管理智能化水平。物联网应用规模与水平不断提升，在智能交通、车联网、物流追溯、安全生产、医疗健康、能源管理等领域已形成一批成熟的运营服务平台和商业模式，高速公路电子不停车收费系统(Electronic Toll Collection，ETC)实现全国联网，部分物联网应用达到了千万级用户规模。

1.4.5 物联网在世界各地的发展

1. 欧洲

2008 年 5 月 27 日，欧洲智能系统集成技术平台(the European Technology Platform on Smart Systems Integration，EPoSSL)发布的《Internet of Things in 2020》报告给出了他们对物联网的定义，并对物联网发展阶段进行了预测。报告预测了物联网发展的四个阶段。

第一阶段(2010 年前)的特点主要是：基于 RFID 技术，实现低功耗、低成本的单个物体间的互联，并在物流、零售、制药等领域开展局部应用。

第二阶段(2010—2015 年)的特点主要是：利用传感网与无处不在的 RFID 标签实现物与物之间的广泛互联，针对特定的产业制定技术标准，并完成部分网络的融合。

第三阶段(2015—2020 年)的特点主要是：具有可执行指令的 RFID 标签广泛应用，物体进入半智能化，物联网中异构网络互联的标准制定完成，网络具有高速数据传输能力。

第四阶段(2020 年之后)的特点主要是：物体具有完全的智能响应能力，异构系统能够实现协同工作，人、物、服务与网络达到深度融合。

2000 年 6 月，欧盟委员会提出了“Internet of Things：An Action Plan for Europe”的物联网行动方案。此行动方案提出了关于加强物联网管理、保护隐私与个人信息、加强支持物联网相关研究的 10 项建议，以及 12 项具体的行动计划。

2. 韩国

2009 年 10 月 13 日，韩国政府通信委员会发布了《基于 IP 的泛在传感网基础设施建设规划》，提出到 2012 年实现“通过构建世界上最先进的物联网基础设施，打造未来广播通信融合领域超一流信息通信技术强国”的目标。韩国政府提出了泛在感知网络(Ubiquitous Sensor Network，USN)的概念，通过在各种物品中嵌入传感器，在传感器之间自主传输和采集环境信息，通过网络实现对外部环境的监控。韩国政府确定了物联网重点发展的四大领域与计划：u-City 计划，韩国政府与产业龙头携手推动智能城市建设；Telematics 示范应用发展计划，发展车用信息通信服务；u-IT 产业集群计划，通过各地的产业分工带动地方经济的发展，加速新兴科技服务业的发展；u-Home 计划，推动智能家庭应用的发展。

3. 日本

2009 年 7 月，日本 IT 战略本部颁布了新一代的信息化战略——I-Japan 战略 2015。该战略规划提出，到 2015 年，让信息技术如同水和空气一样融入每一个角落。针对电子政务、医疗保健、教育与人才三大核心公共事业领域，该战略规划提出了智能电网、灾难应急处置、智能家居、智能交通与智能医疗保健等项目。

泛在网(Ubiquitous Network，UN)是日本政府提出的一个无处不在的未来网络概念，其核心是通过 IPv6 协议将个人计算机、智能手机、数字电视、信息家电、汽车导航系统、RFID 标签、传感器互联起来，实现泛在个人服务、泛在商业服务、泛在公共服务与泛在行政服务。

1.5　物联网的典型应用

1.5.1　物联网产业链

物联网产业的产业链主要包括物联网芯片供应商、传感器供应商、无线模组厂商、网络运营商、平台服务商、系统及软件开发商、智能硬件厂商、系统集成及应用服务提供商，如图 1.29 所示。

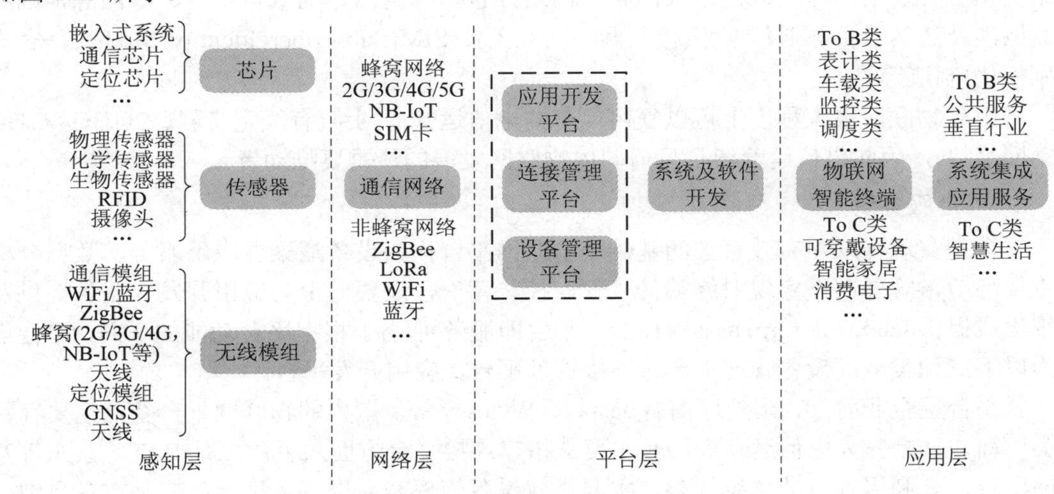

图 1.29　物联网产业链

1. 物联网芯片供应商

芯片是物联网的“大脑”，低功耗、高可靠性的半导体芯片是物联网必不可少的关键部件之一。物联网产业中所需芯片既包括集成在传感器、无线模组中，实现特定功能的芯片，也包括嵌入在终端设备中，提供“大脑”功能的系统芯片——嵌入式微处理器。

涉足物联网领域的芯片厂商数量众多，能提供的芯片种类繁多，个性化差异明显。不过芯片领域依然为高通、TI、ARM 等国际巨头所主导，国内芯片企业数量虽多，但关键技术大多引进自国外，这就直接导致了众多芯片企业的盈利能力不足，难以占领市场份额。

2. 传感器供应商

传感器相当于物联网的“五官”，本质是一种检测装置，是用于采集各类信息并转换为特定信号的器件，可用于采集身份标识、运动状态、地理位置、姿态、压力、温度、湿度、光线、声音、气味等信息。广义的传感器包括传统意义上的敏感元器件、RFID、条形码、二维码、雷达、摄像头、读卡器、红外感应元件等。

传感器行业目前主要由美国、日本、德国的几家龙头公司主导。

3. 无线模组厂商

无线模组是物联网接入网络和定位的关键设备。无线模组可以分为通信模组和定位模组两大类。常见的局域网技术有 WiFi、蓝牙、ZigBee 等，常见的广域网技术主要有工作于授权频段的 2G/3G/4G/5G、NB-IoT 和非授权频段的 LoRa、SigFox 等技术，不同的通信对应不同的通信模组。NB-IoT、LoRa、SigFox 属于低功耗广域网(Low Power Wide Area，LPWA)技术，具有覆盖广、成本低、功耗小等特点，是专门针对物联网的应用场景开发的。

从广义来看，与无线模组相关的还有智能终端天线，包括移动终端天线、GNSS(Global Navigation Satellite System，全球导航卫星系统)定位天线等。目前，在无线模组方面，国外企业仍占据主导地位；国内厂商也比较成熟，能够提供完整的产品及解决方案。

4. 网络运营商

网络是物联的通道，也是目前物联网产业链中最成熟的环节。广义上来讲，物联网的网络是指各种通信网与互联网形成的融合网络，包括蜂窝网、局域自组网、专网等，因此物联网涉及通信设备、通信网络(接入网、网业务)、SIM(Subscriber Identity Module，客户识别模块)制造等。

考虑到物联网很大程度上可以复用现有的电信运营商网络(有线宽带网、2G/3G/4G/5G 移动网络等)，因此电信运营商是目前国内物联网发展的最重要推动者。

5. 平台服务商

平台是实现物联网有效管理的基础。物联网平台作为设备汇聚、应用服务、数据分析的重要环节，既要向下实现对终端的“管、控、营”，还要向上为应用开发、服务提供及系统集成提供 PaaS(Platform as a Service，平台即服务)服务。根据平台功能的不同，平台可分为以下三种类型：设备管理平台、连接管理平台、应用开发平台。

就平台层企业而言，国外厂商有 Jasper、Wylessy 等。国内的物联网平台企业主要存在三类厂商，一是三大电信运营商，其主要从搭建连接平台方面入手；二是 BAT、京东等互联网巨头，其利用各自的传统优势，主要搭建设备管理和应用开发平台；三是在各自细分领域的平台厂商，如宜通世纪、和而泰、上海庆科。

6. 系统及软件开发商

系统及软件可以让物联网设备有效运行，物联网的系统及软件一般包括操作系统、应用软件等。其中，操作系统(Operating System，OS)是管理和控制物联网硬件和软件资源的程序，类似智能手机的 IOS、Android，是直接运行在“裸机”上的最基本的系统软件，其他应用软件都在操作系统的支持下才能正常运行。

发布物联网操作系统的主要是一些 IT 巨头，如谷歌、微软、苹果、阿里等。由于物联网目前仍处于起步阶段，应用软件开发主要集中在车联网、智能家居、终端安全等通用性较强的领域。

7. 智能硬件厂商

智能硬件是物联网的承载终端，是指集成了传感器件和通信功能，可接入物联网并实现特定功能或服务的设备。

8. 系统集成及应用服务提供商

系统集成及应用服务是物联网部署实施与实现应用的重要环节。所谓系统集成，就是根据一个复杂的信息系统或子系统的要求，把多种产品和技术接入一个完整的解决方案的过程。目前主流的系统集成做法有设备系统集成和应用系统集成两大类。

1.5.2　物联网应用实例

1. 物联网在智能交通中的应用

智能交通系统(Intelligent Transportation System，ITS)是将信息技术、通信技术、传感技术及微处理技术等有效集成并运用于交通运输领域的综合管理系统，目标是将道路驾乘人员和交通工具等有机结合在一起，建立三者间的动态联系，使驾驶员能实时了解道路交通以及车辆状况，减少交通事故，降低环境污染，优化行车路线，以安全和经济的方式到达目的地；同时，管理人员通过对车辆驾驶员和道路信息的实时采集来提高管理效率，更好地发挥交通基础设施效能，提高交通运输系统的运行效率和服务水平，为公众提供高效、安全、便捷、舒适的出行服务。

智能交通将传感器技术、RFID技术、移动双向通信技术、动态识别数据处理技术、网络技术、自动控制技术、视频检测识别技术、GPS、信息发布技术等综合运用于整个交通运输管理体系中，建立起实时、准确、高效的交通运输综合管理和控制系统网络。

智能交通的典型应用案例有：共享单车、快速公交系统(Bus Rapid Transit，BRT(图1.30)、不停车收费系统、汽车防碰撞预警系统V2V(Vehicle-to-Vehicle)等。

图1.30　快速公交

2. 物联网在智能物流中的应用

智能物流系统(Intelligent Logistics System，ILS)是在ITS和相关信息技术的基础上，以电子商务方式运作的现代物流服务体系。它通过ITS和相关信息技术解决物流作业的实时信息采集，并在一个集成的环境下对采集的信息进行分析和处理。ILS通过在各个物流环节中的信息传输，为物流服务提供商和客户提供详尽的信息和咨询服务。

智能物流的流程可描述为：一条生产线正在运行，一批产品在最后下线的环节被机器内置了一个电子标签(可能是最初级的只供读取的标签，也可能是更高级的可一次或多次写入的标签)，这些产品在入库时被一射频识别装置自动读取电子标签并存入数据库，且可自动更新库存数据。时隔数日后，这批产品被调出库，并同样经过数据读取及时更新库存数据。这批商品进入物流系统，而物流公司要对其进行同样的数据采集和管理，通过数据的实时传输实时跟踪及动态掌握这批商品所处的位置。当物流公司将这批商品交付给货主(假设是超市)后，后者将再次对其进行数据读取和收集，直到最终进入消费者手中。在上述整个过程中，处于最开始位置的生产商可以通过与物流公司及最后终端的联网，全程跟踪自己生产这批产品的活动。而且，一旦其中任何一个环节出现问题，可以在最短的时间内确定相关的目标信息，相关主体可在第一时间进行沟通，商讨解决方案。

当前，物流产业正逐步形成多个发展趋势，分别是信息化、智能化、环保化、企业全球化与国际化、服务优质化、产业协同化以及第三方物流。

智能物流的应用案例有：采用 RFID 追踪轮胎的装配和运送、智能配送管理系统(见图 1.31)、德国麦德龙的“未来商店”等。

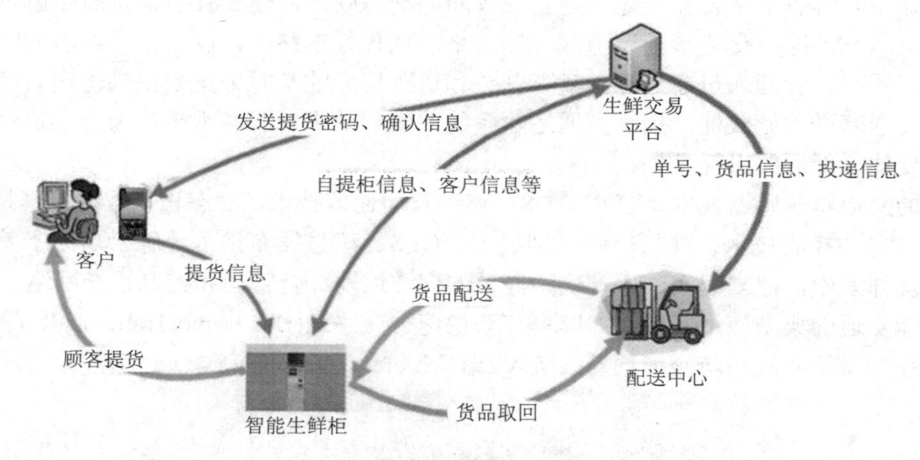

图 1.31　智能生鲜配送系统

3. 物联网在智能家居中的应用

智能家居(Smart Home)又称智能住宅，是以家庭住宅为平台，利用综合布线技术、网络通信技术、安全防范技术、自动控制技术、音视频技术将与家居生活有关的设施集成，构建高效的住宅设施与家庭日程事务的管理，提升家居安全性、便利性、舒适性、艺术性，并实现环保节能的居住环境，如图 1.32 所示。

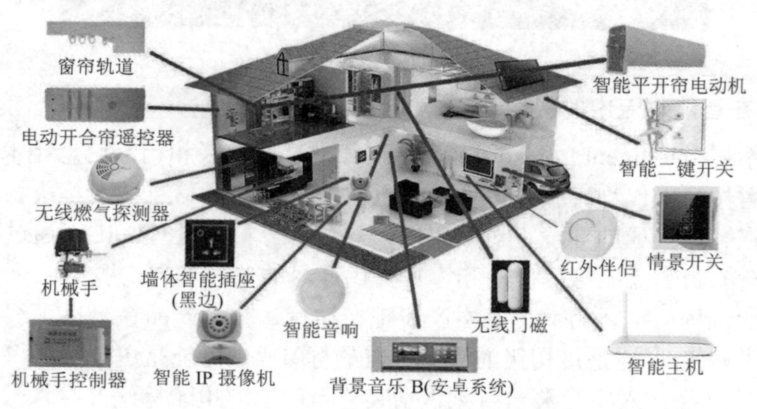

图 1.32　智能家居

智能家居将家居生活有关的各个子系统，如安防、灯光控制、窗帘控制、煤气阀控制、信息家电、场景联动、地板采暖等有机地结合在一起，通过网络化综合智能控制和管理实现“以人为本”的全新家居生活体验。构成智能化家居的三个基本条件包括：具有相当于住宅神经的家庭网络、能够通过这种网络提供各种服务、能与 Internet 相连接。

智能家居的主要功能有：安全监控，各种报警探测器的信息报警；家电控制，利用计算机、移动电话、PAD 通过高速宽带接入 Internet，对电灯、空调、冰箱、电视等家用电器进行远程控制；家居管理远程三表(水、电、煤气)传送收费；家庭教育和娱乐，如远程教学、家庭影院、无线视频传输系统、在线视频点播、交互式电子游戏等；家居商务和办公，实现网上购物、网上商务联系、视频会议；人口控制(门禁系统)，采用指纹识别、静脉识别、虹膜识别、智能卡等；家庭医疗保健和监护，实现远程医疗和监护、幼儿和老人求救、测量身体状况(血压、脉搏等)和化验、自动配置健康食谱等。

智能家居的应用案例有：比尔·盖茨的宅邸、沪上生态家、绿色环保 Ekokook 超现代厨房。

4. 物联网在智能电网中的应用

中国国家电网公司将其提出的坚强智能电网描述为：以特高压电网为骨干网架、各级电网协调发展的坚强网架为基础，以通信信息平台为支撑，具有信息化、自动化、互动化特征，包含电力系统的发电、输电、变电、配电、用电和调度六大环节，涵盖所有电压等级，实现“电力流、信息流、业务流”的高度一体化融合，具有坚强可靠、经济高效、清洁环保、透明开放和友好互动内涵的现代电网。

智能电网由智能变电站、智能配电网、智能电能表、智能交互终端、智能调度、智能家电、智能用电楼宇、智能城市用电网、智能发电系统、新型储能系统等部分组成。

物联网有效地整合通信基础设施资源和电力系统基础设施资源，使信息通信基础设施资源服务于电力系统的发电、输电、变电、配电、用电、调度等运行环节(见图 1.33)，从而提高电力系统信息化水平，改善现有电力系统基础设施的利用效率，进一步实现节能减排，提升电网信息化、自动化、互动化水平，提高电网运行能力和服务质量。

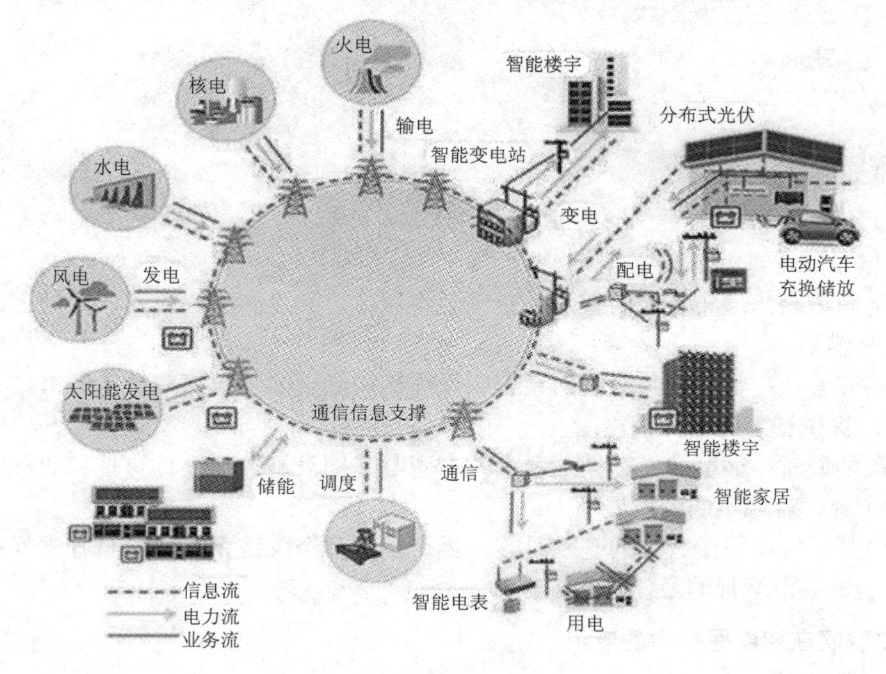

图 1.33　智能电网

5. 物联网在智慧城市中的应用

智慧城市(Sapiential City)是智慧地球的重要组成部分，指充分借助物联网、传感网及智能楼宇、智能家居、路网监控、智能医院、城市生命线管理、食品药品管理、票证管理、家庭护理、个人健康与数字生活等诸多领域，把握新一轮科技创新革命和信息产业浪潮的重大机遇，充分发挥信息通信技术(Information and Communication Technology，ICT)产业发达、RFID 相关技术领先、电信业务及信息化基础设备优良等优势，通过建设信息通信基础设施、认证、安全等平台和示范工程，加快产业关键技术攻关，构建城市发展的智慧环境，形成基于海量信息和智能过滤处理的新的生活、产业发展、社会管理等模式，让城市中各个功能彼此协调运作，为城市中的企业提供优质的发展空间，为市民提供更高的生活品质。智慧城市需要更加智能的城市规划和管理、资源分配更加合理和充分、城市有可持续发展的能力、城市的环境保护到位、能够提供更多的就业机会、对突发事件具备应急反应能力等。智慧城市架构如图 1.34 所示。

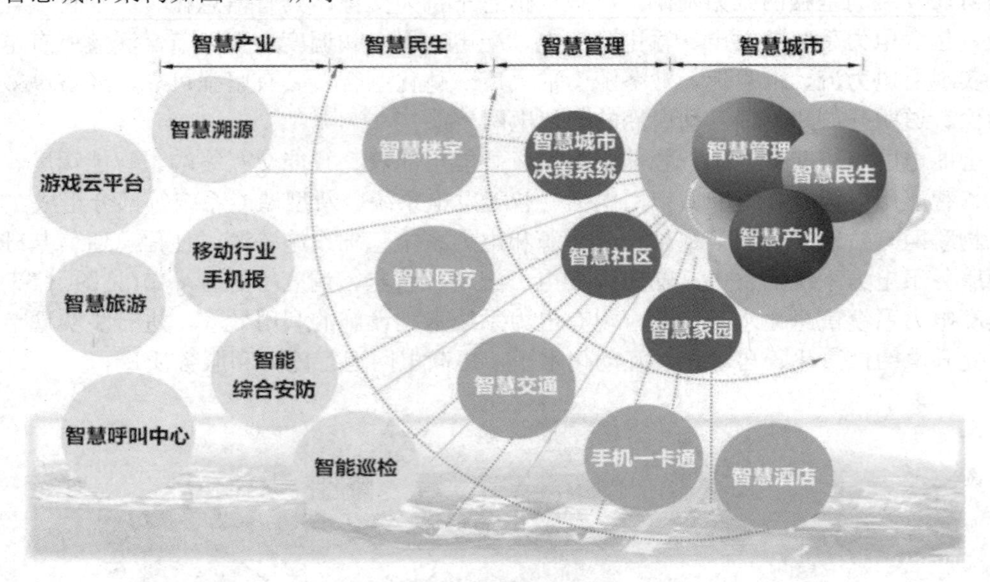

图 1.34 智慧城市构架

智慧城市的特点如下：

(1) 全面物联：遍布各处的智能传感设备将城市公共设施物联成网，对城市运行的核心系统实时感测；

(2) 充分整合：物联网与互联网系统完全连接和融合，将数据整合为城市核心系统的运行全图，提供智慧的基础设施；

(3) 激励创新：鼓励政府、企业和个人在智慧基础设施之上进行科技和业务的创新应用，为城市提供源源不断的发展动力；

(4) 协同运作：基于智慧的基础设施，城市里的各个关键系统和参与者进行和谐高效的协作，达成城市运行的最佳状态。

6. 物联网在智能医疗中的应用

智能医疗(Intelligence Medical)是物联网利用传感器等信息识别技术，通过无线网络实现患者与医务人员、医疗机构、医疗设备的互动。智能医疗致力于构建以病人为中心的医疗服务体系，可在服务成本、服务质量和服务可及三方面取得一个良好的平衡。建设智能医疗体系能够解决当前看病难、病例记录丢失、重复诊断、疾病控制滞后、医疗数据无法共享、资源浪费等问题，实现快捷、协作、经济、普及、预防、可靠的医疗服务。

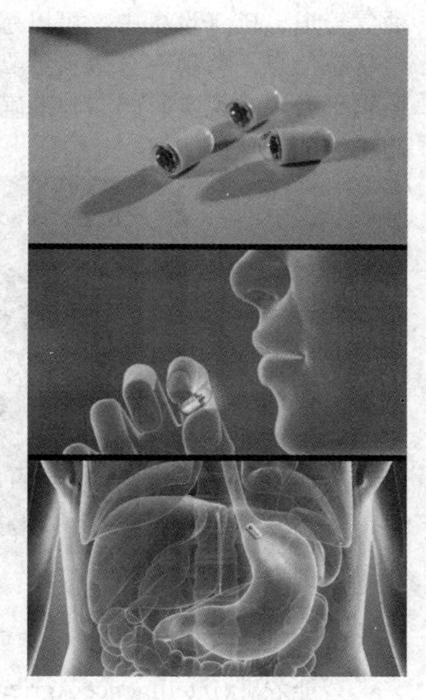

图 1.35 胶囊内窥镜

医疗物联网分成三方面："物"就是对象(包括医生、病人、机械等)；"网"就是流程，物理的网络加上基于医疗标准的流程；"联"就是信息交互，物联网标准的定义对象是可感知的、可互动的、可控制的。智能医疗包含数字医院、移动医疗、区域医疗、公共卫生医疗、物联网五大领域，通过整合移动计算、智能识别、数据融合、云计算等技术来构建智能医疗，通过无线通信平台、数据交换与协同平台、医疗物联网应用平台和定位平台，真正实现医疗行业整体信息化与智能化的应用，最终使有限的卫生资源得到充分利用，共享优质医疗资源，使医疗资源最大化。

智能医疗的应用案例有：感知健康舱、医疗纱布的技术和检测、胶囊内窥镜(见图 1.35)等。

7. 物联网在智能工业中的应用

智能工业(Intelligent Industry)通过物联网与服务联网(Internet of Service，IoS)的融合来改变当前的工业生产与服务模式，将各个生产单元全面联网；实现物与物、人与物的实时信息交互与无缝链接，使生产系统按不断变化的环境与需求进行自我调整，从而大幅提升生产制造效率，改善产品质量，降低产品成本和资源消耗，将传统工业提升到智能工业的新阶段。

物联网在工业领域的应用有：制造业供应链管理，物联网应用于企业原材料采购库存、销售等领域，通过完善和优化供应管理体系，提高了供应链效率，降低了成本；空中客车，通过在供应链体系中应用传感网络技术，构建了全球制造业中规模最大、效率最高的供应链体系；生产过程工艺优化，物联网技术的应用提高了生产线过程检测、实时参数采集、生产设备监控、材料消耗监测的能力和水平；生产过程的智能监控、智能控制、智能诊断、智能决策、智能维护水平不断提高；钢铁企业，应用各种传感器和通信网络，在生产过程中实现了对加工产品的宽度、厚度、温度的实时监控，从而提高了产品质量，优化了生产流程；产品设备监控管理，各种传感技术与制造技术融合，实现了对产品设备操作、使用记录、设备故障诊断的远程监控；环保监测及能源管理，物联网与环保设备的融合实现了工业生产过程中产生的各种污染源及污染治理各环节关键指标的实时监控；在重点排污企业排污口安装无线传感设备，不仅可以实时监测企业排污数据，而且可以远程关闭排污口，防止突发性环境污染事故的发生；工业安全生产管理，把感应器嵌入和装备到矿山设备、油气管道、矿工设备中，可以感知危险环境中工作人员、设备机器、周边环境等方面的安全状态信息，将现有分散、独立单一的网络监管平台提升为系统、开放、多元的综合网络监管平台，实现实时感知、准确辨识、快捷响应、有效控制。图 1.36 所示为物联网技术应用于智能工厂图例。

图 1.36　物联网技术应用于智能工厂图例

8. 物联网在智能农业中的应用

智能农业(Intelligence Agricultural)是指在相对可控的环境条件下，采用工业化生产，实现集约高效可持续发展的现代超前农业生产方式，即农业先进设施相配套、具有高度的技术规范和高效益的集约化规模经营的生产方式。它集科研、生产、加工、销售于一体，实现周年性、全天候、反季节的企业化规模生产；集成现代生物技术、农业工程、农用新材料等学科，以现代化农业设施为依托，科技含量高，产品附加值高，土地产出率高和劳动生产率高。

我国在农业物联网技术领域开展的研究涵盖了农业资源利用、农业生态环境监测(见图 1.37)、农业生产精细管理、农产品质量安全管理与溯源等多个领域，初步实现了农业资源与环境、农业生产与农产品流通等环节信息的实时获取与数据共享，保证了产前正确规划，提高资源利用效率；产中精细管理，提高生产效率，实现节本增效；产后高效流通并实现安全追溯。目前我国农业正处于传统农业向现代农业转型的关键时期，农业机械产品在满足不同层次需求的同时，逐步向大型化、精准化、智能化和节约型的方向发展，更加注重产品质量和配套技术的集成应用。

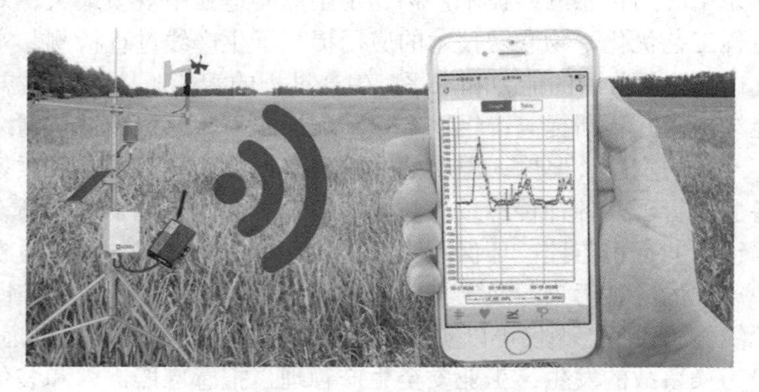

图 1.37　农业生态环境监测

思　考　题

1. 通信的发展过程大致分为哪几个阶段？
2. 结合实际，阐述通信在日常生活中的应用。
3. 谈谈你对未来通信的认识。
4. 谈谈物联网的产业链及你所了解的相关企业。
5. 结合实际，谈谈物联网在我国的发展现状。
6. 简述物联网在智能领域的应用。

第 2 章　通信与物联网的基本概念

2.1 常用名词

要学好通信与物联网的相关知识，首先要认识有关概念。

(1) 通信：从一个地方向另一个地方进行消息的有效传递和交换——异地间人与人、人与机器、机器与机器进行信息的传递和交换。

通信的过程即为发出信息、传递信息、接受信息、获取信息，实现相互交流。

通信的根本任务是快速、可靠地传递信息。

(2) 通信系统：实现信息传输所需一切设备和传输媒介所构成的总体。

(3) 消息：通过文字、符号、数据、语言、音符、图片、图像等能够被人们感觉器官所感知的形式，把客观物质运动和主观思维活动的状态表达出来就成为消息。

构成消息的两个条件：一是能够被通信双方所理解，二是可以传递。因此，人们从电话、电视等通信系统中得到的是一些描述各种主、客观事物运动状态或存在状态的具体消息。

(4) 信息：对受信者来说，信息是消息中有意义的内容。

信息是事物运动状态或存在方式的不确定性的描述。按物理学的观念，信息只不过是被一定方式排列起来的信号序列。信息是物质存在的一种方式、形态或运动形态，也是事物的一种普遍属性，一般指数据、消息中所包含的意义。人们从接收到的 E-mail、电话、广播和电视的消息中能获得各种信息，信息与消息有着密切的联系。

(5) 信号：消息的表现形式，如电、光、声等，信号是信息的载荷者。

通信中信息的传送是通过信号来进行的，如电压、电流信号等。在各种各样的通信方式中，利用电信号来承载信息的通信方式称为电通信。

(6) 噪声：通信中的各种干扰的统称。

(7) 媒质：能传输信号的物质。

(8) 信源：能产生消息的源。信源可以是人、机器或其他事物。

(9) 信道：信号传输的通道。

(10) 信宿：消息传送的对象。信宿也可以是人、机器或其他事物。

(11) 模拟信号：时间与幅度变化是连续的，可取无限个值，如电话信号波形。

(12) 数字信号：时间与幅度变化是离散的，其幅度只有 0 和 1 两个数值。

(13) 周期 T：瞬时幅值随时间重复变化的信号称为周期信号。每次重复的时间间隔为周期，常用 T 表示，单位为秒(s)。

(14) 频率 f：信号在 1 秒内波形周期性变化的次数称为频率，常用 f 表示，单位为赫兹(Hz)。

(15) 比特(b)：二进制数系统中，每个 0 或 1 就是一个位(b)。在通信中，比特常用来表示信息量的单位。

(16) 比特率(b/s)：每秒传送二进制符号的个数。

(17) 波特率(baud/s)：单位时间内传输码元符号的个数(传符号率)，即单位时间内载波参数变化的次数。

(18) 误码率(Symbol Error Rate，SER)：接收到的错误比特数和总的传输比特数之比，即在传输中出现错误码元的概率。

(19) 带宽(Band Width)：在模拟系统中又称频宽，是指信道中能传输的信号的频率范围，通常以每秒传送周期或赫兹来表示。

在数字系统中，带宽指每秒可传输的数据量，通常以 b/s 表示。

(20) 信息技术：也常被称为信息和通信技术，指用于管理和处理信息所采用的各种技术的总称。它主要包括传感技术、计算机技术和通信技术。

(21) 信息化：通常指现代信息技术的应用，如利用信息获取技术(传感技术、遥测技术)、信息传输技术(光纤技术、红外技术、激光技术)、信息处理技术(计算机技术、控制技术、自动化技术)等，以改进作业流程，提高作业质量。

(22) 物联网：万物相连的互联网，是互联网基础上延伸和扩展的网络，将各种信息传感设备与互联网结合起来形成一个巨大的网络，通过各类可能的网络接入，实现物与物、物与人的泛在连接，实现对物品和过程的智能化感知、识别和管理。

(23) 射频识别：自动识别技术的一种，通过无线射频方式进行非接触双向数据通信，利用无线射频方式对记录媒体(电子标签或射频卡)进行读写，从而达到识别目标和数据交换的目的。

(24) 传感器(Transducer/Sensor)：一种检测装置，能感受到被测量的信息，并能将感受到的信息按一定规律变换成为电信号或其他所需形式的信息输出，以满足信息的传输、处理、存储、显示、记录和控制等要求。

(25) WiMAX(World Interoperability for Microwave Access)：全球微波接入互操作性，是基于 IEEE 802.16 标准的一项无线城域网接入技术，其信号传输半径可达 50 千米，基本上能覆盖到城郊。

(26) ZigBee：也称紫蜂，是一种低速短距离传输的无线网上协议，底层是采用 IEEE 802.15.4 标准规范的媒体访问层与物理层。

(27) M2M(Machine-to-Machine/Man)：一种以机器终端智能交互为核心的、网络化的应用与服务。M2M 协议规定了人机和机器之间交互需要遵从的通信协议。

(28) 泛在网络(Ubiquitous Network)：广泛存在的网络，它以无所不在、无所不包、无所不能为基本特征，以实现在任何时间、任何地点、任何人、任何物都能顺畅地通信为目标。

2.2 通信系统分类及通信方式

2.2.1 通信系统分类

1. 按传输媒质分类

按传输媒质分类，通信系统可分为有线通信系统和无线通信系统两大类。例如，利用双绞线、架空明线、同轴电缆、光纤等作为传输媒质，对应通信就为有线通信；而利用无线介质，如短波、微波、卫星等作为传输媒质，对应通信就为无线通信。

2. 按信号的特征分类

按照携带信息的信号是模拟信号还是数字信号，可以相应地把通信分为模拟通信和数字通信。

3. 按工作频段分类

按通信设备的工作频段不同，通信可分为长波通信、中波通信、短波通信、微波通信等。表 2.1 列出了通信中使用的频段、常用传输媒质及主要用途。

表 2.1 通信频段、常用传输媒质及主要用途

频率范围	波 长	频段名称	常用传输媒质	用 途
3 Hz～30 kHz	10^4～10^8 m	甚低频(Very Low Frequency，VLF)	有线、线对超长波无线电	音频、电话、数据终端、长距离导航、时标
30～300 kHz	10^3～10^4 m	低频(Low Frequency，LF)	有线、线对长波无线电	导航、信标、电力线通信
300 kHz～3 MHz	10^2～10^3 m	中频(Medium Frequency，MF)	同轴电缆、中波无线电	调幅广播、移动陆地通信、业余无线电
3～30 MHz	10～10^2 m	高频(High Frequency，HF)	同轴电缆、短波无线电	移动无线电话、短波广播、定点军用通信、业余无线电
30～300 MHz	1～10 m	甚高频(Very High Frequency，VHF)	同轴电缆、超短波/米波无线电	电视、调频广播、空中管制、车辆通信、导航、集群通信、无线寻呼
300 MHz～3 GHz	10～100 cm	特高频(Ultra-High Frequency，UHF)	波导、微波/分米波无线电	电视、空间遥测、雷达导航、点对点通信、移动通信
3～30 GHz	1～10 cm	超高频(Super High Frequency，SHF)	波导、微波/厘米波无线电	微波接力、卫星和空间通信、雷达
30～300 GHz	1～10 mm	极高频(Extremely High Frequency，EHF)	波导、微波/毫米波无线电	雷达、微波接力、射电天文学
10^5～10^7 GHz	3×10^{-6}～3×10^{-4} cm	红外、可见光、紫外	光纤、激光空间传播	光通信

工作频率和工作波长可互换，其关系为

$$\lambda = \frac{c}{f} \tag{2.1}$$

式中：λ 为工作波长(m)；f 为工作频率(Hz)；$c = 3\times10^8$ m/s，为电波在自由空间中的传播速度。

4. 按调制方式分类

根据信道中传输的信号是否经过调制，可将通信分为基带传输和频带(调制)传输。

5. 按业务与内容分类

按业务与内容，可将通信分为语音通信(电话)、数据通信、图像通信、多媒体通信、无线寻呼、电报等。

6. 按移动和固定方式分类

按移动和固定方式，可将通信分为固定方式通信(利用普通电话机、IP 电话终端、传真机、无绳电话机、联网计算机等电话网和数据网终端设备的通信)和移动通信(通信双方至少有一方在运动中进行信息交换的通信)。

2.2.2 通信方式

通信方式可以按不同方法来划分。

1. 按信息传输的方向与时间关系划分

对于点对点之间的通信，按信息传输的方向与时间关系，通信方式可分为单工通信、半双工通信及全双工通信 3 种，如图 2.1 所示。

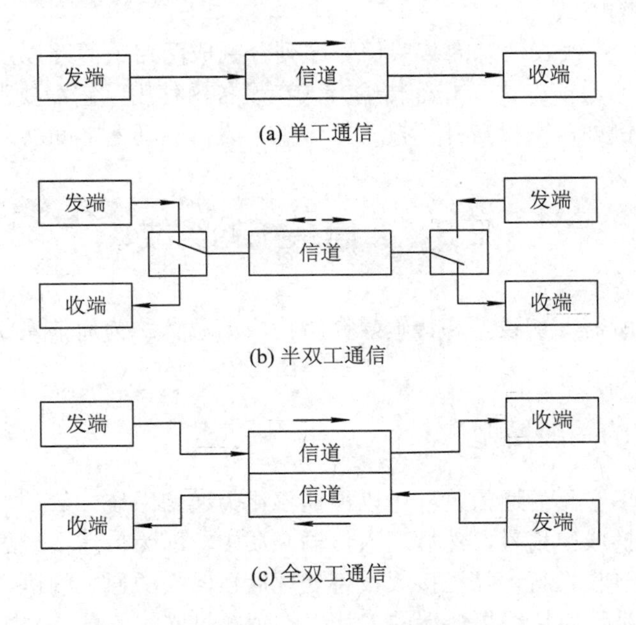

图 2.1　单工、半双工和全双工通信

(1) 单工通信：消息在任意时刻只能单方向进行传输的一种通信方式。例如，我们常见的广播和遥控等就属于单工通信。

(2) 半双工通信：通信双方都能进行收或发通信，但不能同时进行收和发的一种通信方式。例如，对讲机就属于半双工通信。

(3) 全双工通信：通信双方可同时进行双向传输消息的一种通信方式，即通信双方可同时进行收发信息。例如，普通电话、手机就是全双工通信方式。

2. 按数字信号码元排列方式划分

在数字通信中，按照数字信号码元排列顺序的方式不同，可将通信方式分为并行传输和串行传输，如图 2.2 所示。

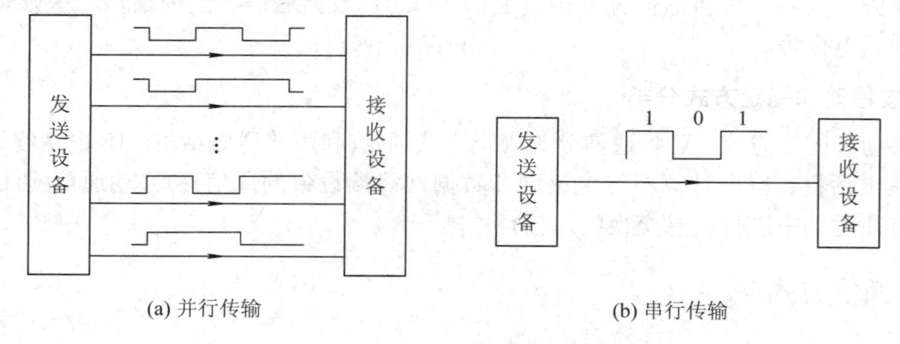

(a) 并行传输　　(b) 串行传输

图 2.2　并行传输和串行传输

(1) 串行传输：将代表信息的数字信号序列按时间顺序一个接一个地在信道中传输的方式。一般的数字通信方式大都采用串行传输，这种方式只需占用一条通路，可以节省大量的投资，缺点是传输时间相对于并行传输较长，在技术上更适合长距离通信。计算机网络普遍采用串行传输方式。

(2) 并行传输：将代表信息的数字信号序列分割成两路或两路以上的数字信号序列，同时在信道上传输的通信方式。并行传输方式在设备内使用，它需要占用多条通路，优点是传输时间较短。例如，微机与并行接口打印机、磁盘驱动器之间就采用并行传输方式。

2.3　通信系统的组成

实现信息传输所需一切设备和传输媒介所构成的总体称为通信系统，接下来介绍通信系统的组成和模型。

2.3.1　通信系统的一般模型

日常生活中很多常见的通信过程可以被抽象化为通信系统。例如，打电话时需要把说话人的语音信息转换成电信号，然后送入传输介质中，即为信道；经过信道的传输，电信号被送到接收端的接收设备，经过接收设备处理后再转换成原来的语音信息送给消息的接收者，即信宿。于是，电话线另一端的人就接收到了对方的信息，如图 2.3 所示。

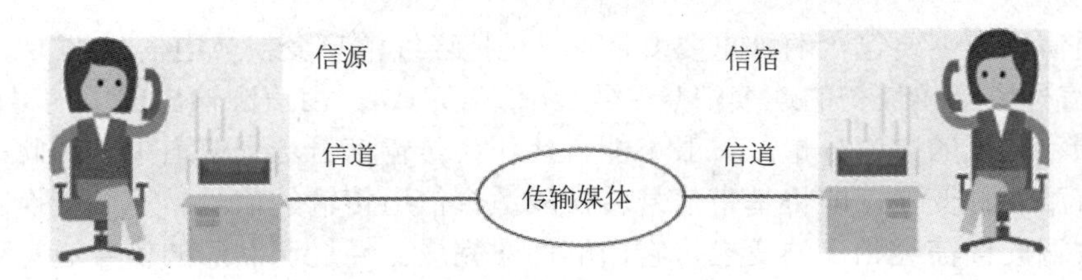

图 2.3　电话通信

通信系统的一般模型如图 2.4 所示，通信系统一般由信源、发送设备、信道、噪声源、接收设备和信宿组成。

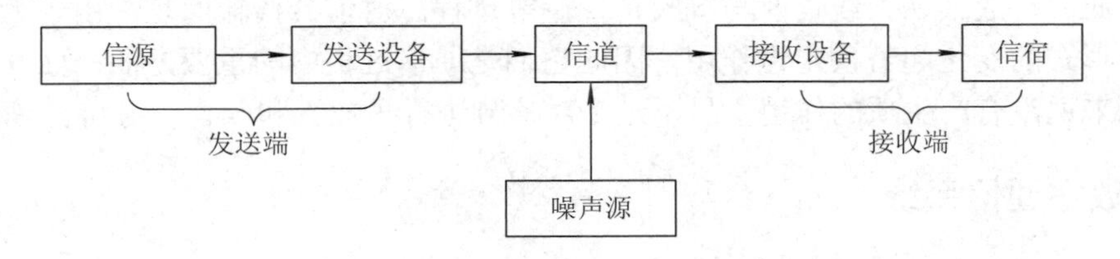

图 2.4　通信系统的一般模型

(1) 信源是消息的发源地，把非电信号转换成原始电信号。

(2) 发送设备的作用是将原始电信号处理成适合在信道中传输的信号。它所要完成的功能很多，如调制、放大、滤波和发射等。在数字通信系统中，发送设备又常常包含信源编码和信道编码等。

(3) 信道是指信号传输通道。

(4) 噪声源是信道中的所有噪声以及分散在通信系统中其他各处噪声的集合。

(5) 在接收端，接收设备的功能与发送设备相反，即进行解调、译码等。它的任务是从带有干扰的接收信号中恢复出相应的原始电信号，并将原始电信号转换成相应的信息，提供给信宿。

(6) 信宿即为消息的目的地。

2.3.2　模拟通信系统

在上述一般通信系统模型中，发送设备对来自信源的信号的处理可能有两种情况：一是直接对模拟信号进行放大和传输，如无线广播电台、第一代移动通信系统“大哥大”；二是把模拟信号转换成数字信号(提高抗噪声性能且易于加密)后再进行处理和传输，如数字电视、网络电台、2G/3G/4G/5G 移动通信等。根据这两种不同情况，我们把通信系统分为模拟通信系统和数字通信系统两大类。

传输模拟信号的系统称为模拟通信系统，如图 2.5 所示。

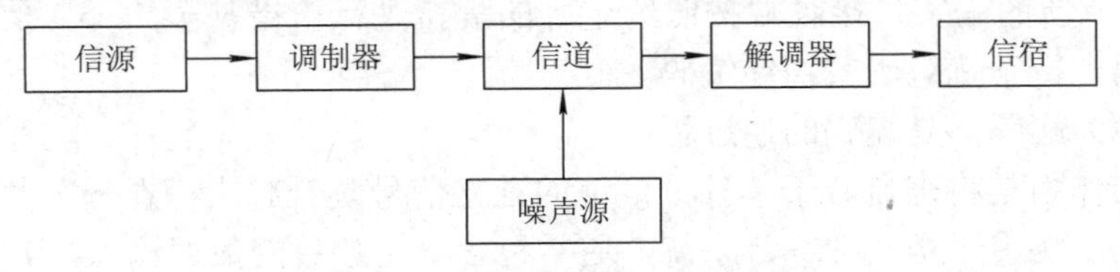

图 2.5　模拟通信系统模型

模拟通信系统主要包含两种重要变换。一是把连续消息变换成电信号(发送端信息源完成)和把电信号恢复成最初的连续消息(接收端信宿完成)。由信源输出的电信号(基带信号)由于具有频率较低的频谱分量，一般不能直接作为传输信号送到信道中。因此，模拟通信系统里常有第二种变换，即将基带信号转换成适合信道传输的信号，这一变换由调制器完成；在接收端同样需经相反的变换，它由解调器完成。经过调制后的信号通常称为已调信号。已调信号有 3 个基本特性：一是携带有消息；二是适合在信道中传输；三是频谱具有带通形式，且中心频率远离零频。因此，已调信号又常称为频带信号。

从消息的发送到消息的恢复，事实上并非仅有以上两种变换，通常在一个通信系统里可能还有滤波、放大、天线辐射与接收、控制等过程。对信号传输而言，由于上面两种变换对信号形式的变化起着决定性作用，因此它们是通信过程中的重要方面：而其他过程对信号变化来说没有产生质的作用，只不过是对信号进行了放大和改善信号特性等。

2.3.3 数字通信系统

数字通信系统是利用数字信号来传递信息的通信系统。数字通信系统可进一步细分为数字频带传输通信系统、数字基带传输通信系统和模拟信号数字化传输通信系统。数字通信系统模型如图 2.6 所示。

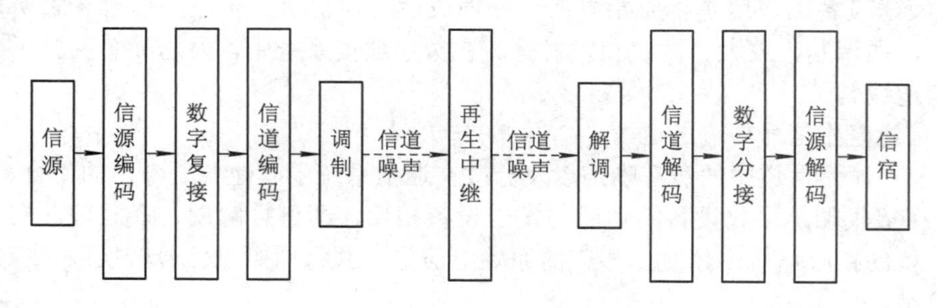

图 2.6 数字通信系统模型

与模拟通信系统相比，数字通信系统增加了信源编码、数字复接、信道编码等，同时还增加了定时同步系统(定时同步系统分布在各个位置，数字通信系统框图中一般不显示)。

信源编码的作用是提高信号传输的有效性，即在保证一定传输质量的情况下，用尽可能少的数字脉冲来表示信源产生的信息。信源编码也称为频带压缩编码或数据压缩编码。如果此时的信源为模拟信源，那么信源编码还有另一个作用，即实现模拟信号的数字化，称为模/数(Analog/Digital，A/D)转换。

信道编码的作用是提高信号传输的可靠性。数字信号在信道传输的过程中会遇到各种噪声，可能导致信号发生错误。信道编码对传输的信息码元按一定的规则加入一些冗余码(监督码)，形成新的码字，接收端按照约定好的规律进行检错甚至纠错。信道编码也称为差错控制编码、抗干扰编码或纠错编码。

译码也称为解码，是编码的逆过程。

复用器的作用是将来自若干单独分信道的独立信号复合起来，在一公共信道的同一方向上进行传输。复用器是一种综合系统，通常包含一定数目的数据输入，*n* 个地址输入(以二进制形式选择一种数据输入)。复用器有一个单独的输出，与选择的数据输入值相同。复用技术可能遵循以下原则之一，如 TDM(Time Division Multiplexing，时分复用)、FDM (Frequency Division Multiplexing，频分复用)、CDM(Code Division Multiplexing，码分复用)或 WDM(Wavelength Division Multiplexing，波分复用)。复用技术也应用于软件操作中，如同时将多线程信息流传送到设备或程序中。

数字调制的作用是将数字基带信号变为频带信号，使其更适合信道的传输，提高信号在信道上传输的效率，同时也达到信号远距离传输的目的。

一个通信系统正常稳定地工作离不开定时同步系统。同步是指通信系统的收、发双方具有统一的时间标准，使它们的工作"步调一致"。同步对于数字通信是至关重要的，如果同步存在误差或失去同步，通信过程就会出现大量的误码，导致整个通信系统失效。定时系统的作用是产生一系列定时信号，使系统有序地工作。

1. 数字通信的优点

目前，无论是模拟通信还是数字通信，在不同的通信业务中都得到了广泛的应用。但是，数字通信更能适应现代社会对通信技术越来越高的要求，数字通信技术已成为当代通信技术的主流。与模拟通信相比，数字通信有如下优点。

(1) 抗干扰、抗噪声性能好。在数字通信系统中，传输的信号是数字信号。以二进制为例，信号的取值只有两个，这样发送端传输的和接收端接收和判决的电平也只有两个值，若"1"码时取值为 A，"0"码时取值为 0，传输过程中由于信道噪声的影响，必然会使波形失真。在接收端恢复信号时，首先对其进行抽样判决，才能确定是"1"码还是"0"码，并再生"1""0"码的波形。因此，只要不影响判决的正确性，即使波形有失真也不会影响再生后的信号波形。而在模拟通信中，如果模拟信号叠加上噪声，即使噪声很小，也很难消除。

(2) 差错可控。数字信号在传输过程中出现的错误(差错)可通过纠错编码技术来控制。

(3) 易加密。数字信号与模拟信号相比容易加密和解密，因此数字通信保密性好。

(4) 数字通信设备和模拟通信设备相比，设计和制造更容易，体积更小，质量更小。

(5) 数字信号可以通过信源编码进行压缩，以减少冗余度，提高信道利用率。

(6) 易于与现代技术相结合。

2. 数字通信的缺点

当然，并不是说数字通信系统是十分完美的，模拟通信系统一无是处。模拟通信系统最大的优点就是直观且容易实现。而对于数字通信系统来说，它也有三个很突出的缺点。

(1) 占用频带较宽。因为线路传输的是脉冲信号，传送一路数字化语音信息需占 20.64 kHz 的带宽，而一个模拟话路只占用 4 kHz 带宽，即一路 PCM(Pulse Code Modulation，脉冲编码调制)信号占了几个模拟话路。对某一话路而言，它的利用率降低，或者说它对线路的要求更高。

(2) 技术要求复杂，尤其是同步技术要求精度很高。接收方要能正确地理解发送方的意思，就必须正确地把每个码元区分开来，并且找到每个信息组的开始，这就需要收发双方严格实现同步。如果组成一个数字网，同步问题的解决将更加困难。

(3) 进行模/数转换时会带来量化误差。

2.4 通信系统的基础理论

2.4.1 香农定理

克劳德·艾尔伍德·香农(Claude Elwood Shannon，1916年4月30日—2001年2月26日)是美国数学家、信息论的创始人(见图2.7)。他是20世纪最伟大的科学家之一，他是影响了整个数字通信时代的伟大人物。他在通信技术与工程方面的创造性工作，为计算机与远程通信奠定了坚实的理论基础，是信息论及数字通信时代的奠基人。

图2.7 香农

香农于1940年在普林斯顿高级研究所(The Institute for Advanced Study at Princeton)期间开始思考信息论与有效通信系统的问题。经过8年的努力，香农在1948年6月和10月在《贝尔系统技术杂志》(《Bell System Technical Journal》)上连载发表了具有深远影响的论文《通信的数学原理》。1949年，香农又在该杂志上发表了另一著名论文《噪声下的通信》。在两篇论文中，香农阐明了通信的基本问题，给出了通信系统的模型，提出了信息量的数学表达式，并解决了信道容量、信源统计特性、信源编码、信道编码等一系列基本技术问题。两篇论文成为信息论的奠基性著作。

香农理论的重要特征是熵(Entropy)的概念，他证明了熵与信息内容的不确定程度有等价关系。香农还首次引入了“比特(bit)”一词，定义了信道容量的概念，它表明当信号与作用在信道上噪声的平均功率给定时，在具有一定频带宽度的信道上，理论上单位时间内可能传输的信息量的极限数值。这就是香农公式：

$$C = B\,\mathrm{lb}\left(1+\frac{S}{N}\right) \quad \text{(b/s)} \tag{2.2}$$

香农公式给出了通信系统所能达到的极限信息传输速率，但对于如何达到或接近这一理论极限并未给出具体的实现方案。这正是通信系统研究和设计者们所面临的任务。几十年来，人们围绕着这一目标开展了大量的研究，得到了各种数字信号表示方法和调制手段。香农的贡献对现在的通信工业具有革命性的影响。

2.4.2 信息处理技术

1. 信源编码

信源编码(Source Coding)是一个做“减法”的过程。它以信源输出符号序列的统计特性来寻找某种方法，把信源输出符号序列变换为最短的码字序列，使后者的各码元所载荷的平均信息量最大，即优化和压缩了信息；同时又能保证无失真地恢复原来的符号序列，并且打成符合标准的数据压缩编码。信源编码减小了数字信号的冗余度，提高了有效性、经济性和速度。

最原始的信源编码就是莫尔斯电码，另外还有 ASCII(American Standard Code for Information Intercharge，美国标准信息交换代码)和电报码。现在常用的数字电视通用编码 MPEG-2 和 H.264(MPEG-Part10 AVC)编码方式都是信源编码。

按编码效果，信源编码可分为有损编码和无损编码。无损编码常见的有 Huffman 编码、算术编码、L-Z 编码。

按编码方式，信源编码又可分为波形编码、参量编码和混合编码。

1) 波形编码

波形编码是指将时间域信号直接变换为数字代码(A/D 变换)，力图使重建语音波形保持原语音信号的波形。其基本原理是抽样、量化和编码。

波形编码的优点是适应能力强、质量好等；其缺点是压缩比低，码率通常在 20 kb/s 以上。

波形编码适合对信号带宽要求不太严格的通信，如高清高真音乐和语音通信；不适合对频率资源相对紧张的移动通信等。

波形编码主要包括脉冲编码调制和增量调制(ΔM)，以及它们的各种改进型自适应增量调制(Adaptive Delta Modulation，ADM)、自适应差分编码(Adaptive Differential Pulse Code Modulation，ADPCM)等。它们分别能在 64 kb/s 及 16 kb/s 的速率上给出高的编码质量，当速率进一步下降时，其性能会下降较快。

2) 参量编码

参量编码又称声源编码，它将信源信号在频率域或其他正交变换域提取特征参量，并将其变换成数字代码进行传输。

参量编码的优点是可实现低速率语音编码，比特率可压缩到 2～4.8 kb/s，甚至更低。其缺点是在解码时需重建信号，重建的波形只能保持原语音的语意，而同原语音信号的波形可能会有相当大的差别；语音质量只能达到中等，特别是自然度较低。

参量编码主要包括线性预测编码(Linear Predictive Coding，LPC)及其他各种改进型编码。

3) 混合编码

混合编码是前两种方法的综合应用。在一定的语音质量的前提下，其可实现较低码率的传输。混合编码技术在参量编码的基础上引入了一些波形编码的特性，在编码率增加不多的情况下，较大幅度地提高了语音传输质量。

混合编码的优点是以较低的比特率获得较高的质量，时延适中；其缺点是方法较复杂。

混合编码主要包括语音通常用的 G723.1、G728、G729 等编码标准。

2. 信道编码

信道编码(Channel Coding)是一个做“加法”的过程。为了使信号与信道的统计特性相匹配，提高抗干扰和纠错能力，并区分通路，在信源编码的基础上，信道编码按一定规律增加冗余开销，如校验码、监督码，以实现检错、纠错，提高信道的准确率和可靠性。

1) 信道编码定理

在香农以前，工程师们认为要减少误码，要么增加发射功率，要么反复发送同一段消息。1948年，香农的标志性论文证明在使用正确的纠错码的条件下，数据可以以接近信道容量的速率几乎无误码地传输，而所需的功率却十分低。也就是说，如果有正确的编码方案，就没有必要浪费那么多能量和时间。这从理论上解决了理想编/译码器的存在性问题，即解决了信道能传送的最大信息率的可能性和超过这个最大值时的传输问题。此后，编码理论就发展起来了，成为“信息论”的重要内容。编码定理的证明，从离散信道发展到连续信道，从无记忆信道到有记忆信道，从单用户信道到多用户信道，从证明差错概率可接近于零到以指数规律逼近于零，正在不断完善。

2) 编码效率

编码效率为有用比特数/总比特数。在带宽固定的信道中，总传送码率是固定的，要增加冗余，就得降低有用信息的码率，即降低了编码效率。这是信道编码的缺点或者说代价。不同的编码方式，其编码效率有所不同。例如，在运送玻璃杯时，为防止打烂，人们常用泡沫、海绵等东西将玻璃杯包装起来，这种包装使玻璃杯所占的容积变大，原来一部车能装5000个玻璃杯的，包装后就只能装4000个。

3) 编码方法

在离散信道中，一般用代数码形式，其类型有较大发展，各种界限也不断有人提出，但尚未达到编码定理所启示的限度，尤其是关于多用户信道更显得不足。在连续信道中常采用正交函数系来代表消息，在极限情况下可达到编码定理的限度。但不是所有信道的编码定理都已被证明，只有无记忆单用户信道和多用户信道中的特殊情况的编码定理已有严格的证明；其他信道也有一些结果，但尚不完善。

常见的信道编码有奇偶校验码、循环码、线性分组码、BCH(Bose、Ray-chaudhuri、Hocquenghem)码等。

对信道编码的要求主要有以下几点：

(1) 编码效率高，抗干扰能力强；

(2) 对信号有良好的透明性，传输通道对于传输的信号内容不加限制；

(3) 传输信号的频谱特性与传输信道的通频带有最佳的匹配性；

(4) 编码信号包含有数据定时和帧同步信息，以便接收端准确地解码；

(5) 编码的数字信号具有适当的电平范围；

(6) 发生误码时，误码的扩散蔓延小。

2.4.3 调制与解调

通常由信源将信息直接转换得到的原始电信号频率较低，不宜直接在信道中传输。因此，在通信系统的发送端需将基带信号的频谱搬移(调制)到适合信道传输的频率范围内，而在接收端再将它们搬移(解调)到原来的频率范围，这就是调制和解调。

1. 调制

调制就是将信号频谱搬移到高频段的过程。调制广泛用于广播、电视、雷达、测量仪等电子设备。它的实现是把消息置入消息载体，便于传输或处理。$C(t)$称为载波(相当于运载工具)或受调信号，代表所欲传送消息的信号；$m(t)$称为调制信号(也称为基带信号)；调制后的信号$s(t)$称为已调信号(也称为频带信号)。用调制信号控制载波的某些参数(如幅度、频率、相位)，使之随基带信号而变化，就可实现调制。载波可以是正弦波或脉冲波，欲传送的消息可以是语音、图像或其他物理量，也可以是数据、电报和编码等信号。

调制在通信系统中具有十分重要的作用。一方面，通过调制可以把基带信号的频谱搬移到所希望的位置上去，从而将调制信号转换成适合信道传输或便于信道多路复用的已调信号；另一方面，通过调制可以提高信号通过信道传输时的抗干扰能力，同时它还和传输效率有关。具体地讲，不同的调制方式产生的已调信号的带宽不同，因此调制影响传输带宽的利用率。可见，调制方式往往决定了一个通信系统的性能。

调制的类型根据调制信号的形式可分为模拟调制和数字调制；根据载波的不同可分为以正弦波作为载波的连续载波调制和以脉冲串作为载波的脉冲调制，根据调制器频谱搬移特性的不同可分为线性调制和非线性调制。

2. 解调

解调是将位于载频的信号频谱再搬回来，并且不失真地恢复出原始基带信号。解调是调制的逆过程，调制方式不同，解调方法也不一样。

2.5　物联网的基本概念

“物联网”这一概念从1999年诞生至今，不同的组织机构、不同的专家学者、不同的企业都曾赋予了它不同的定义。

2.5.1　物联网与智慧地球

国际金融危机爆发以来，为了尽快摆脱危机的影响，很多国家都在寻求和培育新的经济增长点。2009年1月28日，美国总统奥巴马在与美国工商界领袖举行的圆桌会议上听取了IBM公司首席执行官彭明盛关于“智慧地球”的报告。

IBM公司在“智慧地球”概念的基础上提出了他们对物联网的理解。IBM的学者认为：智慧地球将传感器嵌入和装备到电网、铁路、桥梁、隧道、公路、建筑、供水系统、大坝、油气管道等各种物体中，并通过超级计算机和云计算组成物联网，实现人与物的融合。智慧地球的概念是希望通过在基础设施和制造业中大量嵌入传感器，捕捉运行过程中的各种信息，然后通过无线网络接入互联网，通过计算机分析、处理和发出指令，反馈给控制器，远程执行指令。控制的对象小到一个开关、一个可编程控制器、一台发电机，大到一个行业。通过智慧地球技术的实施，人类可以以更加精细和动态的方式管理生产与生活，提高资源利用率和生产能力，改善人与自然的关系。彭明盛建议美国政府投资新一代智慧型基础设施的建设，以此拉动美国经济的增长，渡过经济危机的难关。2009年1月7日，IBM公司与美国智库信息技术与创新基金会(Information Technology and Innovation Foundation，ITIF)共同向美国政府提交了名为《The Digital Road to Recover：A Stimulus Plan to Create Jobs，Boost Productivity and Revitalize America》(《数字化复苏之路：创造就业机会，提高生产力并振兴美国》)的建议书。建议书提出通过信息通信技术投资，可以在短时间创造就业机会。美国政府在智能电网、智能医疗与宽带网络这3个领域新增投资300亿美元，可以为美国民众创造出94.9万个就业机会。

美国总统奥巴马明确表示："经济刺激资金将会投入宽带网络等新兴技术之中，毫无疑问，这就是美国在21世纪保持和夺回竞争优势的方法。"美国政府将"宽带网络等新兴技术定位为振兴经济、确立美国全球竞争优势的关键战略，随后出台了总额为7870亿美元的《经济复苏和再投资法》，以落实上述计划。美国国家情报委员会(National Intelligence Council，NIC)发表的《2025年对美国利益有潜在影响的关键技术》报告中将物联网列为六大关键技术之一。物联网与新能源成为美国摆脱经济危机、振兴经济的两大核心武器。

IBM前首席执行官郭士纳曾经提出过一个重要的观点——"15年周期定律"。他认为，计算模式每隔15年发生一次变革。按照他总结出来的规律，1965年前后出现了以大型机为标志的变革，1980年前后出现了以个人计算机普及为标志的变革，1995年前后出现了以互联网应用为标志的变革，那么2010年前后出现的以物联网为标志的变革将进一步验证他的预测。物联网作为一种新的计算模式，将会引起各国产业结构的变化，甚至会造成国家之间竞争格局的变化。各国将物联网作为振兴经济、调整产业结构、确立竞争优势的重大战略决策，它将对各国的经济与社会发展产生重大的影响。

可以看出，"物联网"这个概念产生的背景至少有两个因素：一是世界的计算机及通信科技已经发生了巨大的颠覆性的改变；二是物质生产科技发生了巨大的变化，使物质之间产生相互联系的条件成熟，没有瓶颈。物联网就是可以实现人与人、物与物、人与物之间信息沟通的庞大网络，将为我们带来新的消费体验，广泛应用于购物、交通、物流、医疗等重要领域，其经济潜力很容易让人想到互联网经济的辉煌。

2.5.2　物联网的定义

最早关于物联网的定义是1999年由麻省理工学院Aoto-ID实验室提出的，他们把物联网定义为：物联网就是把所有物品通过RFID和条形码等信息传感设备与互联网连接起来，实现智能化识别和管理。其实质就是将RFID技术与互联网相结合并加以应用。

ITU对物联网的定义：物联网主要解决物品到物品(Thing to Thing，T2T)、人到物品(Human to Thing，H2T)、人到人(Human to Human，H2H)之间的互联。其中，H2T是指人利用通用装置与物品之间的连接，H2H是指人与人之间不依赖于个人计算机而进行的互联。这样我们就可以随时随地了解身边的事物，从而实现智能化识别定位、跟踪和管理，最终让整个世界变成一个巨型的计算机，达到物联网的终极梦想。

2010年，我国的政府工作报告对物联网有如下说明：物联网是通过传感设备按照约定的协议，把各种网络连接起来，进行信息交换和通信，以实现智能化识别、定位、跟踪、监控和管理的一种网络。

日本东京大学教授坂村健认为：让任何物品都嵌入一种标记有自己身份特征的操作系统，然后通过无线网络将所有物品都连接起来，这是全球信息化发展的新阶段，从信息化向智能化提升，在已经发展起来的传感、识别、接入网、无线通信网、互联网、云计算、应用软件、智能控制等技术基础上的集成、发展与提升。物联网本身是针对特定管理对象的"有限网络"，是以实现控制和管理为目的，通过传感器(或识别器)和网络将管理对象连接起来，实现信息感知、识别、情报处理、态势判断和决策执行等智能化的管理和控制。

综上所述，物联网是利用二维码射频识别各类传感器等技术和设备，使物体与互联网等各类网络相连，获取无处不在的现实世界的信息，实现物与物、物与人之间的信息交互，支持智能的信息化应用，实现信息基础设施与物理基础设施的全面融合，最终形成统一的智能基础设施。

从本质上看，物联网架构在网络上，具有联网应用和通信能力，实现了物理世界与信息世界无缝连接。从物联网的概念出发，我们可以看到 3 个世界：真实的物理世界、数字世界与连接两者的虚拟控制的世界。真实的物理世界与数字世界之间存在着物的集成关系，物理世界与虚拟控制的世界之间存在着描述物与活动之间的语义集成关系，数字世界与虚拟控制的世界之间存在着数据集成的关系。三者之间的集成关系共同形成了物联网社会的知识集成关系。

思 考 题

1. 什么是通信？通信的根本任务是什么？

2. 什么是模拟通信？什么是数字通信？它们的区别是什么？举例说明人们日常生活中哪些是模拟通信系统，哪些是数字通信系统。

3. 通信系统如何分类？

4. 试画出数字通信系统的一般模型，说明各部分的作用。

5. 数字通信系统有何优缺点？

6. 什么是通信网？简述通信网的基本组成。

7. 什么是信源编码？什么是信道编码？它们的作用分别是什么？

8. 如何理解调制？

9. 理解物联网的基本概念。

第3章 信息终端

通信网中有一个非常重要的终端设备，即用户与通信网之间的接口设备，起到完成与用户的接口、信号的转换等作用。没有终端设备，我们不能进行通信。当然，通信用户终端设备的一切业务也依赖于通信网络的支持，它不能离开通信网而独立存在。终端设备可以将要传送的信号(声音、图文和数据等)转换为电信号输出，也可以将收到的电信号转换为声音、图文和数据等。它是通信系统模型中的信源和信宿部分，是通信的起点和终点。下面介绍几种常见的信息终端。

3.1 固定电话终端

要打电话，需通过电话机终端才能接入电话网。贝尔于1876年在美国专利局申请了电话专利权，距今已有一百多年的历史。随着技术的发展和新业务的不断出现，电话机的品种不断更新，功能越来越丰富。

3.1.1 电话机的分类

电话机的分类方式比较多，有按制式不同来划分的，有按选呼信号方式不同来划分的等。为了便于理解，这里把现代常用话机分为普通话机和特种话机两类。

1. 普通话机

1) *脉冲话机(脉冲号盘话机)*

脉冲话机全称为拨号盘脉冲式自动电话机，如图3.1所示。用户每拨动一次号盘就产生一串与被叫号码相对应的脉冲。脉冲按键话机：话机内装设有被称为脉冲芯片的集成电路，它先将用户所按下的号码一一存储起来，然后再发送相应的脉冲串，可以配合不具备音频收号器的交换机使用。

图3.1　脉冲话机

脉冲拨号盘有如下缺陷：

(1) 速度慢，电话号码越长，拨号所用时间越长，占用交换机的时间也长，不仅使程控交换机接续速度快的优点得不到发挥，也影响交换机的接通率。

(2) 易错号，脉冲信号在线路传输中易产生波形畸变。

(3) 易干扰，脉冲信号幅度大，容易产生线间干扰。

因此，这类话机已经初步淘汰。

2) 双音频按键话机(Dual Tone Multi Frequency，DTMF)

双音频按键话机主要是配合程控交换机而产生的。它的发号方式与直流脉冲发号方式截然不同，是在按键号盘编码信号控制触发下，由双音多频发号集成电路产生双音频组合信号。用户每按下一个键，可以同时发出相应编号的两个单频组合波，如表 3.1 所示。双音频按键话机如图 3.2 所示，具有发号速度快、抗干扰能力强等优点，因而应用较为广泛。

表 3.1 双音频按键话机的号码表示方法

高频组 低频组		H1	H2	H3	H4
		1209/Hz	1336/Hz	1477/Hz	1633/Hz
L1	697/Hz	1	2	3	A
L2	770/Hz	4	5	6	B
L3	852/Hz	7	8	9	C
L4	941/Hz	*	0	#	D

图 3.2 双音频按键话机

2. 特种话机

特种话机可分为以下 7 类。

1) 投币话机

投币话机多用于公用电话亭，如图 3.3 所示。在使用投币话机时，必须先投入一定量值的硬币才可以接通电话。这种电话机不需要专人看守，安装在公共场所或马路旁的电话亭内，是为用户提供的一种极其方便的电话终端设备。投币话机与普通话机之间的区别主要有两点：一是投币话机增加了收币、鉴币和退币等控制功能；二是结构上采用单挂式，不但比普通话机的体积要大，而且坚固耐用。

图 3.3 投币话机

2) 磁卡话机

磁卡话机是 20 世纪 70 年代后期开始出现的一种公用电话终端设备，如图 3.4 所示。这种话机使用卡片记录信息的方式，即将信息记录在卡片的磁介质上，记录的信息可以改写，信息容量大，成本低。在使用电话前，用户需先购买面额值确定的卡片。由于磁卡后来被IC卡技术取代，因此对应地磁卡话机也被IC卡话机取代。

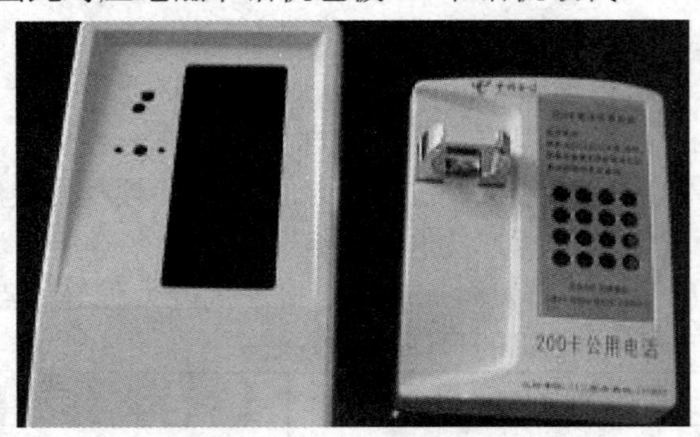

图3.4　磁卡话机

3) IC卡话机

随着超大规模集成电路和大容量存储芯片技术的发展，产生了集成电路卡，即IC(Integrate Circuit)卡。使用IC卡付费的电话机称为IC卡话机，如图3.5所示。IC卡根据其是否具有CPU(Central Processing Unit，中央处理器)，可分为存储卡(记忆卡)、逻辑加密卡和智能卡(具有CPU和存储器)。存储卡又分为可读写卡[RAM(Random Access Memory，随机存取存储器)]和只读卡[ROM(Read Only Memory，只读存储器)]。智能卡由一个或多个芯片组成，并封装成人们便于携带的卡片。智能卡具有暂时或永久的数据存储能力，有的还具有自己的键盘、液晶显示器和电源，实际上是一种卡式微型计算机。

图3.5　IC卡话机

IC卡电话具有以下优势。

(1) 打电话方便，话费自由掌握。IC卡电话对于没有手机的人来说增加了很大的便利性，话费便宜，一张IC卡可以打很长时间；另外，IC卡电话是手机临时没电、附近没有其他公用电话的情况下的必要的应急设备。

(2) 与一卡通兼容，管理方便。IC卡电话技术要求不高，特别是学校集体宿舍等场所，增加IC卡电话成本低廉，学生自主消费，不会出现电话欠费情况。

(3) IC卡电话是人民群众的公共福利。公用IC卡电话不但提供了通信的便利，还提供了一些特殊服务，如紧急报警；与其他功能一体化设计，如200电话、视频通信、一卡通等。

IC卡电话对于移动电话还未普及的年代来说是一种重要的通信方式。

4) 无绳电话机

无绳电话机俗称“子母机”，如图3.6所示。无绳电话机于1980年问世后，首先在日本等国家投入使用，很受用户欢迎。无绳电话机实质上是全双工无线电台与有线市话系统及逻辑控制电路的有机组合，它能在有效的场强空间内通过无线电波媒介，实现副机与座机之间的“无绳”联系。简单地说，无绳电话机就是将电话机的机身与手柄分离成为主机(母机)与副机(子机)两部分，主机与市话网用户电话线连接，副机通过无线电信道与主机保持通信，不受传统电话机手柄话绳的限制。一般来说，在距主机100～300米方圆范围内可随时收听或拨打电话。由于主副机之间利用无线信道保持联系，不受传统电话机手柄弹簧绳的限制，因此赋予使用者极大的自由度，方便灵活。由于这种话机带来的方便性，因此它在市场上应用很广。

图 3.6 无绳电话机

5) 可视话机

可视电话是利用电话线路实时传送人的语音和图像(用户的半身像、照片、物品等)的一种通信方式。如果说普通电话是“顺风耳”，那么可视电话就既是“顺风耳”，又是“千里眼”。使用这种话机进行通信，不但能听到对方的声音，而且能通过荧光屏看清对方的面容及打电话的场景。可视电话机实际上由普通电话机、电视摄像机和电视接收机3部分组成，如图3.7所示。

图 3.7 可视话机

一部可视话机设备可以像一部普通电话机一样接入公用电话网使用。动态图像可视电话显示的图像是活动的，用户可以看到对方的微笑或说话的形象。可视话机的图像信号因包含的信息量大，所占的频带宽，不能直接在用户线上传输，需要把原有的图像信号数字化，变为数字图像信号，而后还必须采用频带压缩技术对数字图像信号进行“压缩”，使之所占的频带变窄，这样才可在用户线上传输。可视话机的信号因为是数字信号，所以要在数字网中进行传输。可视话机还可以加入录像设备，就像录音电话一样，把图像录制下来，以便保留。

6) 录音话机

录音话机俗称“秘书电话机”或“留言话机”。当来电话时，若主人不在，录音话机会先回答主人预先录制好的留言，并可录下对方讲话的内容，待主人回来后看到来话标记，操作相应的功能键即可听到对方的讲话内容。

录音话机技术经历了 3 次革新。

➢ 第一代：采用模拟技术的录音话机，其中最有代表性的产品便是磁带录音电话，如图 3.8 所示。其以磁带的方式保存录音数据，价格便宜，实现了一些重要数据的记录和保存；但其音质差，磁带容易受潮变质，不利于信息的长久保存。

图 3.8　磁带录音电话

➢ 第二代：采用数字技术的录音话机。数字录音话机是录音话机行业发展中质量上的一大突破，其选用 Flash 芯片作为存储介质，失真少、记录快、应用广、功能强，可以永久保存，即使话机突然断电也能够保证录音资料的完整。但数字录音话机必须实行人工数据备份和存储，数据存储不够精准，难以实现跨区域的数据备份和信息查询等。

➢ 第三代：智能录音话机。智能录音话机的问世在语音通信市场曾引起广泛关注。智能录音话机不仅电话录音文件音质清晰，查询方便，而且支持跨区域、网络上传录音文件，以及更安全的权限控制技术，为人们提供了更人性化的支持。在保证通话的安全上，智能录音话机系统特有的通话加密功能可以最大限度地保证通话内容不被泄露。无论是两方通话还是多方电话会议，智能电话录音系统的上述功能都可以建立起一个封闭、保密的通话空间，如同通话方在一个保密的房间里面对面交谈一般，绝对无需担心交谈内容被外人获悉。

7) 数字话机

数字话机是把语音模拟信号通过 A/D 变换成双工数字编码信号传输的一种先进的电话机。数字话机可以同时传送控制信号和语音信号，声音和控制信息经过数字化编码后，可以通过两条导线传送到交换机，但一路数字电话的导线可以是 2 条，也可以是 4 条、8 条等。数字话机必须能调制解调这些数字语音和识别这些控制信号，这就是数字话机和模拟话机的主要区别。它不但具有很强的抗干扰能力，还具备低噪声、高音质等性能。目前许多国家正积极研制各种型号的数字话机，以配合专用的数字话机、高速数据网和 ISDN(Integrated Services Digital Network，综合业务数字网)通信网，进行语音和非语音信号的高质量传输。

3.1.2 电话终端的基本组成

电话机由通话设备、信令设备和转换设备 3 部分组成，如图 3.9 所示。

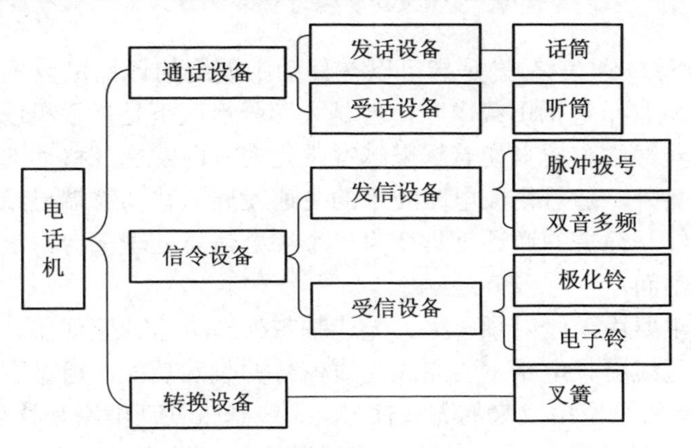

图 3.9 电话机硬件组成框图

(1) 通话设备完成语音信号的接收和发送，主要包含送话器、受话器、消侧音电路、放大电路等。送话器和受话器即话筒和听筒，送话器把声音信号转换成了电信号，而受话器则是送话器的逆过程。

(2) 信令设备主要完成信令信号的接收和发送，打电话时拨出的号码和接听电话时发出的振铃信号都是信令信号。信令电路主要包含拨号键盘、双音频发送电路、铃流接收电路。

(3) 转换设备就是摘机后自动弹起的叉簧，主要完成信令电路与通信电路之间的转换功能。

电话机的基本功能就是收信、发信、受话、发话，这 4 个功能缺一不可。现在的电话机除了最基本的接听和拨打电话外，还具有一些其他的功能，如数码录音；语音报号；来电防火墙；电信特殊服务功能；重复来电指示；来电、去电号码存储；IP 速拨功能，且可设置自动 IP；单键重拨功能；电话传呼；分机号码编码；分机记忆拨号；分机密码锁；呼叫等待、呼叫转移；通话录音等。

3.1.3 电话终端的接入方式

接入方式是指通信终端连接到通信网络的方式和手段。电话机的接入方式从发明电话开始直到现在都没有改变，一直使用两根铜线进行接入，如图 3.10 所示。

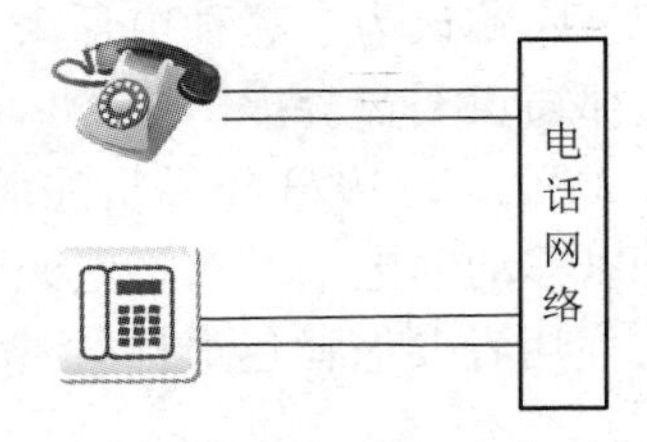

图 3.10 电话终端的接入方式

3.2 移动终端

移动终端(也称移动通信终端)是指可以在移动中使用的计算机设备，广义地讲包括手机、笔记本、POS 机甚至包括车载电脑，但是大部分情况下是指手机或者具有多种应用功能的智能手机。随着网络和技术朝着越来越宽带化的方向发展，移动通信产业已走向真正的移动信息时代。另外，随着集成电路技术的飞速发展，移动终端已经拥有了强大的处理能力，移动终端已经从简单的通话工具变为一个综合信息处理平台，这也给移动终端增加了更加宽广的发展空间。

移动通信终端主要由无线射频电路、无线基带处理电路、处理器、存储器、显示器、键盘等电路组成。无线射频电路主要完成无线信号的收发功能，通过它既要将手机中的信号发射出去，也要接收从空中发来的无线信号。无线基带处理电路是移动终端的核心部件，它完成信号的分析、处理等功能。处理器完成整个终端设备的控制功能，存储器具有存储基本信息的作用，如存储电话号码等。显示器和键盘是提供给用户做信息显示和操作的部件。

3.2.1 手机

1. 手机的发展

1973 年 4 月的一天，一名男子站在纽约街头掏出一个约有两块砖头大的无线电话，并打了一通，引得过路人纷纷驻足侧目。这个人就是手机的发明者马丁·库帕。当时，马丁·库帕是美国著名的摩托罗拉公司的工程技术人员。这世界上的第一通移动电话是打给他在贝尔实验室工作的一位对手，马丁·库帕从此也被称为现代“手机之父”。马丁·库帕在摩托罗拉工作了 29 年后，在硅谷创办了自己的通信技术研究公司。2013 年，他成为这个公司的董事长兼首席执行官。

其实，再往前追溯，我们会发现，手机这个概念早在 20 世纪 40 年代就出现了，是由美国最大的通信公司贝尔实验室开始试制的。1946 年，贝尔实验室制造出了第一部所谓的“移动通信电话”。但是，由于其体积太大，研究人员只能把它放在实验室的架子上，慢慢人们就淡忘了。一直到了 20 世纪 60 年代末期，AT&T 和摩托罗拉这两个公司才开始对这种技术感兴趣。当时，AT&T 出租一种体积很大的移动无线电话，客户可以把这种电话安装在大卡车上。AT&T 的设想是，将来能研制一种移动电话，功率是 10 瓦，就利用卡车上的无线电设备来加以沟通。马丁·库帕认为，这种电话太大太重，根本无法移动让人带着走。于是，摩托罗拉就向美国联邦通讯委员会提出申请，要求规定移动通信设备的功率，只应该是 1 瓦，最大也不能超过 3 瓦。从 1973 年手机注册专利，一直到 1985 年，才诞生出第一台现代意义上的、真正可以移动的电话。它将电源和天线放置在一个盒子中，质量达 3 千克，非常重而且不方便，使用者要像背包那样背着它行走，所以其又被称为“肩背电话”。

1) 1G 手机

第一代手机(1G)是指模拟的移动电话，即在 20 世纪八九十年代中国香港、美国等影视作品中出现的大哥大。最先研制出大哥大的是美国摩托罗拉公司的 Cooper 博士。由于当时的电池容量限制和模拟调制技术需要硕大的天线和集成电路的发展状况等制约，这种手机外表四四方方，只可移动但并不便携，因此很多人称这种手机为“大哥大”“砖头”“黑金刚”等，如图 3.11 所示。

图 3.11 曾经的“大哥大”

这种手机基本上使用频分复用方式，只能进行语音通信，收信效果不稳定，且保密性不足，无线带宽利用不充分。此种手机类似于简单的无线电双工电台，通话时锁定在一定频率，所以使用可调频电台就可以窃听通话。

2) 2G 手机

第二代手机(2G)也是最常见的手机，如图 3.12 所示。通常这些手机使用 PHS(Personal Handyphone System，个人手机系统)、GSM(Global System for Communication，全球移动通信)或者 CDMA(Code Division Multiple Access，码分多址)这些十分成熟的标准，具有稳定的通话质量和合适的待机时间。在第二代手机中为了适应数据通信的需求，一些中间标准也在手机上得到支持，如支持彩信业务的 GPRS(General Packet Radio Service，通用分组无线业务)和上网业务的 WAP(Wireless Application Protocol，无线应用协议)服务，以及各式各样的 Java 程序等。

图 3.12 2G 手机

3) 3G 手机

3G(3rd Generation)指第三代移动通信技术。相对第一代模拟制式手机(1G)和第二代

GSM、CDMA 等数字手机(2G)，第三代手机是指将无线通信与国际互联网等多媒体通信结合的新一代移动通信系统。它能够处理图像、音乐、视频流等多种媒体形式，提供包括网页浏览、电话会议、电子商务等多种信息服务。为了提供这种服务，无线网络必须能够支持不同的数据传输速度，即在室内、室外和行车环境中能够分别支持至少 2 Mb/s、384 kb/s 以及 144 kb/s 的传输速度。

4) 4G 手机

4G 手机就是支持 4G 网络传输的手机，移动 4G 手机最高下载速度超过 80 Mb/s，达到主流 3G 网络网速的 10 多倍。以下载一部 2 GB 大小的电影为例，只需要几分钟即可下载完成。此外，使用时用户延时小于 0.05 秒，仅为 3 G 的 1/4。即便在每小时数百千米的高速行驶状态下，移动 4G 仍然能提供服务。

5) 5G 手机

5G 手机就是支持 5G 网络传输的手机。5G 网络的主要优势在于其数据传输速率远远高于以前的蜂窝网络，最高可达 10 Gb/s，比当前的有线互联网要快，比先前的 4G LTE(Long Term Evolution，长期演进)蜂窝网络快 100 倍。其另一个优点是较低的网络延迟(更快的响应时间)，低于 1 毫秒。因此，相对于 4G 手机，5G 手机有更快的传输速度，低时延，通过网络切片技术，拥有更精准的定位。从外观上看，4G、5G 手机外观与常见的智能手机无异，它们的主要特点在于屏幕大、分辨率高、内存大、处理器运转快等(见图 3.13)。

图 3.13　5G 手机

2. 手机终端的接入方式

手机终端通过空中无线信道接入本小区的基站，然后通过基站将信号传送到网络平台中，如图 3.14 所示。

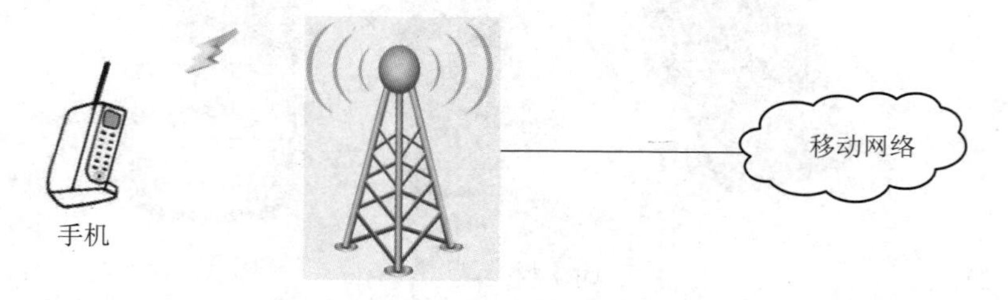

图 3.14　手机终端的接入方式

3.2.2 笔记本电脑

20 世纪 80 年代初，IBM 开发出个人 PC 后，人们梦想着开发出一种能够随身携带的 PC 产品。1983 年，《国家电子》杂志首度提出了“手提电脑”的概念，后来这个概念又演变为“膝上型电脑”，当时包括苹果、IBM 和康柏等公司都推出了这种产品。在美国人看来，正是“膝上型电脑”的发展促进了笔记本电脑的诞生。 而在同时期的日本，东芝、松下和索尼等厂商则热衷于开发一种被称为“移动 PC”的产品，“移动 PC”基于 IBM PS/2 系统，使用外接电源。严格来讲，当时日本人所开发的“移动 PC”更接近于今天的笔记本电脑。尤其是日本厂商在开发“移动 PC”的过程中强调便携性，这与美国人设计那种笨重的需要扛起来才能移动的“膝上型电脑”形成鲜明对比。更为关键的是，正是在东芝 T1000 推出之后，笔记本电脑相关的各种新技术、新产品才纷纷出现，市场开始全面快速发展。2001 年，《美国计算机协会学报》在纪念 PC 诞生 20 周年的一篇报道中写道：“1985 年，东芝推出 T1000，第一次给人们带来了‘笔记本电脑’的概念。”

在 Internet 无处不在的今天，使用笔记本电脑在任何可能的场所访问 Internet 成为必然。一般笔记本电脑都具备无线上网功能，如果不具备则可以购买一块无线网卡插入笔记本电脑实现无线上网。设置好无线路由器，便可以通过无线局域网访问 Internet。

3.2.3 平板电脑

平板电脑的概念由微软公司在 2002 年提出，但由于当时的硬件技术水平还未成熟，而且当时所使用的 Windows XP 操作系统是为传统计算机设计的，因此并不适合平板电脑的操作方式(Windows 操作系统不适合于平板电脑)。2010 年，平板电脑突然火爆起来。iPad 由首席执行官史蒂夫•乔布斯于 2010 年 1 月 27 日在美国旧金山欧巴布也那艺术中心发布，让各 IT 厂商将目光重新聚焦在了平板电脑上。iPad 重新定义了平板电脑的概念和设计思想，取得了巨大的成功，从而使平板电脑真正成为一种带动巨大市场需求的产品。这个平板电脑(iPad)的概念和微软提出的平板电脑(Tablet PC)已不一样。iPad 让人们意识到，并不是只有装 Windows 操作系统的才是计算机，苹果的 iOS 系统也能做到。2011 年，Google 推出 Android 3.0 蜂巢(Honey Comb)操作系统。Android 是 Google 公司一个基于 Linux 核心的软件平台和操作系统，目前 Android 成为 iOS 强劲的竞争对手之一。

2011 年 9 月，随着微软 Windows 8 操作系统的发布，平板电脑阵营再次扩充。Windows 8 操作系统在计算机和平板上开发和运行的应用程序分为两个部分，一个是 Metro 风格的应用，这就是当下流行的场景化应用程序，方便用户进行触控，操作界面直观简洁；第二个是“桌面”应用，用户可以通过点击桌面图标来执行程序，与传统的 Windows 操作系统应用类似。

不同型号的平板电脑，其支持的连接网络方式也不一样。平板电脑连接网络的方式一般有 4 种：无线网络 WiFi、3G/4G/5G 网络、有线网络 LAN 和 3G/4G/5G 上网卡上网。

平板电脑和笔记本电脑通过无线局域网访问 Internet 的方式相同，如图 3.15 所示。

可以看到，今天的移动终端不仅可以通话、拍照、听音乐、玩游戏，而且可以实现包括定位、信息处理、指纹扫描、身份证扫描、条形码扫描、RFID 扫描、IC 卡扫描及酒精含量检测等丰富的功能，成为移动执法、移动办公和移动商务的重要工具。现代的移动终端已经拥有极为强大的处理能力、内存、固化存储介质以及像计算机一样的操作系统，是一个完整的超小型计算机系统，可以完成复杂的处理任务。移动终端也拥有非常丰富的通信方式，既可以通过 GSM、CDMA、EDGE(Enhanced Data Rate for GSM Evolution，增强型数据速率 GSM 演进技术)、3G/4G/5G 等无线运营网通信，也可以通过无线局域网、蓝牙和红外进行通信。移动终端已经深深地融入我们的经济和社会生活中，为提高人民的生活水平、提高执法效率、提高生产的管理效率、减少资源消耗和环境污染以及突发事件应急处理增添了新的手段。

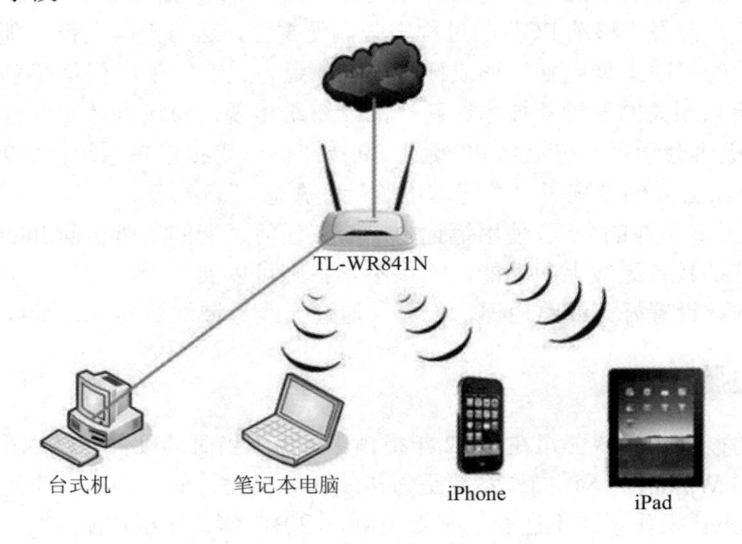

图 3.15　无线局域网连接

3.3　计算机终端

计算机终端如图 3.16 所示，它是一种用于高速计算的电子计算器，既可以进行数值计算，又可以进行逻辑计算，还具有存储记忆功能，是能够按照程序运行，自动、高速处理海量数据的现代化智能电子设备。

图 3.16　计算机终端

计算机中的各个物理实体称为计算机硬件，程序和数据则称为计算机软件。一个完整的计算机系统由计算机硬件系统及软件系统两大部分构成。计算机硬件是计算机系统中由电子、机械和光电元件组成的各种计算机部件和设备的总称，是计算机完成各项工作的物质基础。

1. 计算机终端的组成

微型计算机硬件系统由主机和常用外围设备两大部分组成。主机由中央处理器和内存储器组成，用来执行程序、处理数据。主机芯片安装在一块电路板上，这块电路板称为主机板(主板)。为了与外围设备连接，在主机板上还安装有若干个接口插槽，可以在这些插槽上插入不同外围设备连接的接口卡，用来连接不同的外部设备，如图 3.17 所示。

图 3.17 微型计算机主机板

微型计算机常用外围设备有显示器、键盘、鼠标及外存储器。外存储器中常用的有硬盘、软盘和光盘。为了联网，可以配置调制解调器、网卡等通信设备。

计算机的基本组成如图 3.18 所示。

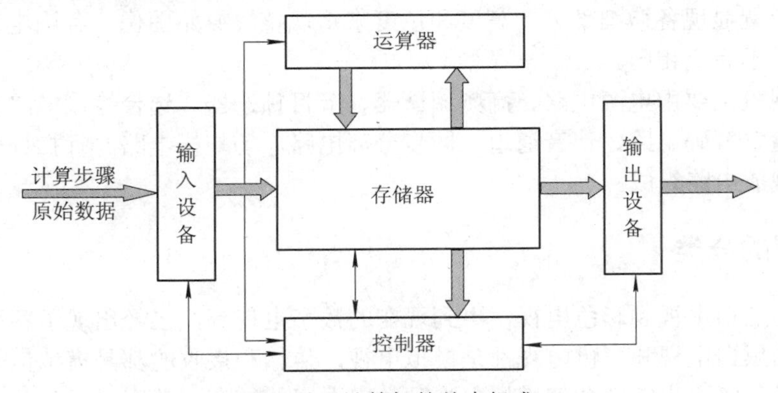

图 3.18 计算机的基本组成

2. 接入方式

计算机作为一种通信终端，它接入网络的方式主要有以下两种。

(1) 通过公众电话网的模拟用户线接入网络。由于计算机处理和输出的是数字信号，模拟用户线传输的是模拟信号，因此需通过 ADSL(Asymmetric Digital Subscriber Line，非对称数字用户环路) Modem 来进行转换，如图 3.19 所示。

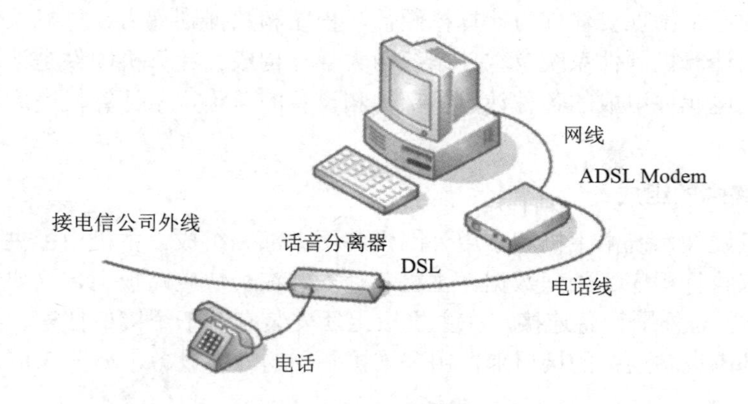

图 3.19 通过 ADSL Modem 接入网络

(2) 通过网卡和路由器直接连接到计算机网络，如图 3.15 所示。

3.4 电视终端

3.4.1 电视终端的组成

电视即电视接收机，其利用电子技术以及设备传送活动的图像画面和音频信号，也是重要的广播和视频通信工具。电视用电的方法即时传送活动的视觉图像。同电影相似，电视利用人眼的视觉残留效应显现一帧帧渐变的静止图像，形成视觉上的活动图像。电视系统发送端把景物的各个微细部分按亮度和色度转换为电信号后，顺序传送。在接收端通过按相应几何位置显现各微细部分的亮度和色度来重现整幅原始图像。各国电视信号扫描制式与频道宽带不完全相同。

彩色电视机主要由电源电路、高频调谐器、节目预选器、选台控制电路、遥控接收电路、中放通道、解码电路、伴音通道、同步分离电路、场扫描电路、行扫描电路、显像管电路、末级视放电路组成。

3.4.2 电视的分类

从最早的黑白电视到彩色电视，再到现在的数字电视等，已经出现了各种各样的电视终端。早期的黑白电视和彩色电视都是模拟电视，传输和接收的都是模拟信号。随着模拟到数字的转换，将逐步实现全部模拟电视到数字电视的转变。数字电视从信号发送、传输到接收整个过程中都是数字信号，因此其清晰度更好，功能更多。模拟电视实现数字电视信号接收需采用实现 D/A(数/模)转换的电视机顶盒，通过机顶盒将数字信号电视节目接收后，再转换为模拟信号送到模拟电视机中。今后将实现数字电视一体机，即将数字接收、解码与显示融为一体，把机顶盒内置到电视机中，人们在观看数字电视时，不再需要另外购买机顶盒，直接打开电视机就能收看到数字电视节目。

随着通信与电子技术的发展，电视终端的种类不再单一，从电视的使用效果和外形来看，其可以粗分为以下几类。

(1) 平板电视(等离子、液晶和一部分超薄壁挂式 DLP(Digital Light Processing，数位光源处理)背投)，如图 3.20 所示。

图 3.20　平板电视

(2) CRT(Cathode Ray Tube，阴极射线管)显像管电视(纯平 CRT、超平 CRT、超薄 CRT 等)，如图 3.21 所示。

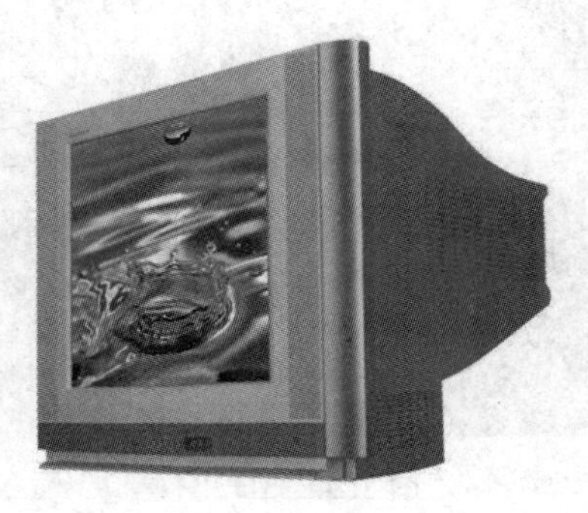

图 3.21　CRT 显像管电视

(3) 背投电视(CRT 背投、DLP 背投、LCOS(Liquid Crystal on Silicon，液晶附硅)背投、液晶背投)，如图 3.22 所示。

图 3.22　背投电视

(4) 投影电视，如图 3.23 所示。

图 3.23　投影电视

(5) 3D 电视，如图 3.24 所示。

图 3.24　3D 电视

(6) 手机电视，如图 3.25 所示。

图 3.25　手机电视

3.4.3 电视终端的接入

1. 无线接入方式

早期的电视大多采用无线接入方式，电视用接收天线通过无线电波接收电视节目。卫星电视也是通过无线接入方式接收电视节目。移动电视和手机电视也属于无线接入方式。

2. 有线接入方式

有线接入方式是目前应用最广的一种接入方式，通过同轴电缆进行电视节目的接收，这就是闭路电视或者有线电视(Cable Television，CATV)。

3.5 物联网终端

物联网的概念是在1999年提出的，它发展迅速，已经成为继计算机、互联网与移动通信网之后推动世界信息产业发展的第三次浪潮。世界各国的未来信息化发展战略均从不同概念向物联网演进。在中国，物联网技术已从实验室阶段走向实际应用，国家电网、机场安保、物流等领域已出现物联网身影。物联网是以计算机科学为基础，包括网络、电子、射频、感应、无线、人工智能、条形码、云计算、自动化、嵌入式等技术的综合性技术及应用，它将孤立的物品(冰箱、汽车、设备、家具、货品等)接入网络世界，让它们之间能相互交流、让我们可以通过软件系统操纵它们，让它们鲜活起来。物联网是由传感设备、终端、信息处理中心和用户组成的网络。

3.5.1 物联网终端的功能和组成

物联网终端是物联网中连接传感网络层和传输网络层，实现采集数据及向网络层发送数据的设备。它担负着数据采集、初步处理、加密、传输等多种功能。如果没有它的存在，传感数据将无法送到指定位置，“物”的联网将不复存在。物联网各类终端设备总体上可以分为情景感知层、网络接入层、网络控制层以及应用/业务层。每一层都与网络侧的控制设备有着对应关系。物联网终端常常处于各种异构网络环境中，为了向用户提供最佳的使用体验，终端应当具有感知场景变化的能力，并以此为基础，通过优化判决，为用户选择最佳的服务通道。终端设备通过前端的RF模块或传感器模块等感知环境的变化，经过计算，决策需要采取的应对措施。

物联网终端基本由外围感知(传感)接口、中央处理模块和外部通信接口3个部分组成，通过外围感知接口与传感设备连接，如RFID读卡器、红外感应器、环境传感器等，将这些传感设备的数据进行读取并通过中央处理模块处理后，按照网络协议，通过外部通信接口，如GPRS模块、以太网接口、WiFi等方式发送到以太网的指定中心处理平台。

3.5.2 物联网终端的分类

物联网终端有很多种分类方法。

(1) 从行业应用分主要包括工业设备检测终端、农业设施检测终端、物流 RFID 识别终端、电力系统检测终端、安防视频监测终端等；

(2) 从使用场合分主要包括固定终端、移动终端和手持终端；

(3) 从传输方式分主要包括以太网终端、WiFi 终端、3G/4G/5G 终端等；

(4) 从使用扩展性分主要包括单一功能终端和通用智能终端两种；

(5) 从传输通路分主要包括数据透传终端和非数据透传终端。

图 3.26 所示为一款手持物联网终端。

图 3.26　手持物联网终端

目前，物联网终端的规模推广主要局限在国家重点工程的安保、物流领域、“感知中国”中心和一些示范区工程等。物联网终端在其他领域没有大规模使用的主要原因：其一是物联网的概念及其带来的效益还不完全为人所知，其二是系统的高成本和运行的较高费用。

思　考　题

1. 信息终端的主要功能是什么？
2. 简述电话终端的组成和接入方式。
3. 简述移动终端的组成。
4. 简述 iPad 的接入方式。
5. 简述电视终端的组成和分类。
6. 什么是物联网终端？

第 4 章　信息传输与接入系统

4.1　传输系统的基本任务和作用

传输就是将携带信息的信号通过媒体传送到目的地的过程。信源提供的语音、数据、图像等需要传递的信息由用户终端设备变换成需要的信号形式，经传输终端设备进行调制，将其频谱搬移到对应传输媒质的传输频段内，通过传输媒质传输到对方后，再经解调等逆变换，恢复成信宿适合的信息形式。

传输系统的任务就是利用通信介质传输信息，其实质问题就是采用什么技术来实现信息传输。这里用一个简单的交通工具的比喻来说明。如果你要从重庆到广州去参加一个聚会，采用什么方式旅行可以保证你安全、准时到达呢？你可以选择乘坐小汽车、出租车、公共汽车、飞机、火车、骑自行车或步行。显然，选择的旅行方式不同，在旅途中所花费的时间、费用、舒适程度、快慢程度等诸方面都有所不同，甚至有很大的差别。

4.2　传输方式的种类

信息传输是从一端将信息经信道传送到另一端，并被对方所接收。传输媒质是用于承载传输信息的物理媒体，是传递信号的通道，提供两地之间的传输通路。传输媒质从大的分类上来区分有两种：一种是电磁信号在自由空间中传输，这种传输方式称为无线传输；另一种是电磁信号在某种传输线上传输，这种传输方式称为有线传输。信息传输过程中不能改变信息。

4.3　电缆传输系统

不同的通信媒体具有不同的属性，应针对不同的用途应用在不同的场合，发挥不同通信媒体的最佳效能。通信电缆根据其特性不同有架空明线、对称电缆、同轴电缆等种类。

1. 架空明线

架空明线是指平行架设在电线杆上的架空线路，这是一种有线电通信线路，如图 4.1 所示，用于传送电报、电话、传真等。它本身是导电裸线或带绝缘层的导线。其传输损耗低，但是易受天气和环境的影响，对外界噪声干扰较敏感，并且很难沿一条路径架设大量的(成百对)线路，故目前已经逐渐被电缆所代替。

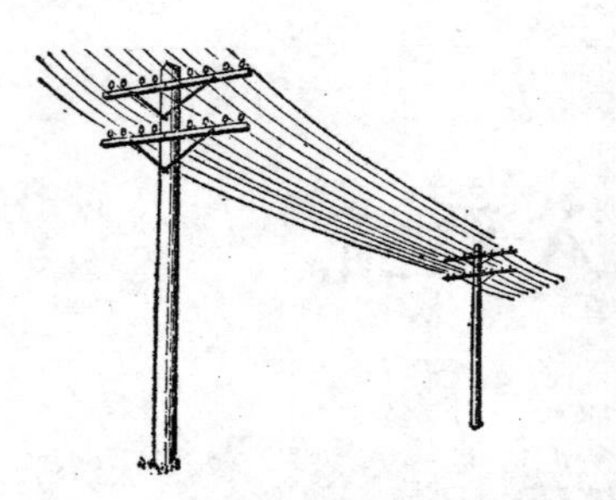

(a) 架空明线示意图

(b) 被 CCTV 称之为“横贯世界屋脊的架空明线”的“唐古拉山一号线”

图 4.1 架空明线

2. 对称电缆

对称电缆是由若干对称为芯线的双导线放在一根保护套内制成的。保护套则是由几层金属屏蔽层和绝缘层组成的，它还有增大电缆机械强度的作用。对称电缆的芯线比明线细，直径为 0.4～1.4 mm，故其损耗较明线大，但是性能较稳定。目前对称电缆主要用于市话用户的电话线。

在计算机网络中应用最多是双绞线电缆(简称双绞线)，如图 4.2 所示。它是将一对或一对以上的双绞线封装在一个绝缘外套中而形成的一种传输介质，是目前局域网最常用到的一种电缆。为了降低信号的干扰程度(使电磁辐射和外部电磁干扰减到最小)，电缆中的每一对双绞线一般由两根绝缘铜导线相互扭绕而成，每一根导线在传输中辐射的电波会被另一根线上发出的电波抵消，每根线加绝缘层并用色标来标记，双绞线因此得名。

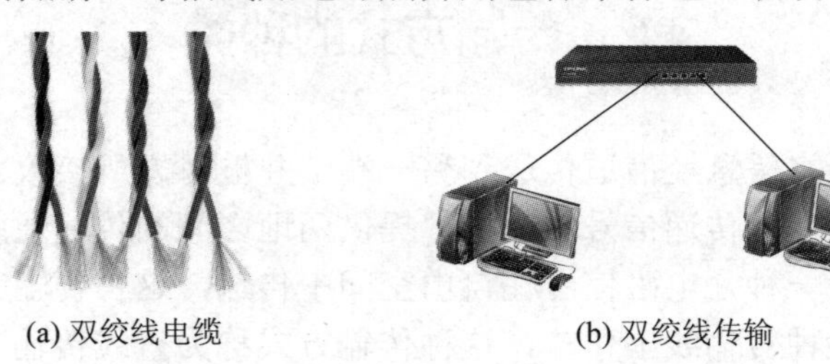

(a) 双绞线电缆　　　　(b) 双绞线传输

图 4.2 双绞线电缆及传输

3. 同轴电缆

同轴电缆则是由内外两根互绝缘的同心圆柱形导体构成的，在这两根导体间用绝缘体隔离开。其内导体为铜线，外导体为铜管或网，结构如图 4.3 所示。在内外导体间可以填充满塑料作为电介质，或者用空气作为介质，但同时有塑料支架用于连接和固定内外导体。由于外导体通常接地，因此能很好地起到屏蔽作用。同轴电缆常用于传送多路电话和电视，同时也是局域网中常见的传输介质之一。在实用中多将几根同轴电缆和几根电线放入同一根保护套内，以增强传输能力，其中的几根电线则用来传输控制信号或供给电源。由于内导体的轴线必须与管状外导体的轴线重叠在一起，因此其称为同轴线。

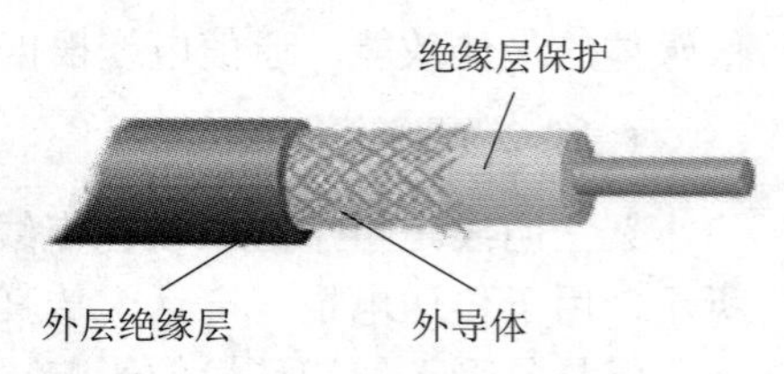

图 4.3 同轴电缆的结构

4.4　光纤传输系统

1966 年英籍华人高锟博士提出光纤通信的概念，他也因此被称为光纤通信之父。1970 年，美国康宁玻璃公司的 3 名科研人员马瑞尔、卡普隆、凯克成功地制成了世界上第一根低损耗的石英光纤，传输损耗每千米只有 20 分贝，开创了光纤通信的新篇章，是光通信研究的重大实质性突破。从 1970 年到现在虽然只有短短几十年的时间，但光纤通信技术却取得了极其惊人的进展，光纤的传输速率已经达到了每秒 T 比特级(T 数量级为 10^{12})。用带宽极宽的光波作为传送信息的载体以实现通信，这个几百年来人们梦寐以求的幻想在今天已成为现实。

1. 光纤通信的概念

光纤通信就是利用光导纤维(简称光纤)传输光波信号的通信方式，即以光波为载波，把电话、电视、数据等电信号调制到光载波上，再通过光纤传输信息的一种通信方式。其光波波长为微米级，紫外线、可见光、红外线均属光波范围。目前光纤传输使用波长为近红外区内，即 0.8～1.8 μm 的波长区，对应的频率为 167～375 THz。目前光纤的工作波长主要有 3 个窗口，即 780～855 nm、1310 nm 和 1550 nm，其中 780～855 nm 主要用于家电中，光通信主要使用后两个窗口。

2. 光导纤维

光导纤维本身是一种介质，截面很小，它是由折射较高的纤芯和折射率较低的包层组成的细长的圆柱形玻璃丝，在长距离内具有束缚和传输光的作用。其未经涂覆和套塑时称为裸光纤，通常为了保护光纤，提高抗拉强度以及便于实用，需在裸光纤外面进行两次涂覆。涂覆材料为硅酮树脂或聚氨基甲酸乙酯，涂覆层的外面套塑(或称二次涂覆)，套塑的原料大都采用尼龙、聚乙烯或聚丙烯等塑料，如图 4.4 所示。

(a) 裸光纤

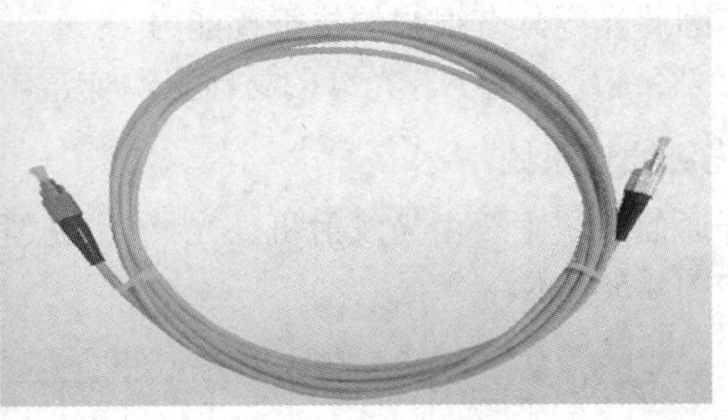

(b) 成品光纤

图 4.4　裸光纤和成品光纤

3. 光纤的分类

(1) 按原材料来划分：石英玻璃光纤、硅酸盐光纤、氟化物光纤、塑包光纤、全塑光纤、液态光纤、测光光纤、尾光光纤、工业光纤等。光通信中主要用石英光纤，一般说的光纤主要是指石英光纤。石英光纤的纤芯和包层是由高纯度的 SiO_2 掺适当杂质制成的。

(2) 按传输模式数量来划分：单模(Single-mode)光纤和多模(Multi-mode)光纤。单模光纤只传输主模，由于完全避免了模式色散，使得单模光纤的传输频带很宽，因此适用于大容量、长距离的传输系统；多模光纤有多个模式在光纤中传输，由于色散和相差，其传输性能较差，频带较窄，容量小，距离也较短。

(3) 按折射率分布来划分：跃变式光纤和渐变式光纤。跃变式光纤纤芯的折射率和保护层的折射率都是一个常数。在纤芯和保护层的交界面，折射率呈阶梯形变化。渐变式光纤纤芯的折射率随着半径的增加按一定规律减小，在纤芯与保护层交界处减小为保护层的折射率。

4. 光纤的传输性质

光纤的传输性质包括光纤的损耗和色散。

光波在光纤中传输，随着传输距离的增加光功率逐渐下降，这就是光纤的传输损耗。光纤的损耗是光纤重要的特性之一，常用 dB/km 作单位。光纤的损耗与光的传输波长有关，还与光纤使用的介质材料和制造技术有关。造成传输损耗的原因是光纤材料存在吸收损耗、散射损耗和辐射。

色散是光纤的另一个重要特性，也可称为频率特性。色散是指输入信号中包含的不同频率或不同模式的光在光纤中传输的速度不同，不能同时到达输出端，从而使输出波展宽变形，形成失真的一种物理现象。

5. 光纤通信的特点

(1) 传输频带宽，通信传输容量大。通信传输容量和载波频率成正比，通过提高载波频率可以达到扩大通信传输容量的目的。光纤通信的工作频率为 10^{12}～10^{14} Hz，一般一个话路占用 4 kHz 的带宽，在一对光纤上可以传送 10 亿路电话。由于光波的频率比一般无线通信的频率高很多，通信传输容量相对也要高很多。

(2) 损耗低。目前商用光纤在 1550 nm 窗口的衰耗为 0.19～0.25 dB/km，传输距离在 200 km 左右。损耗低就意味着中继站的数量少，可以降低工程投资和提高通信的可靠性。

(3) 不受外界电磁波干扰。由于光纤通信采用介质波导来传输信号，光信号是在纤芯中传输，因此光纤具有很强的抗干扰能力。

(4) 线径细，质量小，光纤的材料资源非常丰富。

6. 光纤通信系统

光纤通信系统主要由光发射机、光纤、光接收机以及长途干线上必须设置的光中继器组成，如图 4.5 所示。

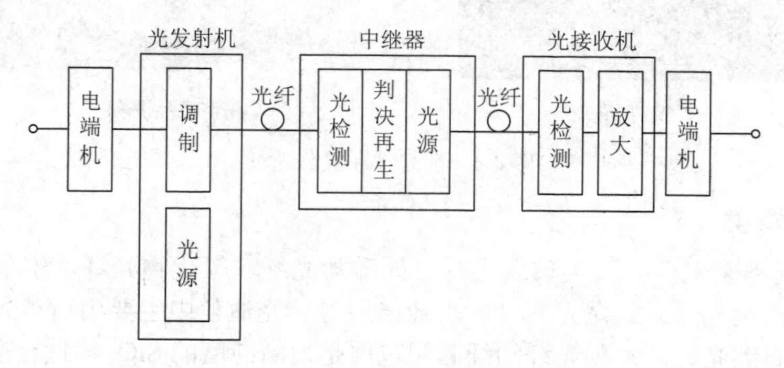

图 4.5　光纤通信系统的组成

1) 光发射机

由电发射机输出的脉码调制信号送入光发射机，光发射机的主要作用是将电信号转换成光信号并耦合进光纤进行传输。光发射机中的重要器件是能够完成电/光转换的半导体光源，目前主要采用半导体激光器(Laser Diode，LD)或半导体发光二极管(Light-Emitting Diode，LED)，如图4.6所示。

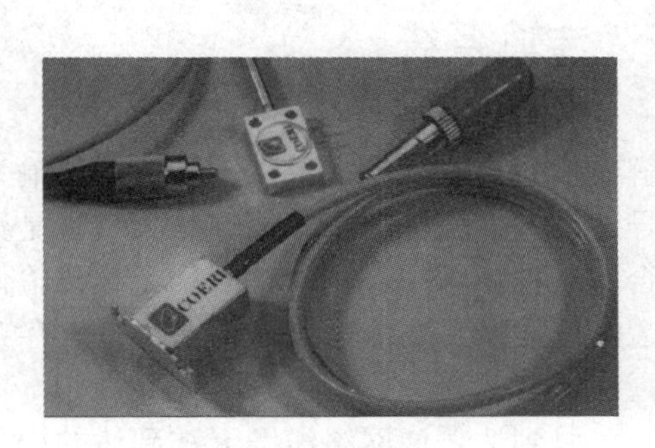

(a) 半导体发光二极管

(b) 半导体激光器

图4.6 半导体光源实例

2) 光脉冲信号的传输

光脉冲信号被按照一定的角度送入光纤线路中，经过多次折射和反射后仍然在其中传输，而且损耗很少。

3) 光接收机的主要作用

光接收机的主要作用是将光纤送过来的微弱光信号转换成电信号，然后经过对电信号的放大等处理以后，使其恢复为原来的脉码调制信号并送入电接收机。光接收机中的重要部件是能够完成光/电转换任务的光电检测器，目前主要采用光电二极管(PIN)和雪崩光电二极管(Avalanche Photo Diode，APD)。图4.7所示为各种光电检测器实物。

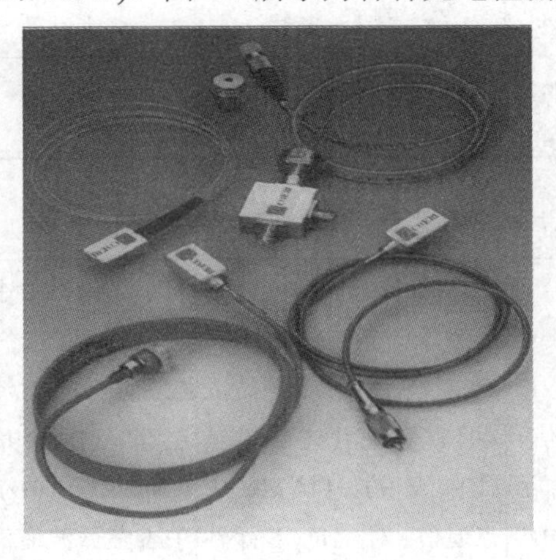

图4.7 各种光电检测器实物

4) 光中继器

为了保证通信质量，在收发端机之间适当距离上必须设有光中继器。光纤通信中光中继器的形式主要有两种，一种是光－电－光转换式的中继器，另一种是在光信号上直接放大的光放大器。

光纤通信虽然有如此多的优点，但目前其实际应用仅是其潜在能力的 2%左右，尚有巨大的潜力等待人们去开发利用。因此，光纤通信技术正向更高水平、更高阶段方向发展。

4.5 无线传输系统

无线传输系统就是利用无线电磁波来解决信息传输问题的系统，如微波传输系统、卫星传输系统。无线媒体不使用电缆或光学导体，大多数情况下，地球的大气就是数据的物理通路。无线传输最适合于难以布线的场合或远程通信中，同时，采用无线传输便于终端的移动，如给我们带来极大方便的移动电话就是采用无线传输方式。无线通信有 3 种主要类型：无线电通信、微波通信和卫星通信。

从理论上讲，无线电波可以穿透墙壁，可以到达普通网络线缆无法到达的地方。但使用无线电时，需考虑的一个重要问题便是电磁波频率的范围是相当有限的，其中的大部分已被电视、广播以及重要的政府和军队通信系统占用。因此，只有一部分留给民用通信系统使用。

中国无线电频率应用分配如表 4.1 所示。

表 4.1 中国无线电频率应用分配

名称	甚低频	低频	中频	高频	甚高频	超高频	特高频	极高频
符号	VlF	LF	MF	HF	VHF	UHF	SHF	EHF
频率	3～30 kHz	30～300 kHz	0.3～3 MHz	3～30 MHz	30～300 MHz	0.3～3 GHz	3～30 GHz	30～300 GHz
波段	超长波	长波	中波	短波	米波	分米波	厘米波	毫米波
波长	10～1000 km	1～10 km	100 m～1 km	10～100 m	1～10 m	0.1～1 m	1～10 cm	1～10 mm
传播特性	空间波为主	地波为主	地波与天波	天波与地波	空间波	空间波	空间波	空间波
主要用途	海岸潜艇通信，远距离、超远距离导航	越洋通信，中距离、地下岩层通信，远距离导航	船用通信、业余无线电通信、移动通信、中距离导航	远距离短波通信、国际定点通信	电离层散射(30～60 MHz)、流星雨通信、人造电离层通信30～144 MHz)、对空间飞行体通信、移动通信	小容量微波中继通信(352～420 MHz)、对流层散射通信(700～1000 MHz)、中容量微波通信(1700～2400 MHz)	大容量微波中继通信(3600～4200 MHz)、(5850～8500 MHz)、数字通信、卫星通信、国际海事卫星通信(1500～1600 MHz)	再入大气层的通信、波导通信

4.6　微波传输系统

微波是无线电波的一种形式，频率为 300 MHz～3000 GHz，微波波长在 0.1 mm～1 m。纵观“左邻右舍”，它处于超短波和红外波之间。当电磁波频率达到 0.3～300 GHz 时，可采用集中定向发射天线将电磁波集中，这就是微波通信。无线电波可以按照频率或波长来分类和命名。各波段由于传播特性各异，因此可以用于不同的通信系统。

1. 基本概念

例如，把 30～300 kHz 称为长波，用于通信，称为长波通信；把 300～3000 kHz 称为中波，用于广播，称为中波广播；把 3～30 MHz 称为短波，用于通信，称为短波通信。如果电磁波频率再高，则高于 300 MHz 就称为微波，使用特有设备，并利用这个频段的频率作为载波携带信息，通过无线电波空间进行中继(接力)通信的通信方式就称为微波通信。一般将微波分为 4 个波段，如表 4.2 所示。

表 4.2　微波的 4 个波段

波段名称	波长范围	频率范围/GHz	频段名称
分米波	10 cm～1 m	0.3～3	超高频
厘米波	1～10 cm	3～30	特高频
毫米波	1 mm～1 cm	30～300	极高频
亚毫米波	0.1～1 mm	300～3000	超极高频

2. 组成及过程

数字微波通信系统由两个终端站和若干个中间站构成，如图 4.8 所示。

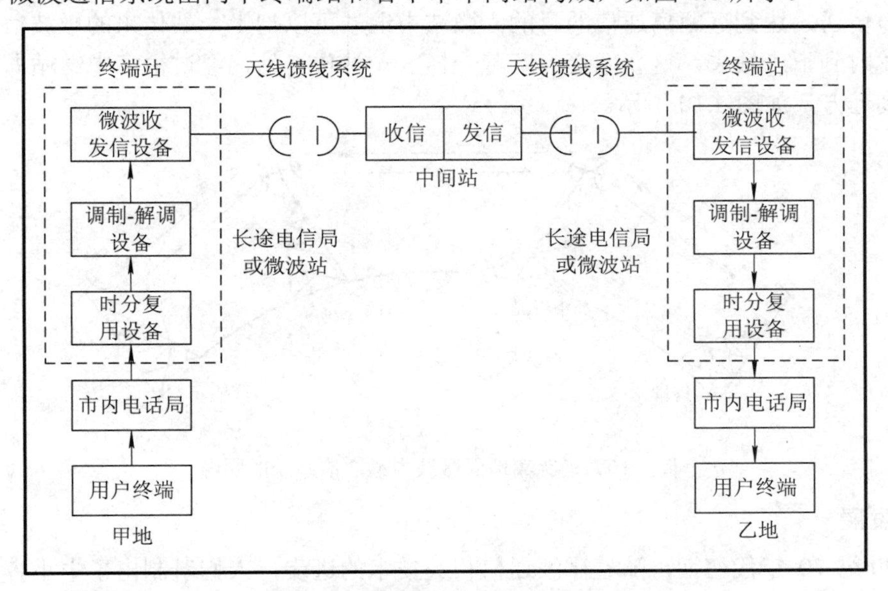

图 4.8　数字微波通信系统的组成

3. 特点

大建筑物顶端和铁塔上面常常有锅状设备，如图 4.9 所示，那就是微波发射或接收天线。微波天线之所以要架设在较高的地方，是因为微波波长短，接近于光波，是直线传播，微波站之间属视距通信，两站间应无障碍才能进行很好的通信。微波通信一般使用面式天线，当面式天线的口径面积给定时，其增益与波长的平方成反比，故微波通信很容易制成高增益天线。

图 4.9 微波天线

微波通信的特点如下：

(1) 频带宽，传输信息容量大。

信息理论表明：作为载体的无线电波，频率越高，相同时间内输送信息量就越大。由于微波比中波和短波的频率更高，相同时间内传递的信息也更多。微波通信的优点是一条微波线路可以同时开通几千、几万路电话。

(2) 实现接力通信。

由于微波大致沿直线传播，不能沿地球表面绕射，因此微波通信的缺点是每隔 50 km 要设一个微波中继站。微波通信靠几个甚至几十个微波中继站进行无线电波的发射和接收，进行接力传送，达到远距离通信的目的。微波中继站可以把上一站传来的微波信号经过处理后再发射到下一站去，这就像接力赛跑一样，一站传一站，经过很多中继站即可以把信息传递到远方，如图 4.10 所示。

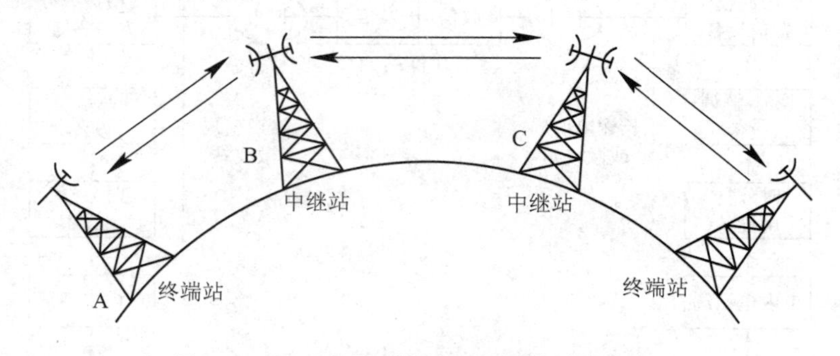

图 4.10 远距离地面微波中继通信系统的中继

4. 发展

20 世纪 70 年代初期，随着微波通信相关技术的进步，人们研制出了中小容量的数字微波通信系统，这是通信技术由模拟向数字发展的必然结果。20 世纪 80 年代后期出现了大容量数字微波通信系统。数字微波的优点是受环境影响小，支持中继，可以远距离传输，但其调试麻烦，受网络带宽影响较大。总体来说，模拟微波的图像质量要好于数字微波，但是模拟微波很容易受环境和气候影响，数字微波虽然受环境影响较小，但是无线传输带宽有限，要想传输大路数图像仍比较困难。现在，数字微波通信、光纤通信和卫星通信一起被称为现代通信传输的三大支柱。

4.7　卫星传输系统

卫星通信系统实际上也是一种微波通信，卫星通信的主要目的是实现对地面的“无缝隙”覆盖。由于卫星工作于几百、几千、甚至上万千米的轨道上，因此其覆盖范围远大于一般的移动通信系统。但由于卫星通信要求地面设备具有较大的发射功率，因此不易普及使用。

1. 概念

卫星通信是利用人造地球卫星作为中继站转发无线电信号，在两个或多个地面站之间进行的通信过程或方式，工作在微波频段。这里的地面站是指设在地球表面(包括地面、海洋和低层大气中)上的无线电通信站。其中，用于实现通信目的的人造地球卫星称为通信卫星，通信卫星的作用相当于离地面很高的中继站。

设 A、B、C、D、E 分别表示进行通信的各地面站，若这几个地面站都在一颗卫星覆盖的通信范围之内，那么这几个地面站就可以通过卫星作中继器转发信号，实现相互通信。若只有 A、B 两个地面站能被这颗卫星覆盖，那么就只有 A、B 两个地面站能经卫星转发信号，进行实时通信，而 A、B 两个地面站都不能和其他地面站进行通信，即只有在覆盖区域内才能完成通信，如图 4.11 所示。

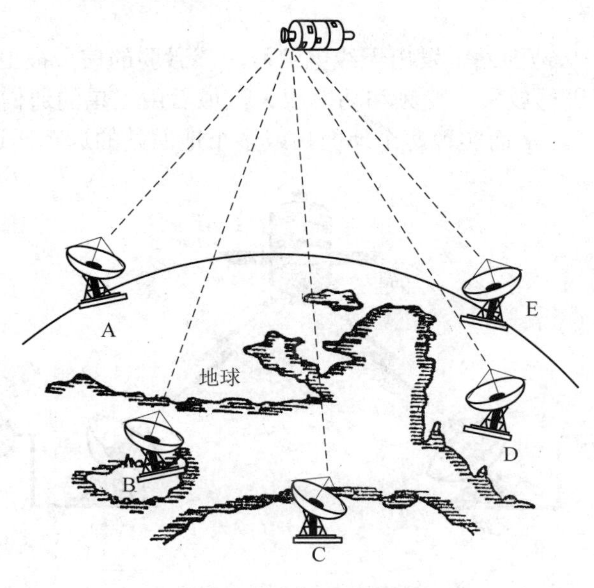

图 4.11　卫星通信

2. 通信卫星的组成

通信卫星由七大系统组成，分别为位置与姿态控制系统、天线系统、转发器系统、遥测指令系统、电源系统、温控系统和入轨与推进系统，如图 4.12 所示。

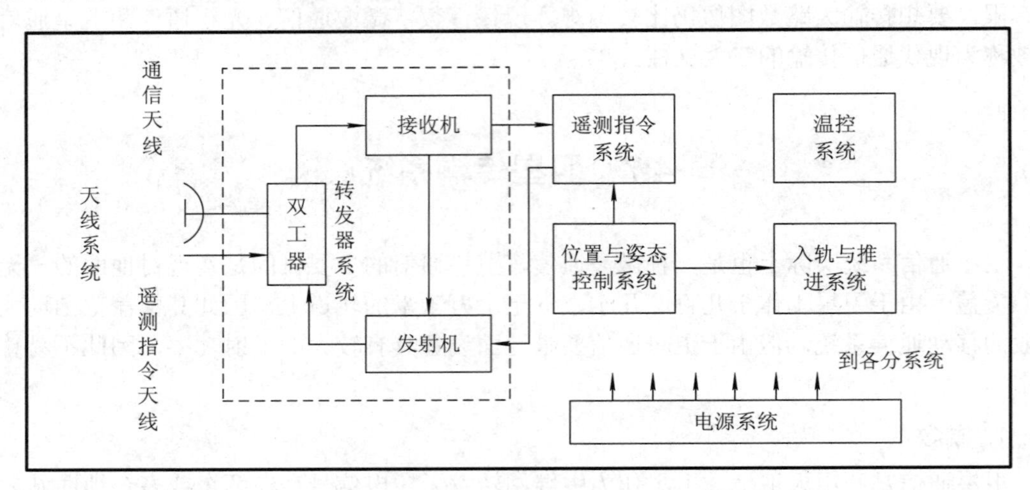

图 4.12 通信卫星的组成

3. 种类

按服务区域划分，通信卫星有国内、区域和全球通信卫星 3 种。区域通信卫星仅仅为某一个区域的通信服务；而国内通信卫星范围则更窄，仅限于国内使用。全球通信卫星是指服务区域遍布全球的通信卫星，常常需要很多卫星组网形成。其按运动轨道可分为静止卫星和运动卫星，按卫星运行轨道的高度分为同步卫星(静止卫星)、中轨道卫星和低轨道卫星(非静止卫星)。

4. 原理

如图 4.13 所示，从地面站 1 发出无线电信号，该微弱的信号被卫星通信天线接收后，首先在通信转发器中进行放大，变频和功率放大，最后由卫星的通信天线把放大后的无线电波重新发向地面站 2，从而实现两个地面站或多个地面站的远距离通信。

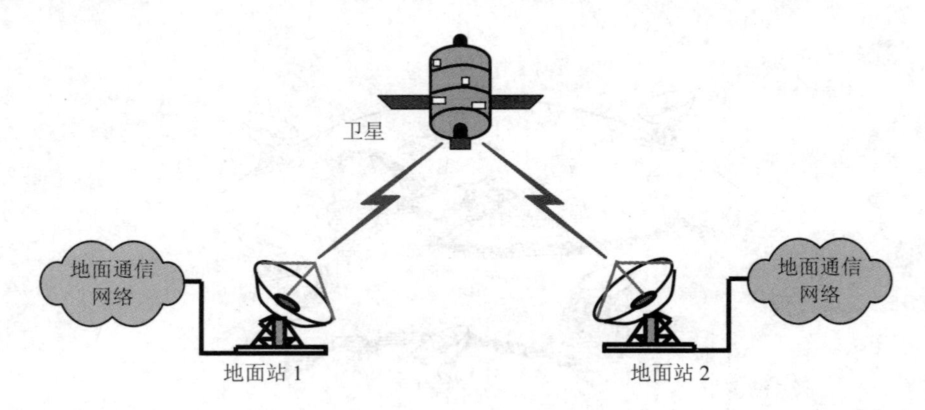

图 4.13 卫星通信原理

5. 特点

(1) 通信距离远。可以看到地球最大跨度达一万八千余千米。

(2) 通信路数多、容量大。一颗现代通信卫星可携带几个到几十个转发器，可提供几路电视和成千上万路电话。

(3) 通信质量好、可靠性高。卫星通信的传输环节少，不受地理条件和气象的影响，可获得高质量的通信信号。

(4) 通信灵活、适应性强。它不仅可以实现陆地上任意两点间的通信，而且能实现船与船、船与岸上、空中与陆地之间的通信，可以结成一个多方向、多点的立体通信网。

(5) 通信成本低。在同样的容量、同样的距离下，卫星通信和其他通信设备相比较，所耗的资金少。卫星通信系统的造价并不随通信距离的增加而提高，随着设计和工艺的成熟，成本还在降低。

6. 同步卫星

当卫星的运行轨道在赤道平面内，其高度大约为 35 800 km，运行方向与地球自转方向相同时，此时围绕地球一周的公转周期约为 24 小时，恰好与地球自转一周的时间相同，从地球上看上去，卫星如同静止一样，所以其又称为静止卫星。利用静止卫星作中继站组成的通信系统称为静止卫星通信系统，或称同步卫星通信系统。这种通信方式使地面接收站的工作方便很多。接收站的天线可以固定对准卫星，昼夜不间断地进行通信，不必像跟踪那些移动不定的卫星一样而四处“晃动”，使通信时间时断时续。3 颗同步卫星可把地球表面除极地以外的地区覆盖，实现全球通信。同步卫星覆盖区域如图 4.14 所示。

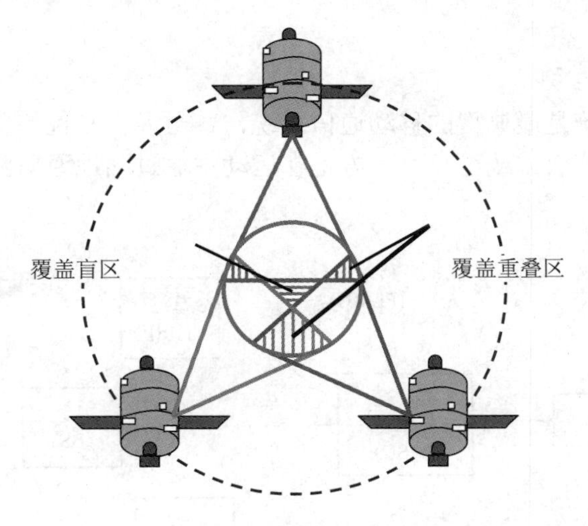

图 4.14　同步卫星覆盖区域

4.8　移动通信系统

随着社会的发展，人们对通信的需求越来越迫切，对通信的要求也越来越高，希望能在任何时候、任何地方、与任何人都能及时沟通、及时联系、及时交流信息，而移动通信正是朝着这样的目标发展。移动通信几乎集中了所有有线和无线通信的最新技术成果，因此它所处理的信息范围很广，不仅限于语音，还包括非语音服务，如传真、数据、图像等。

1. 移动通信的概念

移动通信是指通信双方至少有一方在运动中进行信息传输和交换。例如，固定点与移动体(汽车、轮船、飞机等)之间，或移动体之间以及活动的人与人和人与移动体之间的通信，都属于移动通信的范畴。

2. 移动通信频段

按照无线电频率的划分，移动通信频段属于 VHF(甚高频)和 UHF(特高频)，甚至到微波频段，一般分配为 150 MHz、450 MHz、800 MHz、900 MHz 以及 1800 MHz 等，这些频段为公用移动通信的使用频段。从电波传播特点来看，一个频点的传播范围在视距内大约为几十千米，即几十千米半径的范围。这些频段是宝贵的空间资源，无线电广播、电视、飞机导航、军事应用等各种移动通信都要利用这些资源。

3. 分类

若以服务的对象分，移动通信系统可以分为公用网和专用网，专用网只适合于专门的部分网络(如校园电话网)，专用网一定可以接入公用网，公用网却不一定能接入专用网。若以提供的服务类型分，移动通信系统可以分为移动电话系统、无线寻呼系统、集群调度系统、无绳电话系统、卫星移动通信系统等；若按覆盖范围划分，可分为广域网和局域网；若按业务类型划分，可分为电话网、数据网和综合业务网；若按信号形式划分，可分为模拟网和数字网。

4. 陆地移动通信系统

陆地移动通信系统是最典型的移动通信系统，甚至人们常说的移动通信被默认为陆地移动通信，它是指通信双方或至少有一方是在运动中通过陆地通信网进行信息交换的，如图 4.15 所示。

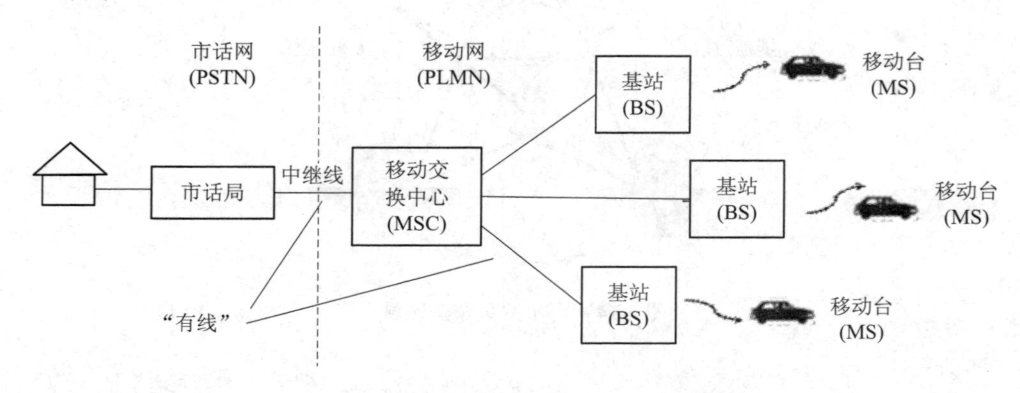

图 4.15　陆地移动通信系统

1) 基站

移动通信系统中，基站(Base Station，BS)是很重要的一个组成部分，图 4.16 为华为在英国街头建造的 5G 基站。

图 4.16　5G 基站

2) 蜂窝移动通信

把通信网络服务的整个区域划分为若干个较小的正六边形小区，用正六边形来模拟实际中的小区要比用圆形、正方形等其他图形来划分区域效果更好，衔接也更紧密。然后对各个小区域均用小功率的发射机进行覆盖，这些小区一个个鳞次栉比，看上去就像是蜂窝，形成蜂窝状结构(见图 4.17)，这种通信方式通常称为蜂窝移动通信。

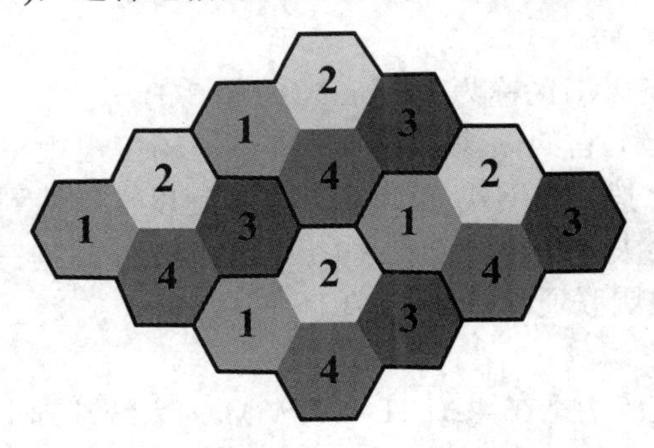

图 4.17　蜂窝状结构

5. 移动通信的发展历程

1) 第 1 代模拟移动通信系统

第 1 代模拟移动通信系统(1G)产生于 20 世纪 70 年代，其代表系统有美国的 AMPS(Advanced Mobile Phone Service，先进的移动电话业务)和英国的 TACS(Total Access Communication System，全接入通信系统)。这些系统只能传播语音业务，属于模拟移动通信系统。

2) 第 2 代数字移动通信系统

第 2 代数字移动通信系统(2G)在 20 世纪 90 年代出现，其有两种典型的系统：一种是欧洲的 GSM 系统，另一种是美国的 CDMA 系统。

3) 第 3 代移动通信系统

第 3 代移动通信系统(3G)于 1988 年开始研究，最初被称为未来公众移动电话通信系统，在 1996 年更名为 IMT-2000。2000 有 3 种含义，如图 4.18 所示。第 3 代移动通信系统主要有 3 种标准：WCDMA(Wideband Code Division Multiple Access，宽带码分多址)、CDMA2000 和 TD-SCDMA(Time Division-Synchronous Code Division Multiple Access，时分同步码分多址)，这 3 种标准都采用码分多址技术。2009 年 1 月 7 日，工业和信息化部宣布，批准中国移动通信集团公司增加基于 TD-SCDMA 技术制式的第三代移动通信业务经营许可(3G 牌照)，中国电信集团公司增加基于 CDMA2000 技术制式的牌照，中国联合网络通信集团公司增加基于 WCDMA 技术制式的牌照。

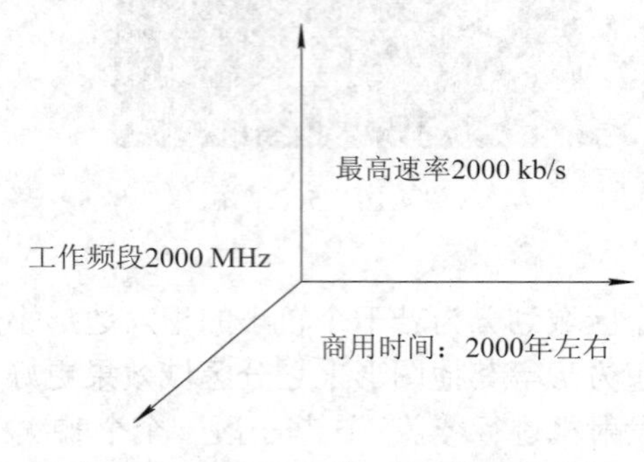

图 4.18　IMT-2000 中 2000 的 3 种含义

4) 第 4 代移动通信系统

第 4 代移动通信系统(4G)也称为 Beyond 3G(超 3G)，它集 3G 与 WLAN 于一体，并能够传输高质量视频图像，它的图像传输质量与高清晰度电视不相上下。4G 系统能够以 100 Mb/s 的速度下载，比拨号上网快 2000 倍，上传速度也能达到 20 Mb/s，并能满足绝大多数用户对无线服务的要求。2013 年 12 月 4 日，工信部正式向三大运营商发布 4G 牌照，中国移动、中国电信和中国联通均获得 TD-LTE 牌照。

5) 第 5 代移动通信系统

第 5 代移动通信系统(5G)是在 4G(LTE-A、WiMax)系统基础上发展起来的。5G 的性能目标是高数据速率、减少延迟、节省能源、降低成本、提高系统容量和大规模设备连接。5G 系统数据传输速率远远高于以前的蜂窝网络，最高可达 10 Gb/s，ITU IMT-2020 规范要求速度高达 20 Gb/s，可以实现宽信道带宽和大容量 MIMO(Multiple-Input Multiple-Output)。2017 年 2 月 9 日，国际通信标准组织 3GPP 宣布了 5G 的官方 Logo。2019 年 6 月 6 日，工信部正式向中国电信、中国移动、中国联通、中国广电发放 5G 商用牌照，中国进入 5G 商用元年。

4.9 接入系统

决定我们访问 Internet 的实际速度的主要因素有 3 个：传输主干网、城域网和接入网。

传输主干网是连接各个城域网的信息高速公路，是网络技术的关键，它提供远距离、高带宽、大容量的数据传输业务。传输主干网一般指省与省、国家与国家之间的网络，带宽一般为 10 Gb/s 左右；而城市内部的网络带宽一般为 1 Gb/s 以下。

城域网将各个社区(包括单位)的局域网相连接，实现数据的高速传输和信息资源共享。

接入网解决的是从市区 Internet 节点到单位、小区直至到每个家庭用户的接入问题，即“最后一公里”(last kilometer)问题。在这个被称为最艰难的“最后一公里”的地方，也正是用户感受最直接的地方。

1. 接入网的概念

整个电信网分为 3 部分：传送网、交换网、接入网。接入网是整个电信网的一部分，如图 4.19 所示。

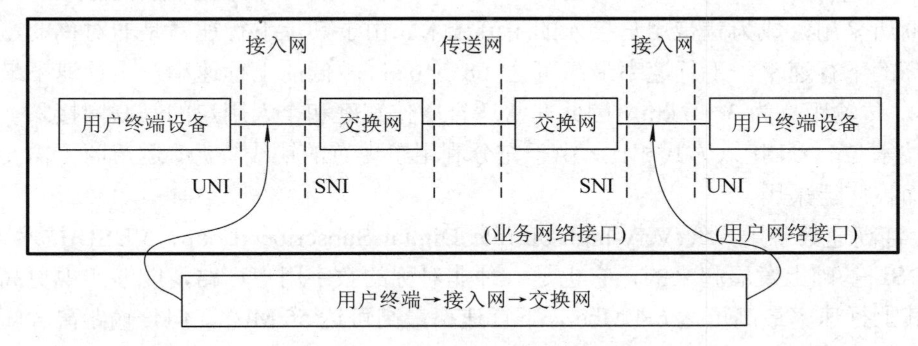

图 4.19　电信网的组成

根据国际电信联盟关于接入网的框架建议(G.902)，接入网是在业务节点接口(Service Node Interface，SNI)和用户网络接口(User Network Interface，UNI)之间的一系列为传送实体提供所需传送能力的实施系统，可经由管理接口(Q3)配置和管理。

接入网包含用户线传输系统、复用设备、数字交叉连接设备和用户网络接口设备。其主要功能包括交叉连接、复用、传输，独立于交换机，一般不包括交换功能，不做信令解释和处理。

2. 接入网的种类

在现在的用户接入网中，可采用的接入技术五花八门，但归纳起来，主要的接入技术可分为有线接入网和无线接入网。以上两种接入网还可细分，如图 4.20 所示。

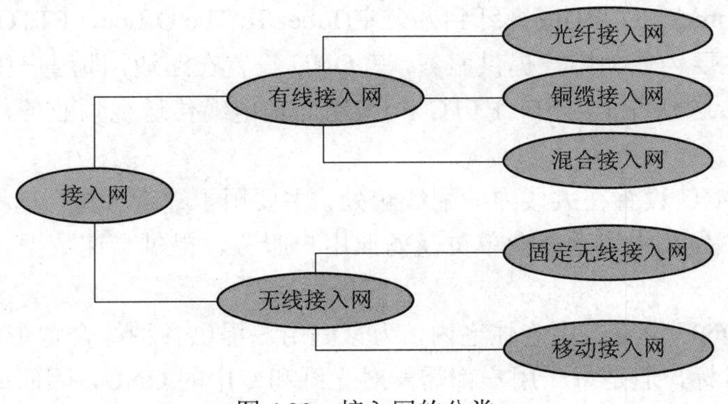

图 4.20　接入网的分类

3. 有线接入

有线接入主要采取如下措施：① 在原有铜质导线的基础上通过采用先进的数字信号处理技术来提高双绞铜线对的传输容量，提供多种业务的接入；② 以光纤为主，实现光纤到路边、光纤到大楼和光纤到家庭等多种形式的接入；③ 在原有CATV(Community Antenna Television，社区公共电视天线系统，采用75 Ω的同轴电缆，有时也称为CATV电缆，主要用作传输电视信号)的基础上，以光纤为主干传输，经同轴电缆分配给用户的光纤/同轴混合接入。

1) 铜线接入

(1) 非对称数字用户线(ADSL)技术。ADSL是一种非对称的宽带接入方式，已经为电信运营商所采用，成为宽带用户接入的主流技术。由于其上下行速率是非对称的，即提供用户较高的下行速率，下行速率最高可达68 Mb/s；较低的上行速率，上行速率最高可达640 kb/s，传输距离为3～6 km，因此非常适合用作家庭和个人用户的互联网接入。这种宽带接入技术与LAN接入方式相比，由于充分利用了现有的铜线资源，运营商不需要进行线缆铺设而被广泛采用。

(2) 甚高速数字用户线(Very-high-bit-rate Digital Subscriber Loop，VDSL)技术。VDSL是在ADSL基础上发展起来的，它也是一种非对称的数字用户环路，能够实现更高速率的接入。其上行速率最高可达6.4 Mb/s，下行速率最高可达55 Mb/s，但传输距离较短，一般为0.3～1.5 km。由于VDSL的传输距离比较短，因此特别适合于光纤接入网中与用户相连接的“最后一公里”。VDSL可同时传送多种宽带业务，如高清晰度电视(High Definition Television，HDTV)、清晰度图像通信以及可视化计算等。

2) 光纤接入

光纤接入是指局端与用户之间完全以光纤作为传输媒质来实现用户信息传送的应用形式。近年来，随着“光进铜退”的进程，光纤已经距用户端越来越近了，在现在提出的“智能化小区”的概念中，光纤到户成了“标配”，甚至提出了“光纤到桌面”(Fiber To The Desk，FTTD)。

根据光网络单元(Optical Network Unit，ONU)放置的位置不同，光纤接入方式可分为光纤到路边(Fiber To The Curb，FTTC)、光纤到大楼(Fiber To The Building，FTTB)、光纤到用户(Fiber To The Home，FTTH)或光纤到办公室(Fiber To The Office，FTTO)等形式。

(1) FTTC：主要为住宅用户提供服务，其ONU设置在路边，即用户住宅附近，从ONU出来的电信号再传送到各个用户。FTTC一般用同轴电缆传送视频业务，用双绞线传送电话业务。

(2) FTTB：ONU设置在大楼内的配线箱处，主要用于综合大楼、远程医疗、远程教育及大型娱乐场所，为大中型企事业单位及商业用户服务，提供高速数据、电子商务、可视图文等宽带业务。

(3) FTTH：ONU设置在用户住宅内，为家庭用户提供各种综合宽带业务。FTTH是光纤接入网的最终目标，但是每一用户都需一对光纤和专用的ONU，因而成本昂贵，实现起来非常困难。

3) 混合光纤同轴电缆接入

混合光纤同轴电缆(Hybric of Fiber and Coax，HFC)也是传输带宽比较大的一种传输介质，采用光纤和同轴电缆混合组成。目前的CATV网就是一种HFC网络，主干部分采用光纤，用同轴电缆经分支器接入各家各户。混合光纤同轴电缆接入技术的一大优点是可以利用现有的CATV网，从而降低网络接入成本。

4. 无线接入

随着通信市场日益开放，电信业务正向数据化、宽带化、综合化、个性化飞速发展，各运营商之间的竞争日趋激烈。竞争的基本点就在于接入资源的竞争，如何快速、有效、灵活、低成本提供客户所需要的各种业务成为运营商首要考虑的问题，而无线接入方式在一定程度上满足了运营商的需要。

无线接入技术是指从业务节点接口到用户终端部分全部或部分采用无线方式，即利用卫星、微波等传输手段向用户提供各种业务的一种接入技术。无线接入技术的发展经历了从模拟到数字、从低频到高频、从窄带到宽带的历程，其种类很多，应用形式五花八门，定义和称谓也各种各样。但总的来说，主要有以下几种无线接入技术。

1) 固定宽带无线接入技术

宽带无线接入系统可以按使用频段的不同划分为 MMDS(Multi-channel Multi-point Distribution Service，多信道多点分配系统)和LMDS(Local Multi-point Distribution Service，本地多点分配系统)两大系列。它可在较近的距离实现双向传输语音、数据图像、视频、会议电视等宽带业务，并支持ATM、TCP/IP和MPEG2等标准。其采用一种类似蜂窝的服务区结构，将一个需要提供业务的地区划分为若干服务区，每个服务区内设基站，基站设备经点到多点无线链路与服务区内的用户端通信。每个服务区覆盖范围为几千米至十几千米，并可相互重叠。

由于NMDS/LMDS具有更高带宽和双向数据传输的特点，可提供多种宽带交互式数据及多媒体业务，克服传统的本地环路的瓶颈，满足用户对高速数据和图像通信日益增长的需求，因此是解决通信网接入问题的利器。

2) DBS卫星接入技术

DBS(Digital Broadcast Satellite，数字广播卫星)接入技术利用位于地球同步轨道的通信卫星将高速广播数据送到用户的接收天线，所以它一般也称为高轨卫星通信。其特点是通信距离远，费用与距离无关，覆盖面积大且不受地理条件限制，频带宽，容量大，适用于多业务传输，可为全球用户提供大跨度、大范围、远距离的漫游和机动灵活的移动通信服务等。在DBS系统中，大量的数据通过频分或时分等调制后利用卫星主站的高速上行通道和卫星转发器进行广播，用户通过卫星天线和卫星接收Modem接收数据，接收天线直径一般为0.45 m或0.53 m。

3) 蓝牙技术

蓝牙实际上是一种实现多种设备之间无线连接的协议。通过这种协议能使蜂窝电话、掌上电脑、笔记本电脑、相关外设等众多设备之间进行信息交换。利用蓝牙技术，能够有效地简化移动通信终端设备之间的通信，也能够成功地简化设备与Internet之间的通信，从而使数据传输变得更加迅速高效，为无线通信拓宽道路。蓝牙采用分散式网络结构以及快跳频和短包技术，支持点对点及点对多点通信，工作在全球通用的 2.4 GHz ISM(Industrial Scientific Medical，工业、科学、医学)频段。其数据速率为 1 Mb/s，采用时分双工传输方案实现全双工传输。图 4.21 为具有蓝牙功能的鼠标和耳机。

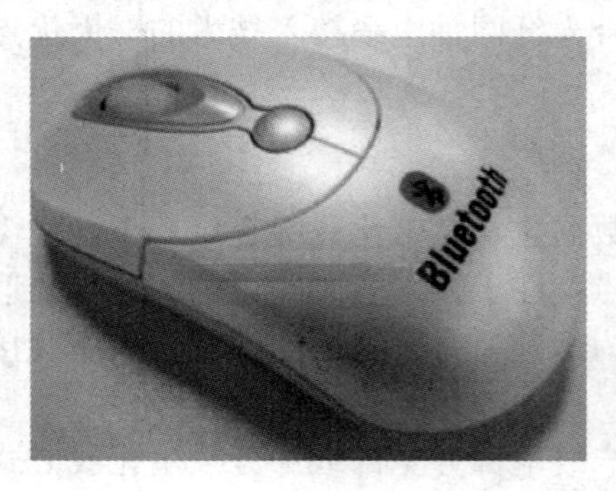

图 4.21 具有蓝牙功能的鼠标和耳机

4) HomeRF 技术

HomeRF(Home Radio Frequency)无线标准是由 HomeRF 工作组开发的开放性行业标准，在家庭范围内使用 2.4 GHz 频段，采用 IEEE 802.11 和 TCP/IP 协议，采用 TDMA(Time Division Multiple Access，时分多址)技术传输交互式语音数据，采用 CSMA/CA(Carrier Sense Multiple Access with Collision Avoidance，载波侦听多路访问/冲突避免)技术传输高速数据分组，速率达到 100 Mb/s。HomeRF 的特点是无线电干扰影响小，安全可靠，成本低廉，简单易行，不受墙壁和楼层的影响，支持流媒体。

4.10 传输新技术及发展方向

多样化对传输提出了更高的要求，在主干传输网上，传输主要向大容量、长距离、智能化方向发展；在接入段，传输主要向移动化和智能化方向发展，各种有线和无线接入技术层出不穷。

1. 主干传输网的发展趋势

在通信转型中，最大的特点就是 IP 化，电信业务的 IP 化已经成为未来的业务发展趋势。具有百年历史的电路交换技术尽管有其不可磨灭的历史功勋和内在的高质量、严管理优势，但其基本设计思想是以恒定对称的话务量为中心，采用了复杂的分等级时分复用方法，语音编码和交换速率为 64 kb/s。而分组化通信网具有传统电路交换通信网所无法具备的优势，尤其是其中的 IP 技术，以其无与伦比的兼容性，成为人们的最终选择。原来电信传输网的基础网是 SDH(Synchronous Digital Hierarchy，同步数字体系)、ATM，而如今 IP 网成为基础网。语音、视频等实时业务转移到了 IP 网上，出现了 Everything On IP 的局面。

此外，传输网络的光纤化也是一个主要特点。鉴于光纤的巨大带宽、小质量、低成本和易维护等一系列优点，从 20 世纪 80 年代中期以来，“光进铜退”一直是包括中国在内的世界各国通信网发展的主要趋势之一。最初，光纤化的重点是长途网，然后转向中继网和接入网馈线段、配线段。现在，随着铜期货的价格上涨，光纤的优势越来越明显。光纤沿着光纤到路边、到小区、到大楼的趋势，最终实现了光纤入户。

光传输网络的规模已非常庞大和复杂，因此下一代光传输网络的发展方向主要体现在：具有独立的控制平面，智能特性越来越强；更加适合分组业务的传送，同时兼容 TDM 业务。光传输网络发展的主要方向就是 ASON(Automatically Switched Optical Network，自动交换光网络)，ASON 直接在光纤网络上引入了以 IP 为核心的智能控制技术，被誉为传送网概念的重大突破，代表了光通信网络技术新的发展阶段和未来的演进方向。

2. 接入传输网的发展趋势

由于通信技术的发展，以及用户对新业务，尤其是对宽带图像和数据业务的需求增加，给整个网络的结构带来了深刻的影响，使用户接入网仍为双绞线技术所主宰的局面发生了变化，特别是光纤技术的出现。归纳起来，主要的接入技术可分为有线接入网和无线接入网。有线接入网包括铜线接入网、光纤接入网和光纤同轴混合网，无线接入网包括固定无线接入网和移动接入网。由于光纤具有损耗低、频带宽、原材料成本低等诸多优点，因此光纤技术将更多地应用于接入网。

思 考 题

一、填空题

1. 在卫星通信中，通信卫星的作用相当于离地面很高的(　　　　)。
2. 传输方式有无线传输和(　　　　)两种。
3. 光纤按照传输模式，可分为(　　　　)和(　　　　)两种。
4. IMT-2000 中 2000 的含义是系统工作在(　　　　)频段、最高业务速率可达(　　　　)和在 2000 年投入商用。
5. 整个电信网分为 3 部分：传送网、交换网和(　　　　)。
6. 蜂窝小区的形状是(　　　　)。
7. 卫星通信是利用(　　　　)作为中继站转发无线电信号，在两个或多个地面站之间进行的通信过程或方式，工作在(　　　　)频段。
8. 光纤的传输特性有损耗和(　　　　)。

二、选择题

1. 光纤传输分为单模光纤和多模光纤两类。从传输性能上看，以下选项正确的是(　　)。

   A. 多模光纤优于单模光纤　　B. 单模光纤优于多模光纤

   C. 两者无差别　　D. 没有可比性

2. 目前主要用于电话网市话用户电话线的传输媒质是(　　)。

   A. 架空明线　　B. 对称电缆　　C. 同轴电缆　　D. 光纤

3. 非对称数字用户线中，“非对称”的含义是(　　)。

   A. 上行数据传输速率和下行数据传输速率不相等

   B. 上行数据传输速率大于下行数据传输速率

C. 上行数据线和下行数据线粗细不相等

D. 上行数据传输速率和下行数据传输速率相等，但占用频带不同

4. HFC 是利用(　　)为最终接入部分的宽带网络系统。

A. 现有电话网络　　B. 有线电视网络

C. 计算机局域网　　D. 光纤网

5. 光纤到户的实现方式有(　　)。

A FTTC　　B. FTTB　　C. FTTO　　D. FTTG

6. 第 3 代移动通信系统与第 2 代移动通信系统的主要区别是(　　)。

A. 传播的开放性　　B. 信道的时变性

C. 业务的多媒性　　D. 多个用户之间的干扰

三、简答题

1. 描述铜线接入网的概念。
2. 常用的数字用户环路技术有哪几种？
3. 无线接入网的定义是什么？
4. 卫星通信有什么特点？
5. 什么是移动通信？移动通信的发展经历了哪几个阶段？
6. 简述光纤通信系统的组成及各部分的作用。
7. 什么是光纤通信？光纤通信有什么优点？

第 5 章　信息交换与信息网络

5.1　交换的基本作用和目的

通信的目的是实现信息的传递。一个能传递信息的通信系统至少应该由终端和传输媒介组成，如图 5.1 所示。

图 5.1　通信系统逻辑框图

对于通信网络而言，根据组网方式的不同，通信网络可分为点对点、全互连式和交换网 3 种。

1. 点对点通信

仅涉及两个终端的单向或交互通信称为点对点通信。在点对点通信中，终端将含有信息的消息，如语音、图像、计算机数据等转换成可被传输媒介接收的信号形式，电信系统就要转换成电信号形式，光纤系统就要转换成光信号形式，同时在接收端把来自传输媒介的信号还原成原始信息；传输媒介则把信号从一个地点送至另一个地点。两部电话机之间的通信和两台计算机之间的数据传送就属于点对点通信，如图 5.2 所示。

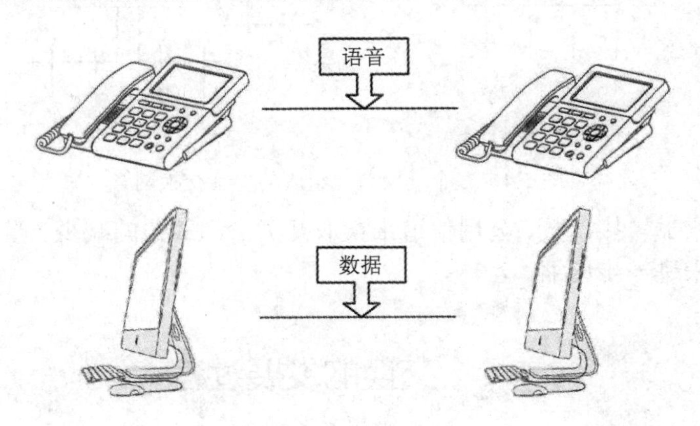

图 5.2　最简单的点对点通信系统

2. 全互连式通信

当存在多个终端，而且希望它们中的任何两个都可以进行点对点通信时，最直接的方法是把所有终端两两相连，这样的连接方式称为全互连式。以 5 部电话机的连接为例，5 个用户要两两都能通话，则需要总电路数为 10 条，如图 5.3(a)所示。

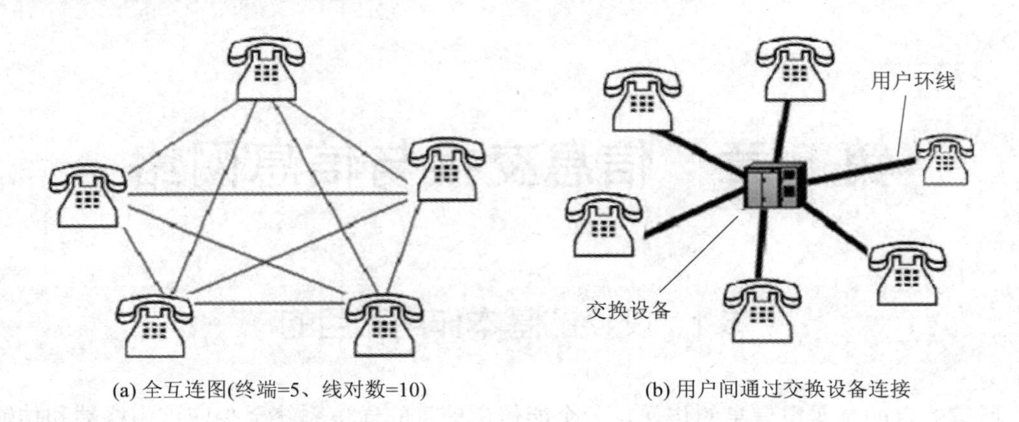

(a) 全互连图(终端=5、线对数=10)　　(b) 用户间通过交换设备连接

图 5.3　全互连式通信

3. 交换网

交换(Switching)是按照通信两端传输信息的需要，用人工或设备自动完成的方法，把要传输的信息送到符合要求的相应路由上的技术的统称。从通信资源的分配角度来看，交换就是按照某种方式动态地分配传输线路的资源。

最简单的通信网仅由一台交换设备组成。每一台电话或通信终端通过一条专门的用户线与交换设备中的相应接口连接，如图 5.3(b)所示。当电话用户分布的区域较广时，就设置多个交换设备，这些交换设备之间再通过中继线相连，从而构成更大的电话交换网。如图 5.4 所示，在不用交换机时，需要 4 × 4 = 16 个开关，用了交换机后只需要 12 个开关。

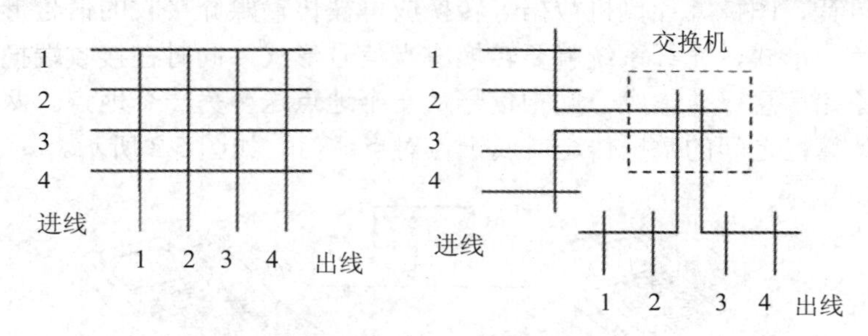

图 5.4　多个交换节点组成的电话交换网

交换网络以增加转接次数、公用信道来换取开关点和线路的减少。当线路数量很大时，可通过增加级数来进一步压缩。

5.2　交换的发展过程

在电话发明了两年之后的1878年，第一个电话交换局在美国康涅狄格州的New Heaven开通，这就是现代电信交换的开始。从最早的人工交换、机电式自动交换、电子式自动交换(程控交换)和信息包交换，共经历了 4 个具有标志性的重要阶段，最终发展到现在的数据交换、综合业务数字交换、IP 交换等。

5.2.1　人工交换

第一个阶段是人工交换阶段。最早的电话交换机就是根据对交换设备需求分析的思路设计出来的人工电话交换机，它由号牌、塞孔、绳路等设备组成，由话务员控制。该人工电话交换机每个塞孔都与一个电话用户话机相连，借助于塞孔、塞绳构成用户通话的回路，话务员是控制话路接续的关键。相应地，当时使用的终端是磁石电话机。

图 5.5 给出了一个典型的人工电话交换机，它的操作过程如下：

(1) 用户 A 摇动手摇发电机。

(2) 送出呼叫信号。

(3) 交换机上 A 号用户塞孔上的吊牌掉下来。

(4) 话务员将空闲塞绳的一端插入 A 的塞孔。

(5) A 告诉话务员他想接通用户 B。

(6) 话务员把塞绳另一端插入 B 的塞孔。

(7) 话务员扳动振铃，手摇发动机，向 B 发出呼叫信号。

(8) 一方挂机，交换机塞绳的话终吊牌掉下。

(9) 话务员拆线。

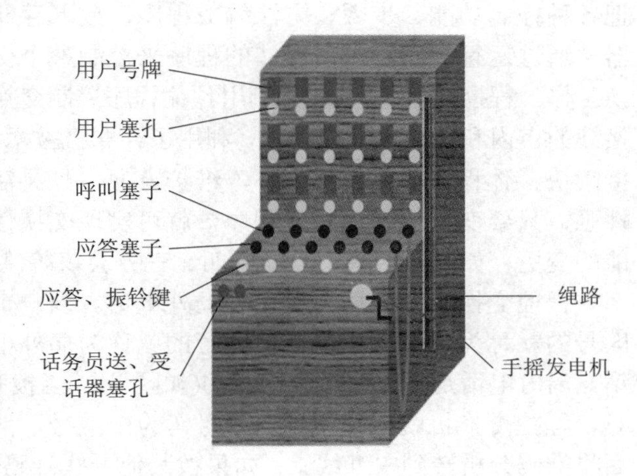

图 5.5　人工电话交换机(总机)

5.2.2　机电式自动交换

第二个阶段是机电式自动交换阶段。1889 年美国人史端乔发明自动电话交换机并获得专利，1909 年德国西门子公司对史端乔式交换机进行重大改进，制成西门子式交换机，到 1927 年基本完善，成为步进制交换机的基型，此后各种型号的步进交换机基本只在电路方面做较小改进。其中的纵横制机型在电话交换设备的舞台上雄霸 80 年，直到 1993 年，英国、日本等国的电话网络里还有 1/3 的交换机是纵横制的。纵横制交换机的工作原理及外形(以 HJ-921 为例)如图 5.6 所示。

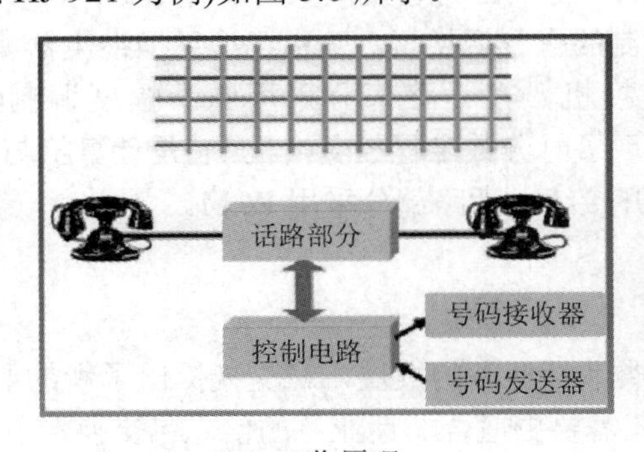

(a) 工作原理

(b) 外形

图 5.6　纵横制交换机的工作原理及外形

5.2.3 电子式自动交换

第三个阶段是电子式自动交换阶段。随着电子计算机和大规模集成电路的迅速发展，计算机技术迅速地被应用于交换机的控制系统中，出现了程控交换机，即存储程序控制式交换机。

程控交换是用计算机控制的交换方式，采用的是电子计算机中常用的“存储程序控制”方式。它把各种控制功能、步骤、方法编成程序，放入存储器，通过运行存储器内所存储的程序来控制整个交换工作。程控交换机(见图 5.7)用预编程序控制交换接续的市内和长途电话交换机，利用了计算机技术，接续快，体积、功耗、噪声小，维护方便，且灵活性强，只要变换或增加相应程序，就可实现交换性能的变更，如呼叫转移、自动回叫、三方会议等。

图 5.7 程控交换机

程控交换机分为局内电话和局外电话。同一个区号的就称为局内电话，其他区号的就称为局外电话。局内电话是不需要拨中继号的(如区号)。当拨 0 时，程控交换机就自动识别这个号码为中继号，然后将号码分析转到中继线上；如果拨其他一些号码，如局内电话，交换机就会内部解决，不需要占用中继线路。

这里所说的中继线是一个泛指的概念：交换局间的中继线称为局间中继线，到用户的中继线称为用户中继线。只要是单位用的、接小交换机用的外线，在电信营业上都简称为中继线。例如，单位小总机内部有几十门(至几百门)电话机，但外线只要几(至几十)条，外线拨入时，只要拨一个“引示号”即可，其他号码不用对外公布。除少量的中继线是双向的(可拨入、拨出)外，其余分为单入和单出，即只供拨入、拨出用，由业务量决定数量。中继线的月租费是一般电话的 3 倍，因为它是高负荷工作的。

1965 年，美国研制了第一部存储程序控制的空分交换机，其由小型纵横继电器和电子元件组成，后来又出现了时分模拟程控交换机，在话路部分采用脉冲幅度调制(Pulse Amplitude Modulation，PAM)方式。1970 年出现了时分数字程控交换机，它是计算机与 PCM 技术相结合的产物，以时隙交换取代了金属开接续，话路部分采用 PCM。

5.2.4 信息包交换

第四个阶段是信息包交换阶段。由于各类非话业务的发展，对交换提出了新的要求，不仅要求有以程控交换为代表的电路交换，还需要更适合非话业务的信息包交换，如分组交换、ATM 交换和 IP 交换等。与电路交换采用固定分配资源复用方式不同，信息包交换方式采用了动态统计分配资源复用方式，大大提高了网络资源的利用率、传输效率和服务质量。信息包交换技术的发展，标志着交换技术有了进一步的革命性的发展，使交换技术能够适应各种信息交换的要求，为多媒体通信和宽带通信网的发展奠定了坚实基础。

5.3　典型的信息交换

交换(Switching)又称转接。一个通信网的有效性、可靠性和经济性直接受网中所采用的交换方式的影响。在当前最主要的信息交换方式有电路交换和分组交换两种。

5.3.1　电路交换

电路交换又名线路交换。根据 ITU 定义：“电路交换是根据请求，从一套入口和出口中，建立起一条为传输信息而从指定入口到指定出口的连接。”它只是以接通电路为目的的交换方式，电话网中采用的就是电路交换方式。

1. 电路交换的基本理解

我们以打一次电话来体验这种交换方式：打电话时，首先是摘起话机，交换机送来拨号音，听到拨号音后开始拨号；拨号完毕，交换机就知道了要和谁通话，并为双方建立一个连接，于是双方进行通话；等一方挂机后，交换机就把双方的线路断开，为双方各自开始一次新的通话做好准备。

可以说，电路交换就是当终端之间通信时，一方发起呼叫，独占一条物理线路，在整个通信过程中双方一直占用该电路，通信完毕时断开电路的过程，如图 5.8 所示。

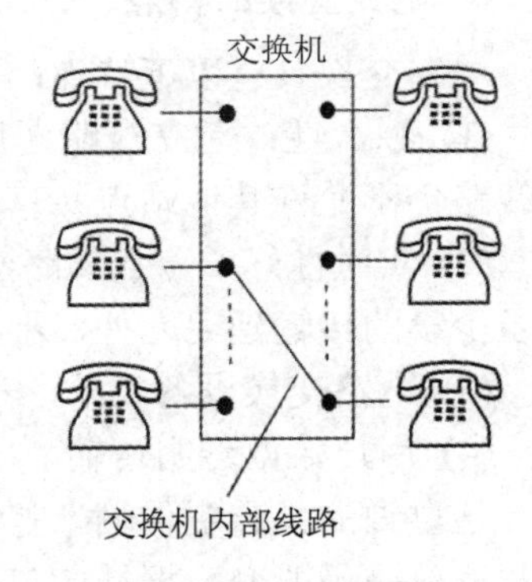

图 5.8　电路交换的简化原理

2. 电路交换的过程

电路交换的过程包括建立线路、占用线路并进行数据传输和释放线路 3 个阶段。

(1) 建立线路：发起方站点向某个终端站点(响应方站点)发送一个请求，该请求通过中间节点传输至终点；如果中间节点有空闲的物理线路可以使用，则接收请求，分配线路，并将请求传输给下一中间节点。整个过程持续进行，直至终点。

(2) 占用线路并进行数据传输：在已经建立物理线路的基础上，站点之间进行数据传输。数据既可以从发起方站点传往响应方站点，也允许相反方向的数据传输。

(3) 释放线路：当站点之间的数据传输完毕后，执行释放线路的动作。该动作可以由任一站点发起，释放线路请求通过途经的中间节点送往对方，释放线路资源。

3. 数字时分程控交换

交换网络采用同步时分交换方式(见图 5.9)，它的基本原理是把时间划分为等长的基本时间单元，称之为“帧”；每个帧再细分成更小的等长时间小段，称之为“时隙”。实质的时隙交换，是在每个时隙中安排一路语音数字化信号，称为数字时分程控交换，又称电路交换。

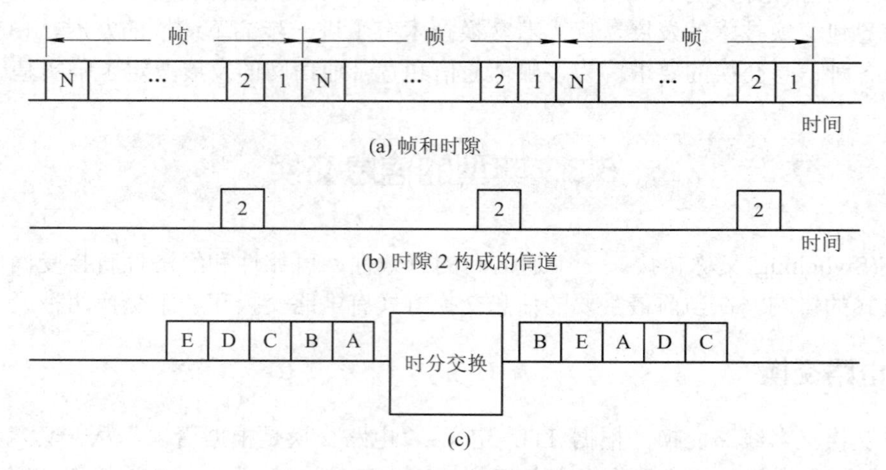

图 5.9 程控交换中的同步时分交换方式

4. 电路交换的特点

电路交换具有以下特点：

(1) 独占性：建立线路之后，释放线路之前，即使站点之间无任何数据可以传输，整个线路仍不允许其他站点共享，因此线路的利用率较低，并且容易引起接续时的拥塞。

(2) 实时性好：一旦线路建立，通信双方的所有资源(包括线路资源)均用于本次通信，除了少量的传输延迟之外，不再有其他延迟，具有较好的实时性。

(3) 电路交换设备简单，不提供任何缓存装置。

(4) 用户数据透明传输，要求收发双方自动进行速率匹配。

这里说的“透明传输”是相对于路由来说的。路由就是要查路由表转发数据包；而透明传输就是不改变数据帧的任何属性，可以把透传的设备当作普通连线对待。透明传输指的是不管传的是什么，所采用的设备只是起到一个通道作用，把要传输的内容完好地传到对方，你发的是什么数据，中心接到的数据还是什么数据，不需要进行多余的操作。非透明传输需要对传输的数据进行重新编码然后进行发送，接收端必须知道数据编码的算法才能打开正确的数据，这样的数据传输需要在接收端软件加载对应的驱动才能得到正确数据。

但电路交换也有缺点，它最大的缺点就是电路利用率低，带宽固定不灵活。

5.3.2 分组交换

1961 年，在美国空军 RAND 计划的研究报告中，保罗·布朗等人提出了一个想法：为了对通话双方的对话内容保密，将对话的内容分成一个一个很短的小块，即把它们分组，在每一个交换站将这一呼叫的分组与其他呼叫的分组混合起来，并以分组为单位发送，通话的内容通过不同的路径到达终端，终点站收集所有到达的分组，然后将它们按顺序重新组合恢复成可懂的语言。

分组交换也称包交换，以信息分发为目的，把从输入端进来的数据按一定长度分割成若干个数据段，这些数据段称为分组(或包)，并且在每个信息分组中增加信息头及信息尾，表示该段信息的开始及结束。

1. 复用传输方式

分组交换的基本思想是实现通信资源的共享。从如何分配传输资源的角度，其可以分成两类。

(1) 固定分配资源法。在一对用户要求通信时，网络根据申请将传输资源(如频带、时隙等)在正式通信前预先固定地分配给该对用户专用，无论该对用户在通信开始后的某时刻是否使用这些资源，空闲与否，系统都不能再分配给其他用户使用。

(2) 动态分配资源法(见图 5.10)。固定分配资源法的主要缺点是在通信进行中即使用户传输空闲，通路也只能闲置，使得线路的传输能力得不到充分的利用。为了克服这个缺点，人们提出了动态分配传输资源的概念。

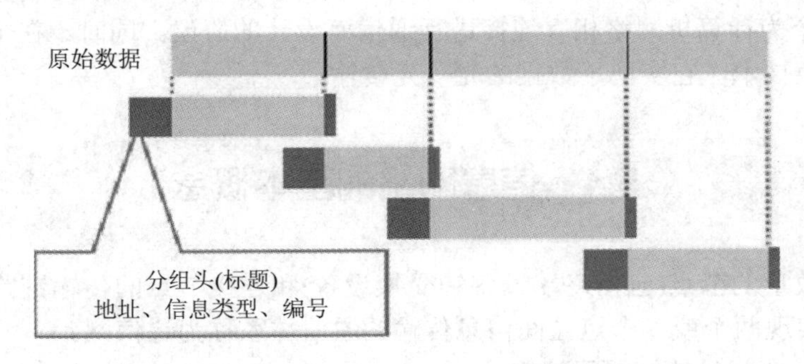

图 5.10　动态分配资源法

在固定分配资源复用方式(时分或频分)中，每个用户的数据都是在预先固定的子通路(时隙或子频带)中传输，接收端也很容易由定时关系或频率关系将它们区分开来，分接成各用户的数据流；而在统计时分复用方式中，各用户终端的数据是按照一定单元长度随机交织传输的。

分组交换就是把数据信号分组，即“分组数据”进行交换。

2. 分组交换的优缺点

分组交换的优点如下：

(1) 线路利用率高；

(2) 不同种类的终端可以相互通信；

(3) 信息传输可靠性高；

(4) 分组多路通信；

(5) 计费与传输距离无关。

但是，分组交换的缺点也很明显，如下：

(1) 信息传输效率较低；

(2) 实现技术复杂；

(3) 信息传输时延大。

分组交换方式又可分为虚电路和数据报两种交换方式。同时，我们也常常用是否面向连接来形容这些交换方式。面向连接包括电路和虚电路交换方式，它有呼叫、传输和释放三个阶段。传输前，需通过呼叫申请一条固定的连接；传输时，无论该连接是否独占，所有信息都只走这一条路径；传输后需要释放连接，可确保传送的次序和可靠性。而无连接不需要在数据传输前建立连接，如数据报交换方式，数据报的每个分组都是独立发送的。

5.3.3 其他交换技术

除了基本的电路交换和分组交换以外，后期又出现了异步转移模式(Asynchronous Transfer Mode，ATM)，它是实现 B-ISDN 业务的核心技术之一，始于 20 世纪 70 年代后期。ATM 之后又出现了软交换技术，软交换设备是一种基于软件实现传统程控交换机的“呼叫控制”功能实体。软交换把“呼叫控制”功能从媒体网关中分离出来，通过服务器或网络上的软件来实现呼叫选路、连接控制、管理控制和信令互通。而现在应用最广泛的当属 IP 交换，IP 是一个为计算机网络相互连接进行通信而设计的协议。同时，在全光网络系统中主要采用光交换技术，它实现了数据的光—光传输。

5.4 信息网络的基本概念

把由一定数量的节点(包括终端设备和交换设备)和连接节点的传输链路相互有机地结合在一起，以实现两个或多个点之间信息传输的通信体系称为通信网。

图 5.11 为一个常见的校园网的构成。

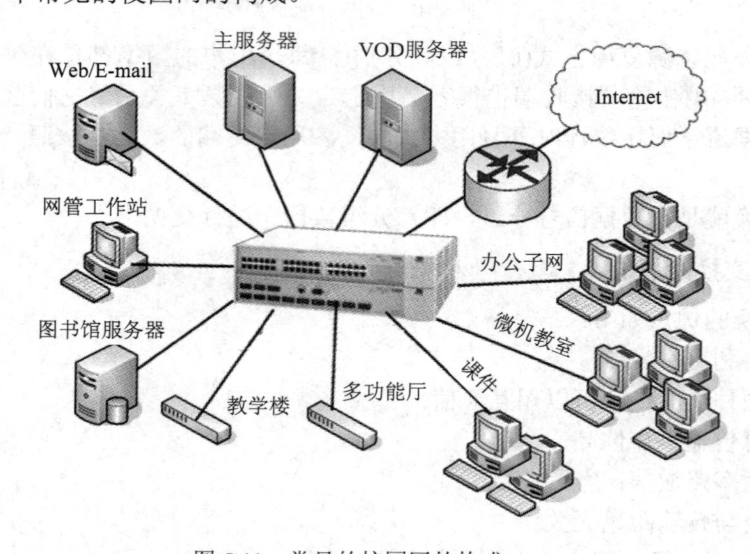

图 5.11 常见的校园网的构成

5.4.1 信息网络的拓扑结构

网络拓扑是指网络形状，或者是它在物理上的连通性。网络的拓扑结构主要有 5 种：网型网络、星型网络、环型网络、总线型网络和复合型网络。

1. 网型网络

网型网络(见图 5.12)的主要特点是任意两个节点之间都有连接线相连。其明显的优点是可靠性高，不会因为某个连接失效而导致网络不通，因为每个节点都有多条路径达到其他节点。网型网络的缺点是结构较复杂，建设成本高。它主要用在少数核心节点上。

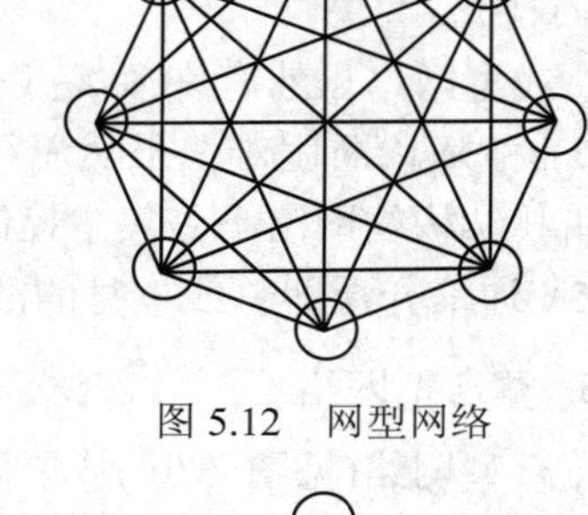

图 5.12　网型网络

2. 星型网络

星型网络(见图 5.13)的每个节点都由一条单独的通信线路与中心节点连结。它具有诸多优点，如下：

(1) 可靠性高。在星型网络中，每个连接只与一个设备相连，因此单个连接的故障只影响一个设备，不会影响全网。

(2) 方便服务。中央节点和中间接线都有一批集中点，可方便地提供服务和进行网络重新配置。

(3) 故障诊断容易。如果网络中的节点或者通信介质出现问题，只会影响到该节点或者通信介质相连的节点，不会涉及整个网络，从而比较容易判断故障的位置。

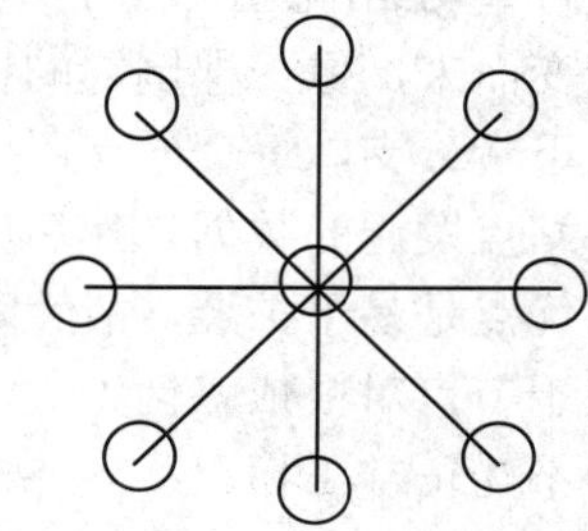

图 5.13　星型网络

星型网络的缺点如下：

(1) 增加网络新节点时，无论有多远，都需要与中央节点直接连接，布线困难且费用高。

(2) 星型网络中的外围节点对中央节点的依赖性强，如果中央节点出现故障，则全部网络不能正常工作。

3. 环型网络

环型网络(见图 5.14)的优点是结构简单，建设成本低，既不需要像网型网络那样需要很多链路，也不需要像星型网络那样需要一个中央节点来负责整个网络的运行。

但环型网络也由此带来较多的缺点：

(1) 可靠性较差。任意一个节点出现故障，都会导致整个网络中断、瘫痪。

(2) 维护困难。任何一个节点出现故障，都会造成整个网络故障，导致查找故障困难，维护起来非常不便。

(3) 扩展性能差。因为是环型结构，所以决定了它的扩展性能远不如星型网络好，如果要新添加或移动节点，就必须中断整个网络。

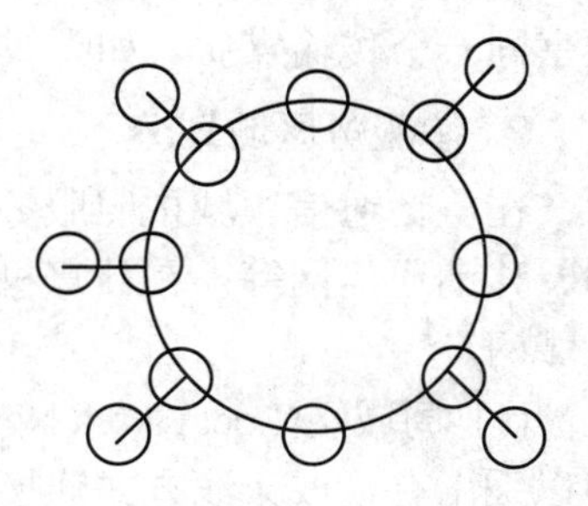

图 5.14　环型网络

4. 总线型网络

总线型网络(见图 5.15)类似于一个断开的环，其主要优点如下：

(1) 布线容易，电缆用量小。总线型网络中的节点都连接在一个公共的通信介质上，所以需要的电缆长度短，减少了安装费用，易于布线和维护。

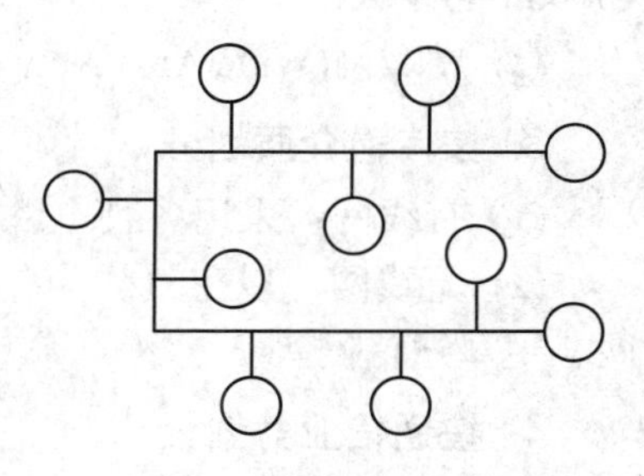

图 5.15　总线型网络

(2) 可靠性高。总线结构简单，从硬件观点来看十分可靠。

(3) 易于扩充。在总线型网络中，如果需要增加新节点，只需要在总线的任何点将其接入。

总线型网络虽然有许多优点，但也有自己的局限性：

(1) 故障诊断困难。虽然总线拓扑简单，可靠性高，但故障检测却不容易。因为具有总线拓扑结构的网络不是集中控制，故障检测需要在网上各个节点进行。

(2) 通信介质即总线本身的故障会导致网络瘫痪。

5. 复合型网络

复合型网络(见图 5.16)从星型网络和总线型网络演变而来，像一棵倒置的树，顶端是树根，树根以下带分支，每个分支还可带子分支。树根接收各站点发送的数据，然后广播发送到全网。其主要优点是易于扩展，故障隔离较容易；主要缺点在于节点对根依赖性太大，若根发生故障，则全网不能正常工作。

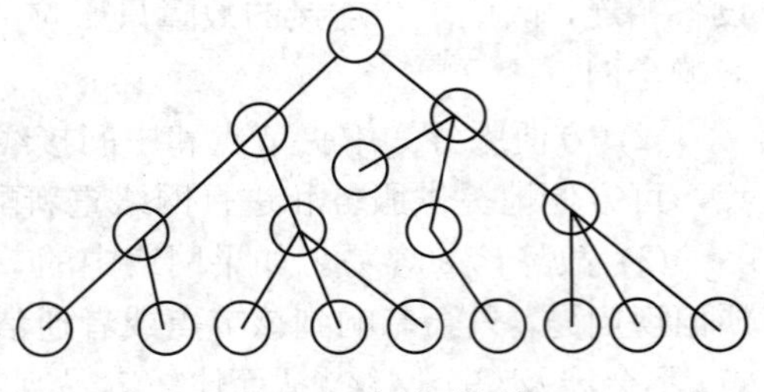

图 5.16 复合型网络

5.4.2 网络的分类

网络的种类很多，可以从不同的角度进行各式各样的划分。

1. 按通信方式划分

(1) 点对点传输网络：数据以点到点的方式在计算机或通信设备中传输。

(2) 广播式传输网络：数据在共用介质中传输。在广播网中，每个数据站的收发信机共享同一个传输媒质，如无线广播和电视网。

2. 按服务区域划分

在电话通信领域按照服务区域范围划分，网络可分为本地网、国内长途网、国际长途网、移动通信网等；在计算机领域按照服务区域范围划分，网络可分为局域网、城域网、广域网。

(1) 局域网(Local Area Network，LAN)：一般限定在较小的区域内，小于 10 km 的范围，可以采用有线或无线方式连接；

(2) 城域网(Metropolitan Area Network，MAN)：规模局限在一座城市的范围内，10～100 km 的区域；

(3) 广域网(Wide Area Network，WAN)：网络跨越国界、洲界，甚至全球范围。

3. 按传输介质划分

(1) 有线网：采用各种电缆或光缆等有线连接网络；

(2) 无线网：以空气作为传输介质，用电磁波作为载体来传输数据，主要有移动通信网、卫星通信网等。

4. 按通信业务划分

按通信业务划分，网络可分为电话网(固定电话网、移动电话网、IP 电话网)、电报网、数据网、电视网等。

5. 按服务范围划分

(1) 公用网：通信公司建立和经营的网络，向社会提供有偿的通信和信息服务；

(2) 专用网：某个行业、机构等独立设置的网络，仅限于一定范围内的人群之间的通信。

5.4.3 网络的分层结构

根据不同的功能可将网络分解成多个功能层，如图5.17所示。在垂直分层网总体结构中，上层表示各种信息应用与服务种类，中层表示支持各种信息服务的业务提供手段与装备，下层表示支持业务网的各种接入与传送手段和基础设施。

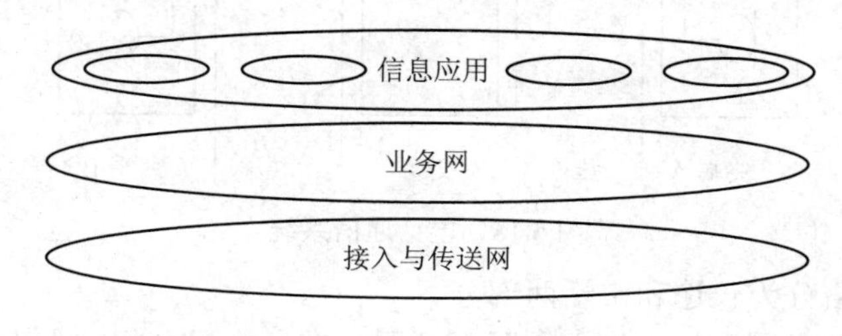

图5.17 网络分层结构

5.4.4 网络的质量要求

一般通信网的质量要求包括以下几点。

(1) 接通的任意性与快速性。接通的任意性与快速性是指网内的任何一个用户应能快速地接通网内任一其他用户。

影响接通的任意性与快速性的主要因素包括：

① 通信网的拓扑结构不合理会增加转接次数，使阻塞率上升、时延增大；

② 通信网的网络资源不足，导致阻塞概率增加；

③ 通信网的可靠性降低会造成传输链路或交换设备出现故障，甚至丧失其应有的功能。

(2) 信号传输的透明性与传输质量的一致性。信号传输的透明性是指在规定业务范围内对用户信息不加任何限制，都可以在网内传输；传输质量的一致性是指网内任何两个用户通信时应具有相同或相仿的传输质量，而与用户之间的距离无关。 通信网的传输质量直接影响通信的效果，因此要制定传输质量标准并进行合理分配，使网中的各部分均满足传输质量指标的要求。

(3) 网络的可靠性。可靠性是使通信网平均故障间隔(两次故障之间相隔时长的平均值)达到要求。

5.5 典型的信息网络

我们身边典型的信息网络有固定电话网络、数字移动通信网络等。随着数据业务的飞速增长，人们对数据网络的需求也日渐凸显，因此以太网、Internet 也成为我们生活中不可或缺的通信网络。

5.5.1 固定电话网络

固定电话通信系统的基本任务是提供从任一个电话终端到另一个电话终端传送语音信息的通路，完成信息传输、信息交换，为终端提供良好的语音服务，如图 5.18 所示。

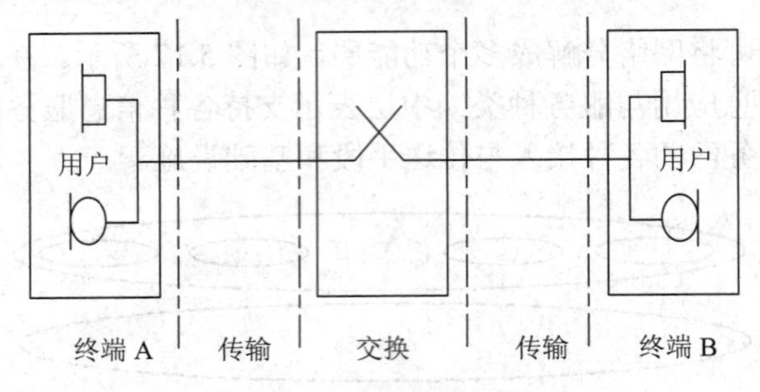

图 5.18 电话通信系统

我国的电话网络分为长途和市话两部分。

国内长途电话网经国际局，进入国际电话网。在交换局之间的主干线路上传输介质一般采用光缆，而用户端到端局之间采用电缆。我国的长途电话网已演变为二级结构。

本地电话网(Local Telephone Network)的定义是：同一个长途编号区范围以内的所有交换设备、传输设备和用户终端设备组成的电话网络。本地网的标识是同一个长途编号，而不是行政区域划分，或地理位置等其他因素。我国的本地网一般采用二级结构，即汇接局和端局，如图 5.19 所示。

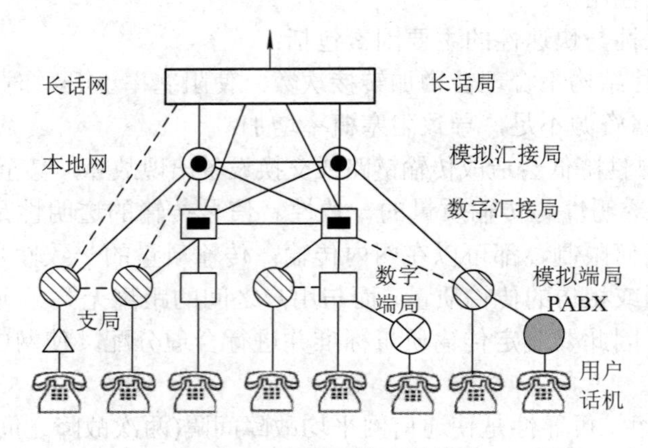

图 5.19 本地网的二级结构

由于我国幅员辽阔，因此划分了国内长途片区。在这样的网络结构下，电话号码的编排方式也相应地分为长途区号和本地电话号码两个部分。

国际长途电话网是指将世界各国的电话网相互连接起来进行国际通话的电话网。为此，每个国家都需设一个或几个国际电话局进行国际去话和来话的连接。一个国际长途通话实际上是由发话国的国内网部分、发话国的国际局、国际电路和受话国的国际局以及受话国的国内网等几部分组成的。

国际电话网的特点是通信距离远，多数国家之间不邻接的情况占多数。其传输手段多数是使用长中继无线通信、卫星通信或海底同轴电缆、光缆等；在通信技术上广泛采用高效多路复用技术以降低传输成本，采用回音抑制器或回音抵消器以克服远距离四线传输时延长所引起的回声振鸣现象。

5.5.2　数字移动通信网络

移动通信是指通信双方或至少有一方是在移动中进行的通信方式。早期的移动通信系统采用大区制工作方式，虽然服务半径大到几十千米，但容纳的用户数有限，通常只有几百用户。为了解决有限频率资源与大量用户的矛盾，可以采用小区制的覆盖方式。对服务区域呈线状的，可采用带状网；对一般的服务小区而言，均采用六边形的蜂窝网格式。用户就在这些小区间移动。当正在进行的移动台与基站之间的通信链路从当前基站转移到另一个基站时，通过越区切换技术，实现蜂窝移动通信的“无缝隙”覆盖。

1. 数字移动通信网的核心技术

一个典型的 GSM 系统的网络结构由以下功能单元组成，如图 5.20 所示。

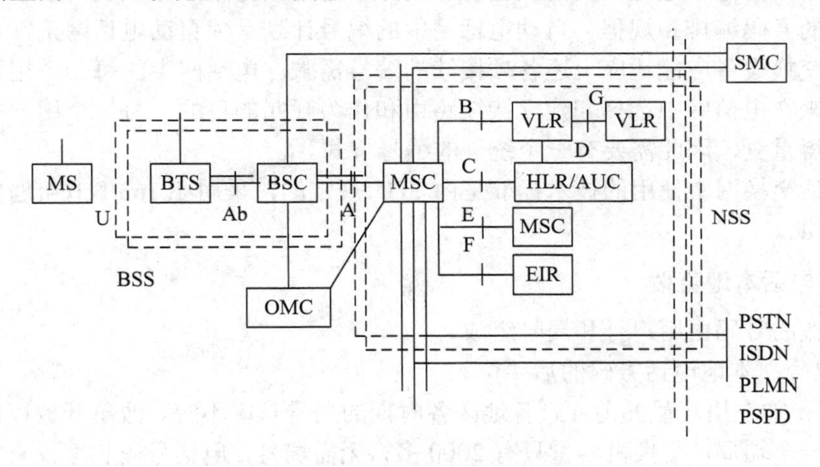

图 5.20　GSM 系统的总体结构

1) 移动台

移动台(Mobile Station，MS)包括两部分：移动设备和 SIM 卡。

移动设备是用户所使用的硬件设备，用来接入系统，每部移动设备都有一个唯一的对应于它的永久性识别号 IMEI(International Mobile Equipment Identity，国际移动设备识别码)。

SIM 卡是一张插到移动设备中的智能卡。SIM 卡用来识别移动用户的身份，还存有一些该用户能获得什么服务信息及一些其他信息。

移动设备可以从商店购买，但 SIM 卡必须从网络运营商处获取。如果移动设备内没有插 SIM 卡，则只能进行紧急呼叫。

2) 基站子系统

基站子系统(Base Station Subsystem，BSS)是指在一定的覆盖区中由 MSC 控制，与 MS

进行通信的系统设备。其由基站收发信台(Base Transceiver Station，BTS)和基站控制器(Base Station Controller，BSC)构成。实际上，一个BSC根据话务量需要可以控制数十个BTS。

BSC：具有对一个或多个BTS进行控制的功能，任何送到BTS的操作信息都来自BSC，反之任何从BTS送出的信息也将经BSC送出。

BTS：BTS提供基站与移动台之间的空中接口，完全由BSC控制，主要负责无线传输，完成无线和有线的转换、无线分集、无线信道加密、跳频等功能。

3) 网络交换子系统

网络交换子系统(Network Switching Subsystem，NSS)主要包含有GSM系统的交换功能和用于用户数据与移动性管理、安全性管理所需的数据库功能。

2. 数字移动通信的发展

数字移动通信的发展始于20世纪90年代，经历了2G、3G、4G、5G几个阶段，前面4.8小节已进行过介绍，这里不再赘述。

5.5.3 电话网络的编号计划

编号计划指的是本地网、国内长途网、国际长途网、特种业务以及一些新业务等各种呼叫所规定的号码编排和规程。自动电话网中的编号计划是使自动电话网正常运行的一个重要规程，交换设备应能适应上述各项接续的编号需求。电话网中的每一个用户都分配一个编号，用来在电信网中选择和建立接续路由和作为呼叫的目的。每一个用户号码必须是唯一的，不得重复，因此需要有一个统一的编号方式。

公共电话交换网中使用的技术标准是由ITU规定的，采用E.163/E.164(通俗称为电话号码)进行编址。

1. 固定电话本地直拨

本地直拨的号码由用户号和局号组成。

- 用户号：本地电话号码的后4位。
- 局号：加在用户号的前面，各地区各时期的局号长度不等。改革开放以前，多数本地网就只有一个端局，交换机容量只有2000多，无需局号，电话号码长度仅有4位。随着用户人数的增加，电话号码也不断升位。

升位后的号码长度要根据本地电话网的长远规划容量来确定。据统计，一个400万人口的城市至少需要800万号，所以7位不够，9位太多，通常需要8位长度的本地电话号码。

2. 国内长途固定电话的编号方式

若被叫方和主叫方不在一个本地电话网内，则属于长途电话。我国曾经用拨打“173”来接通国内人工长途电话话务员，由话务员接通被叫用户。现在的长途电话都使用全自动接续方式。打国内长途电话时，需使用具有长途直拨功能的电话，所拨号码分为3部分，即国内长途字冠、国内长途区号和本地号码(市话号码)。拨打国内电话时，拨号顺序如下：

国内长途字冠 + 国内长途区号 + 本地号码

(1) 国内长途字冠：先拨表示国内长途的字冠(National Trunk Prefix)，又称接入码

(Access Code)。中日韩英法德等大多数国家采用 ITU 推荐的“0”作为字冠；也有一些国家使用其他字冠，如美国使用“1”作为国内长途字冠。

(2) 国内长途区号：然后拨被叫用户所在的国内长途区域号码(Area Code)，有些国家称其为城市号码(City Code)。

国内长途编号方案一般采用固定号码系统，即各个城市的编号都是固定号码。

我国的国内长途区号选用不等位制(在描述国内长途区号的位数长度时，通常不算长途字冠)。我国的长途区号编号原来与 4 个长途等级 C1～C4 对应，位长为 1～4 位。后来随着本地网扩大和长途网结构调整，合并了 C4 网，4 位区号已经消失，现在采用不等位三位制，位长为 2～3 位，与两级长途等级对应。具体的编号如下：

- 首都北京：编号为 10；
- 省间中心和直辖市：区号为两位，编号为“2×”，其中“×”为 0～9，共 10 个号。
- 原来空缺的号码资源，除了个别作为预留以外，都开始在各地作为填补号码资源空缺使用，以保证每个市级行政单位至少有一个三位区号。所以，63×以后的号码分别出现在山东、云南的区号里，西藏区号剩余的 898、899、890 则分配给了海南省，到 2001 年海南省合并 C3 网，又改为仅保留 898。北京的区号也因 GSM 移动电话特殊的长途拨号方式不得不由“1”改为“10”。

我国的国内长途区号如表 5.1 所示。

表 5.1　我国的国内长途区号

城　市	第 1 位	第 2 位	第 3 位
北京	1	0	
9 大城市	2	×	
其他城市	3～9	×	×

随着长途网络的不断优化，我国的国内长途区号还在不断更新当中。例如，2013 年 10 月 26 日零时起，开封本地电话网将升至 8 位，同时并入郑州本地电话网，开封不再使用原来的“0378”区号，而是实现郑汴两地电话并网，两市共用“0371”长途区号；而沈阳、本溪两地也启动了升位并网，共用“024”区号。

(3) 本地号码：最后拨被叫方的本地号码(Local Telephone Number)。

3. 国际长途电话的编号方式

国际长途电话的号码分为 4 部分，即国际长途字冠、国家号码、国内长途区号和本地号码(市话号码)。拨打国际电话时，拨号顺序如下：

国际长途字冠 + 国际长途区号 + 国内长途区号 + 本地号码

(1) 国际长途字冠：国际自动呼叫时，国内交换机识别为国际通话的数字，其形式由各国自由选择，CCITT(Consultative Committee On International Telegraph and Telephone，国际电报电话咨询委员会)没有具体建议。例如，中国(从中国打出先拨)为“00”，英国为“010”，比利时为“91”，日本为“00X”等。由于各国的国际长途字冠五花八门，因此后期增设了“+”号为全球通用国际长途字冠。

(2) 国际长途区号：为 1～3 位的数字，如中国为(从国外打入先拨)“86”。部分国家国际长途区号如表 5.2 所示。

表 5.2 部分国家国际长途区号

区 域	国 家 举 例
北美以 1 开头	美国 1、加拿大 1、夏威夷 1808
非洲以 2 开头	埃及 20、南非 27
南欧以 3 开头	荷兰 31、法国 33、西班牙 34、意大利 39
北欧以 4 开头	瑞士 41、英国 44、丹麦 45、挪威 47、德国 49
南美以 5 开头	墨西哥 52、阿根廷 54、巴西 55
南亚以 6 开头	马来西亚 60、菲律宾 63、新加坡 65、泰国 66
大洋洲以 6 开头	澳大利亚 61、新西兰 64
俄罗斯以 7 开头	—
东亚以 8 开头	日本 81、韩国 82、越南 84、朝鲜 85、中国 86、中国香港 852、中国澳门 853、中国台湾 886
西亚以 9 开头	土耳其 90、印度 91、伊拉克 964、蒙古 976

(3) 国内长途区号：在拨打国际长途区号后再接着拨打国内长途区号时，应注意：此时，国内长途区号前面无需加拨表示国内长途的字冠“0”。

例如，国外大公司名片上电话号码的标准写法是“+33(0)1××××××××”，其中“(0)”表示：这是法国的国内长途字冠，若主叫方在法国，就拨 01××××××××；如不在法国，就拨 +331××××××××。另外，33 是法国的国际区号，1 表示巴黎大区。

(4) 本地号码：最后依旧是被叫方的本地号码。

例如，以下是一个普通的重庆地区某单位的固定电话号码：+862342871111。其中，“+”号表示国际长途字冠，86 是中国的国家代码，23 是重庆市的长途区号，42871111 是重庆市内的本地电话号码。

4. 移动电话网络的编号计划

在移动电话网络中，出于识别的目的，定义了移动台的国际 ISDN 号码(Mobile Subscriber International ISDN/PSTN Number，MSISDN)。

打电话时拨打的手机号，其组成如图 5.21 所示。其中 CC(Country Code)是国家码，即在国际长途电话中要使用的标识号，中国为 86。

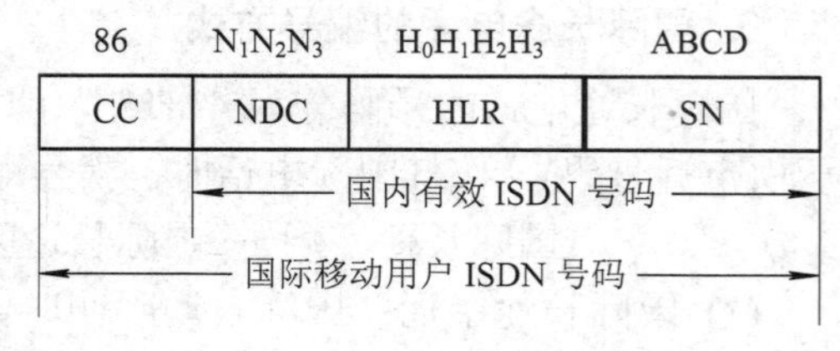

图 5.21 国际 ISDN 号码的组成

NDC(National Destination Code)是国内目的地码，即网络接入号，也就是手机平时拨号的前 3 位。

$H_0H_1H_2H_3$ 是用户归属位置寄存器的识别号，确定用户归属，精确到地市。

SN(Subscriber Number)是用户号码。

例如，一个 GSM 移动手机号码为 86 136 6802 2501，其中 86 是国家码，136 是网络接入号，6802 用于识别归属区，2501 是用户号码。

5. 特服号码的编号方式

最后，还有一些特殊的号码，其编号方式有别于普通用户的号码。常用的特服号码如表 5.3 所示。

表 5.3　特 服 电 话

中国内地：警察 110、火警 119、救护车 120	香港：通用紧急电话 999
新加坡：紧急呼叫 999、火警 995、警察 999	澳门：通用紧急电话 000
日本：警察 110、火警 119	澳洲：通用紧急电话 000
德国：警察 110、火警或救护车 112	新西兰：通用紧急电话 111
法国：通用紧急 112、警察 17、救护车 15	英国：通用紧急电话 999、112
意大利：警察 113、救护车 118、火警或灾害 115	加拿大：通用紧急电话 911
俄罗斯：警察 02、救护车 03、火警 01、气体泄漏 04	美国：通用紧急电话 911

5.5.4　以太网

1. 以太网的定义

以太网是一种基带局域网规范，使用总线型拓扑结构和 CSMA/CD(Carrier Sense Multiple Access with Collision Detection，载波侦听多路访问/冲突检测)技术，如图 5.22 所示。它是当今局域网中最通用的协议标准，很大程度上取代了其他局域网标准，如令牌环网(Token Ring)、FDDI(Fiber Distributed Data Interface，光纤分布式数据接口)和 ARCNET (Attached Resource Computer Network，链接资源计算机网络)。

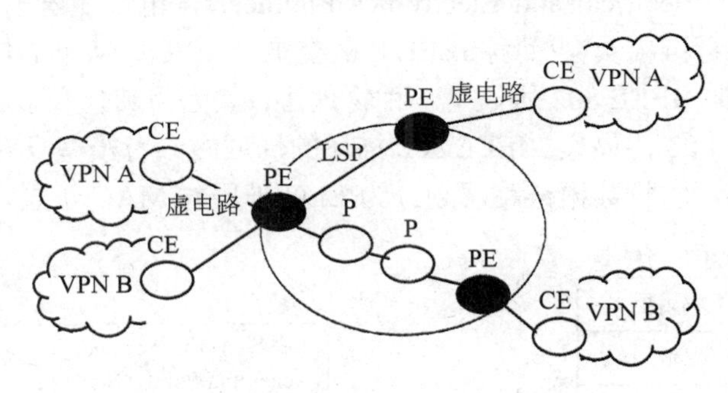

图 5.22　以太网

以太网最早由罗伯特·梅特卡夫(Robert Metcalfe)在施乐公司工作时提出，1977 年，梅特卡夫等人获得了“具有冲突检测的多点数据通信系统”专利，标志着以太网的诞生。1979 年梅特卡夫创建了 3COM 公司，并促成了 DIX 1.0 的发布(DIX 即 DEC/Intel/Xerox，3 家公司联合研发)。1981 年，3COM 公司交付了第一款 10 Mb/s 的以太网卡(Network Interface Card，NIC)，又名以太网适配器(Network Adaptor)。1982 年，基于 DIX 2.0 的 IEEE 802.3 CSMA/CD 标准获得批准，以太网从众多局域网技术的激烈竞争中胜出。

以太网支持的传输媒体从最初的同轴电缆发展到双绞线和光缆。星型拓扑的出现使以太网技术上了一个新的台阶，获得迅速发展。从共享型以太网发展到交换型以太网，并出现了全双工以太网技术，致使整个以太网系统的带宽呈十倍、百倍地增长，并保持足够的系统覆盖范围。以太网以其高性能、低价格、使用方便等特点继续发展。

2. 以太网的控制方式

在以太网中，所有的节点共享传输介质。如何保证传输介质有序、高效地为许多节点提供传输服务，就是以太网的介质访问控制协议要解决的问题。例如，同一时刻，两个或多个工作站都要传输信息将会引起冲突，双方传输的数据将变得杂乱不清，导致不能成功地接收。因此，介质访问控制协议必须解决要发送信息的工作站当发现媒体忙时或发生冲突时应怎样工作：如果媒体空闲，则传输；如果媒体忙，则一直监听直到信道空闲，马上传输；如果在传输中检测到冲突，则立即取消传输；冲突后，等待一段随机时间，然后试图传输(重复第一步)。

以太网的媒体访问控制方式是以太网的核心技术，它决定了以太网的主要网络性质。在公共总线或树型拓扑结构的局域网上，通常使用 CSMA/CD 技术。

CSMA/CD 又称为随机访问或争用媒体技术，若要组建一个基于 CSMA/CD 方式传输信息的工作站，首先要监听媒体，以确定是否有其他站正在传播。如果媒体空闲，该工作站则可以传播。

3. 以太网的层次结构

以太网是以局域网的 IEEE 802 参考模型为基础的：它用带地址的帧来传送数据，不存在中间交换，所以不要求路由选择，这样就不需要网络层；在局域网中只保留了物理层和数据链路层，数据链路层分成两个子层，即媒体接入控制(Medium Access Control，MAC)子层和逻辑链路控制(Logical Link Control，LLC)子层。

IEEE(Institude of Electrical and Electronics Engineers，电气和电子工程师协会)于 1980 年 2 月成立了局域网标准委员会(简称 IEEE 802 委员会)，专门从事局域网标准化工作，并制定了 IEEE 802 标准。IEEE 802 协议是一种物理协议，因为其包含多种子协议，把这些协议汇集在一起就称为 802 协议集。IEEE 802 描述的局域网参考模型只对应 OSI 参考模型的数据链路层与物理层，它将数据链路层划分为 LLC 子层与 MAC 子层，如图 5.23 所示。

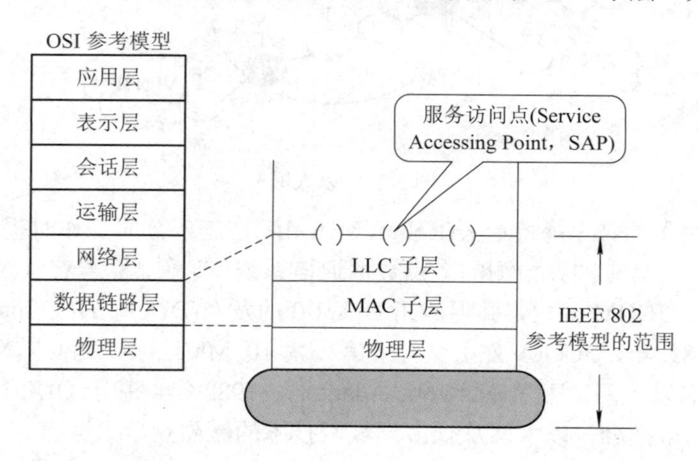

图 5.23　OSI 参考模型(左)与局域网的 IEEE 802 参考模型(右)的对比

图 5.23 中，OSI 参考模型是 ISO(International Organization for Standardization，国际标

准化组织)组织在 1985 年研究的网络互连模型。ISO 发布的最著名的标准是 ISO/iIEC 7498，又称为 X.200 协议。该体系结构标准定义了网络互连的 7 层框架，即 ISO 开放系统互连参考模型。在这一框架下进一步详细规定了每一层的功能，以实现开放系统环境中的互连性、互操作性和应用的可移植性。

802 参考模型的物理层下方还有一些协议，这是因为 LAN 范围小，常仅限于一个部门或一个建筑，在 0.1～25 km 以内，所以一般不需租用电话线，而是直接建立专用通信线路。因此，LAN 的协议模型中增加了“第 0 层”，专门针对传输媒体和拓扑结构做出说明，同时也使得 LAN 中的数据传输速度高，误码率低。

LAN 的协议模型中最高只到第 2 层。通常一个网络应能提供 1～3 层的功能，但 LAN 的协议模型中最高只有第 2 层。这是因为 LAN 特许在最低 2 层实现 1～3 层的服务功能。通常的网络第 3 层功能包括差错控制、流量控制、复用、提供面向连接的或无连接的服务等。但 LAN 的第 2 层已经通过携带着地址的帧来传送数据，因此 LAN 不存在中间交换，不要求路由选择，也就无需第 3 层。

4. 以太网系统结构

以太网系统由集线器、网卡以及双绞线组成，如图 5.24 所示。在以太网结构中，一个重要的功能块是编码/译码模块；另一个重要的功能块称为收发器，它主要是向媒体发送和接收信号，并识别媒体是否存在信号和识别碰撞，一般置于网卡中。

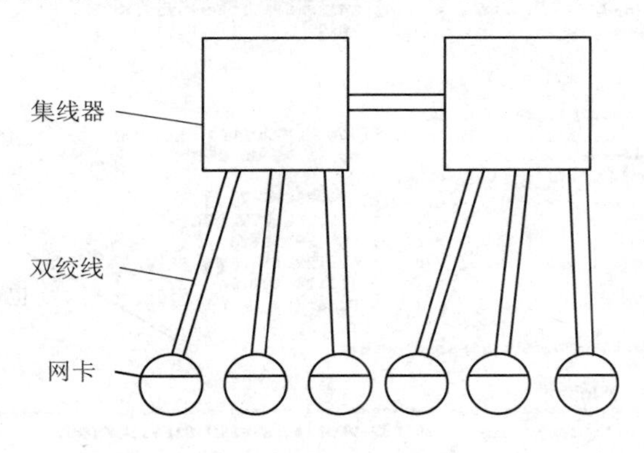

图 5.24　以太网系统结构

5. 以太网的 MAC 层地址

MAC 层的地址又译为物理地址、硬件地址。它是一种物理地址，是全球唯一的用来表示互联网上每一个站点的适配器地址，或称网卡标识符。MAC 地址用来定义网络设备的位置，每一块网卡的 MAC 地址都是唯一且固化在网卡上的，类似于人的身份证。除了网卡，路由器、手机、网络智能电视，平板电脑，各种专业设备包括 EPON(Ethernet Passive Optical Network，以太网无源光网络)、ONU、EOC(Ethernet Over Cable)、交换机等，都有自己的 MAC 地址。

MAC 地址共有 12 位十六进制数(6 字节，即 48 b)，其中前半部分(前 6 位十六进制数，即高位 24 b)是由 IEEE 的注册管理机构 RA 给不同厂家分配的厂商标识 OUI(Organizationally Unique Identifier，组织唯一标识符)，后半部分是由各厂家自行指派给其生产的网卡的标识

NIC(Network Interface Controller，网络接口控制器)。

可以通过以下方式单击查看到本机的 MAC 地址：单击“开始”按钮，选择“运行”命令，弹出“运行”对话框，在“打开”文本框中输入 cmd，在打开的窗口中输入 ipconfig /all，或 ipconfig-all，抑或 getmac，如图 5.25 所示。

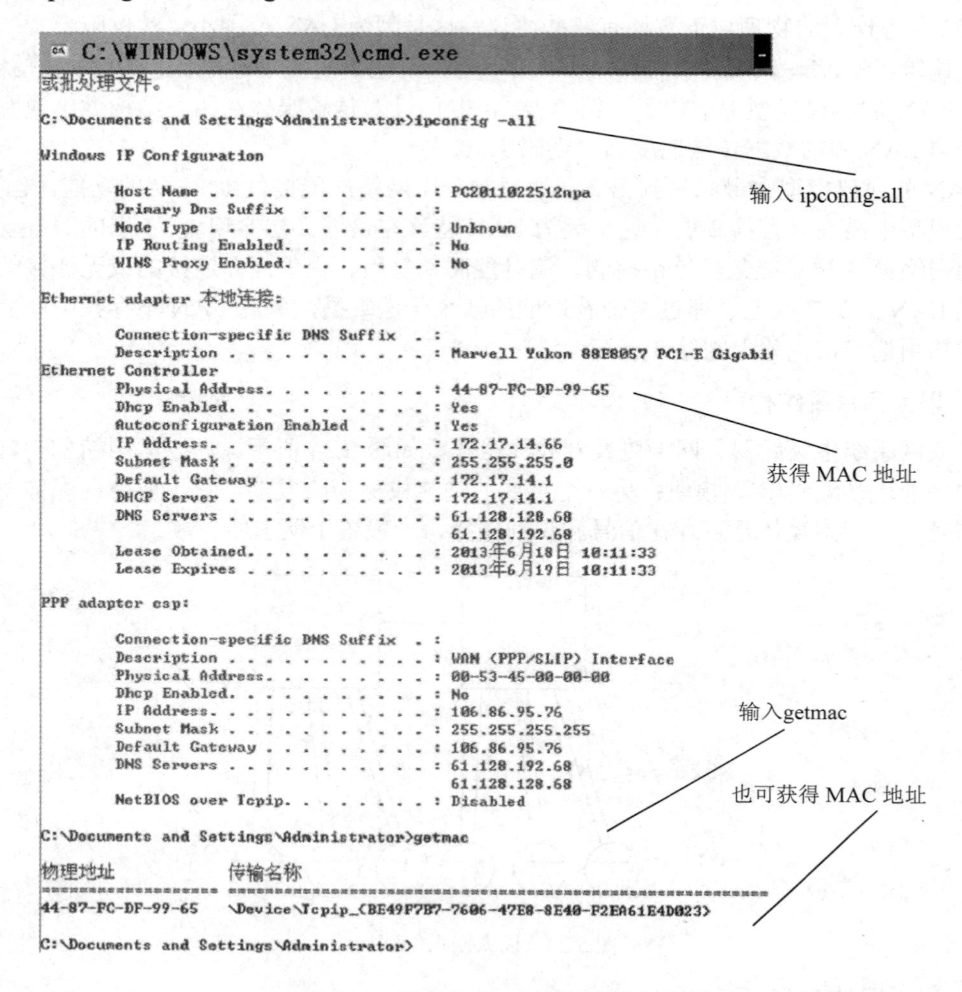

图 5.25　常用的 MAC 地址查看方式

局域网是支持广播方式的通信，当一个站点发送数据时，一个网段内的所有站点都会收到此信息。但只有发往本站的帧网卡才进行处理，否则就会简单地丢弃。IP 地址与 MAC 地址本身并不存在绑定关系，因此在网络管理中，IP 地址盗用现象经常发生。这不仅对网络的正常使用造成影响，同时由于被盗用的地址往往具有较高的权限，因此也对用户造成了大量的经济上的损失和潜在的安全隐患。为此，网管工作人员可以在代理服务器端分配 IP 地址时，通过配置交换机或路由器，把 IP 地址(端口)与网卡的 MAC 地址进行捆绑。例如，在有的校园网中，学生的笔记本电脑换到另外一个宿舍就无法上网了。

在网络中往往是多种技术并存，不同的技术都有自己的编址方式。MAC 地址与 IP 地址之间可以通过 ARP(Address Resolution Protocol，地址解析协议)来进行转换。

6. 以太网的应用

以太网的应用相当广泛，从40G、100G，到400G以太网技术都在纷纷开展。1995年，IEEE 802.3u定义了快速以太网(Fast Ethernet，FE)，其最普通的形式称为100BaseT。其中，100表示100 Mb/s，Base代表基带(Broad代表宽带)，T表示双绞线。1998—1999年，IEEE先后建立了802.3z和802.3ab千兆位以太网工作组。通过千兆以太网，局域网技术从桌面延伸至校园网及城域网。2002年获批了万兆以太网，即802.3ae10G以太网，常见的有10GBASE-X和10GBASE-T。10G以太网还保留了IEEE 802.3标准规定的以太网最小和最大帧长，便于升级，只是不再使用铜线，而只使用光纤作为传输媒体。

另外，随着云计算互连市场，尤其是在“私有云”的互联方案中，以太网交换机被更多地定位为数据中心互连设备，被众多的区域、国家，甚至国际客户选择运用。以太网还在车载网方面有很大的应用空间，如用在汽车的控制系统中，以提升汽车内部的通信。以太网还被运用到高速传输自动驾驶、自动播放视频、自动录像等场合当中。

工业以太网的发展速度也相当快，许多现场总线用户正在转向以太网应用。无论是旧设施的升级，还是新工厂的建设，客户都会大量使用工业以太网来升级他们的系统。在过程自动化领域中，工业以太网已成为控制层骨干网的首选，并逐渐向设备层迁移。尤其是发电、输配电以及交通运输，成为工业以太网交换机的领先应用行业。从智能电网的实施，特别是变电站自动化，到智能化铁路、公路以及其他运输项目正越来越依赖工业以太网。工业以太网作为“工业互联网”的核心组成部分，随着“工业互联网”的快速增长，工业以太网市场规模也势必出现明显的增长趋势。2019—2026年中国工业以太网市场规模预测如图5.26所示。

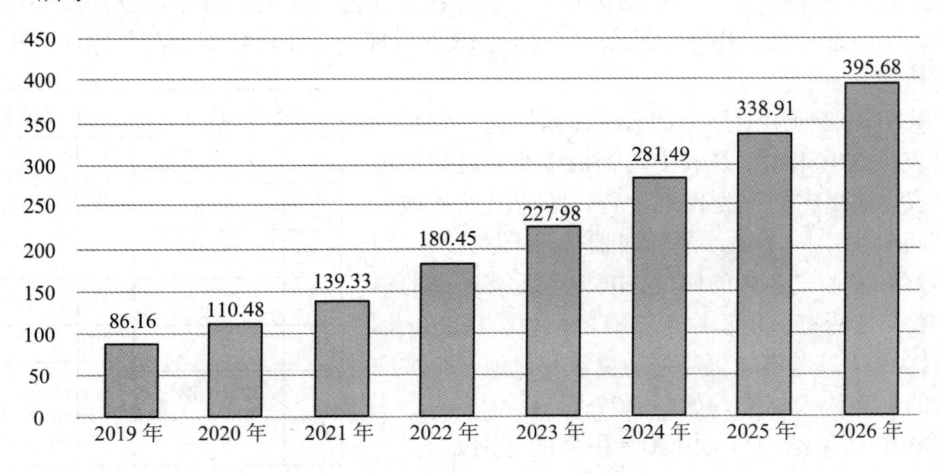

图5.26　中国工业以太网市场规模预测(单位：亿元)

5.5.5　互联网(Internet)

1. Internet的起源

Internet(互联网)是全世界最大的计算机网络，它起源于1968年美国国防部高级研究计划局(Advanced Research Project Agency，ARPA)主持研制的用于支持军事研究的计算机实验网 ARPANET。ARPANET 的设计与实现基于这样一种主导思想：网络要能够经得住故障的考验而维持正常工作，当网络的一部分因受攻击而失去作用时，网络的其他部分仍能维持正常通信。最初，网络开通时只有 4 个站点：斯坦福研究所(Stanford Research Institute，SRI)、Santa Barbara 的加利福尼亚大学(University of California，Santa Barbara，UCSB)、洛杉矶的加利福尼亚大学(University of California，Los Angeles，UCLA)和犹他大学。ARPANET 不仅能提供各站点的可靠连接，而且在部分物理部件受损的情况下仍能保持稳定，在网络的操作中可以不费力地增删节点。与当时已经投入使用的许多通信网络相比，这些网络中有许多运行不稳定，并且只能在相同类型的计算机之间才能可靠地工作，ARPANET 则可以在不同类型的计算机间互相通信。

ARPANET 的两大贡献：第一，分组交换概念的提出；第二，产生了今天的 Internet，即产生了 Internet 最基本的通信协议——TCP/IP。

1985 年，美国国家科学基金会(National Science Foundation，NSF)为鼓励大学与研究机构共享他们非常昂贵的 4 台计算机主机，希望通过计算机网络把各大学和研究机构的计算机与这些巨型计算机连接起来，于是他们决定利用 ARPANET 发展出来的称为 TCP/IP 的通信协议自己出资建立名为 NSFNET 的广域网。由于美国国家科学资金的鼓励和资助，许多大学、政府资助的研究机构，甚至私营的研究机构纷纷把自己的局域网并入 NSFNET。因此，NSFNET 在 1986 年建成后取代 ARPANET 成为 Internet 的主干网。

2. Internet 的体系结构

Internet 的主要协议是 IP 协议，其主要功能是无连接数据报传输、路由选择和差错控制。数据报是 IP 协议中传输的数据单元。数据报传输前并不与目标端建立连接即可将数据报传输，路由选择会给出一个从源到目标的 IP 地址序列，要求数据报在传输时严格按指定的路径传输。

计算机网络使用的是 TCP/IP 体系结构。它是一个协议族，TCP 和 IP 是其中两个最重要的且必不可少的协议，故用它们作为代表命名。TCP/IP 结构被形容为“两头大中间小的沙漏计时器”，因为其顶层和底层都有许多各式各样的协议，IP 位于所有通信的中心，是唯一被所有应用程序所共有的协议。TCP/IP 体系结构比 OSI 参考模型更简便、更流行，是一个被广泛采用的互连协议标准，如图 5.27 所示。

<table>
<tr><th colspan="2">OSI 参考模型</th><th colspan="2">TCP/IP 参考模型</th></tr>
<tr><td>7</td><td>应用层</td><td rowspan="3">4</td><td rowspan="3">应用层</td></tr>
<tr><td>6</td><td>表示层</td></tr>
<tr><td>5</td><td>会话层</td></tr>
<tr><td>4</td><td>传输层</td><td>3</td><td>传输层</td></tr>
<tr><td>3</td><td>网络层</td><td>2</td><td>互连层</td></tr>
<tr><td>2</td><td>数据链路层</td><td rowspan="2">1</td><td rowspan="2">网络接口层</td></tr>
<tr><td>1</td><td>物理层</td></tr>
</table>

图 5.27 OSI 与 TCP/IP 体系结构对比

TCP/IP 体系结构与 OSI 参考模型的区别如下：

(1) OSI 参考模型层次多，而 TCP/IP 体系结构更简便。

(2) OSI 参考模型把“服务”与“协议”的定义结合起来，格外复杂，软件效率低。

(3) TCP/IP 体系结构允许像物理网络的最大帧长(Maximum Transmission Unit，MTU)等信息向上层广播，这样做可以减少一些不必要的开销，提高了数据传输效率。

(4) OSI 参考模型对服务、协议和接口的定义清晰，而忽略了异种网的存在，缺少互连与互操作。

(5) OSI 参考模型只有可靠服务；而 TCP/IP 体系结构还有不可靠服务，灵活性更大。

(6) OSI 参考模型网络管理功能弱。

3. Internet 的 IP 地址

IP 地址是 IP 协议提供的一种地址格式，它为 Internet 上的每一个网络和每一台主机分配一个网络地址，以此来屏蔽物理地址(网卡地址)的差异。打个比喻，IP 地址就像房屋上的门牌号，就像电话网络里的电话号码。它是运行 TCP/IP 协议的唯一标识，网络中的每一个接口都需要有一个 IP 地址。IP 地址先后出现过多个版本，但多只存在于实验与测试论证阶段，并没有进入实用领域，得到广泛使用的只有 IPv4(Internet Protocol version 4，IP 地址的第 4 个版本协议)和 IPv6。

以 Windows 7 操作系统为例，查看 IP 地址的步骤为：双击计算机桌面的“网络”图标，打开“网络”窗口，单击“网络和共享中心”按钮，在打开的“网络和共享中心”窗口中单击“宽带连接”超链接，然后在弹出的对话框中单击“详细信息”按钮，在弹出的“网络连接详细信息”对话框中可看到详细的 IP 地址信息，如图 5.28 所示。

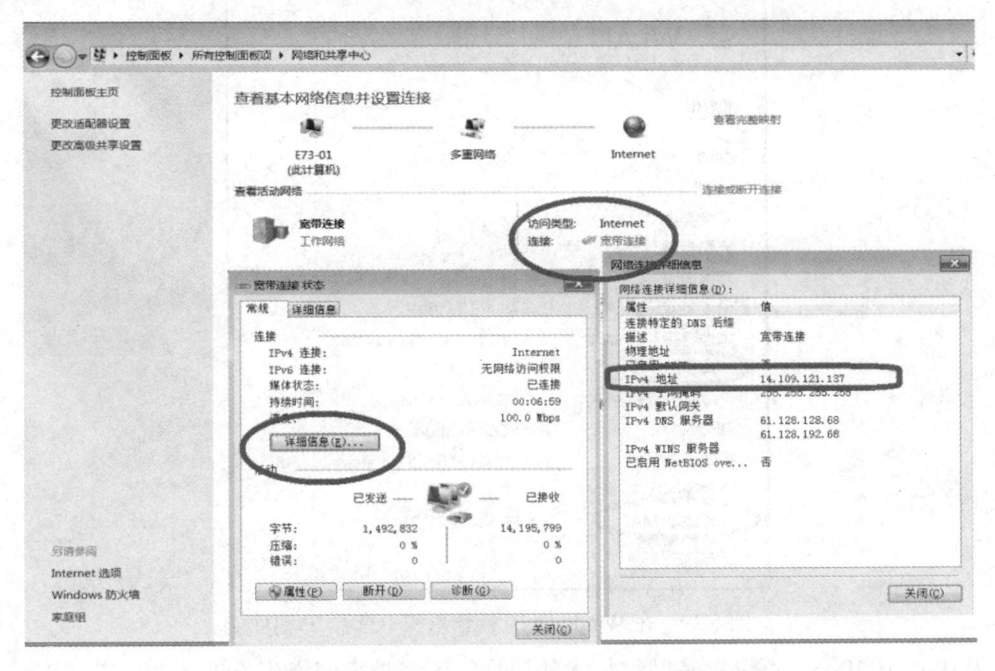

图 5.28　在 Windows 7 操作系统中查看 IPv4 地址

在 IPv4 诞生时(1983 年)，接入互联网的计算机还不到 10 万台，谁也想不到，30 年后会以数十亿计。因此，人们在 IPv4 地址的容量编排上并没有预留足够的空间。2010 年之前，世界上每天都有近 200 万个 IPv4 地址被申请走。终于，在 2011 年，IANA(The Internet Assigned Numbers Authority，互联网数字分配机构)举行了一场特别的新闻发布会：宣布 IPv4 地址池中仅剩下最后 5 个 A 级网络地址块，将不再按申请顺序，而是被平均分配到全球 5 个地区的 RIR(Regional Internet Registry，地区互联网注册中心)。这标志着 43 亿个地址已经全部分配给 RIR，人均拥有 IPv4 地址数量仅为一半多。2011 年，APNIC(Asia-Pacific Network Information Center，亚太互联网络信息中心)在全球 5 个 RIR 中率先宣布其拥有的

IPv4 资源已分配告罄。全世界互联网急需从 IPv4 向 IPv6 大转型。

IPv6 协议制定于 1995 年，1999 年各 RIR 开始分配 IPv6 地址。2011 年 6 月 8 日，ISOC(Internet Society，国际互联网协会)组织和赞助了首次全球级别的 IPv6 测试，Google、Facebook 等多家知名机构参与，并大获成功，被取名为“World IPv6 Day”。2013 年，随着中国三大电信运营商的 IPv4 地址数即将正式告罄，IPv4 向 IPv6 转变已再无退路。2019 年发布的《中国 IPv6 发展状况》白皮书中显示：全球 IPv6 用户数 6 亿多，占互联网用户的 15%，其中 3 亿为印度用户。我国已申请 IPv4 地址超 3.8 亿个，IPv6 地址 5 万多块(/32)，IPv6 活跃用户数 1.3 亿，与全球平均水平相近。预计未来 5 年，全球 IPv6 用户占比将达到 70%以上。

以 Windows 10 操作系统为例，查看 IP 地址步骤为：在电脑桌面上右击，在弹出的快捷菜单中选择“显示设置”命令，在“查找设置”栏中直接输入“WLAN”，然后选择“硬件属性”，就可看到详细的 IP 地址信息，如图 5.29 所示。

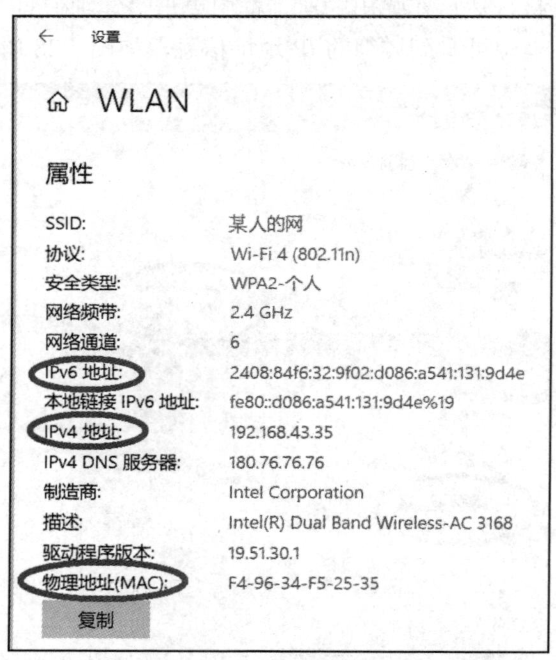

图 5.29 在 Windows 10 操作系统中查看 IP 地址

从 IPv4 到 IPv6，不仅仅是网络技术的巨变，还将带来网络生态的质变。未来 10 年中，各种各样物联网的智能终端(如智能家电、手机、PDA、传感器、网络摄像头以及 RFID 标签等)不仅将对 IP 地址资源产生巨大的需求，也将对 IP 服务性能提出更高的要求，这些只能由 IPv6 来满足和实现。

4. Internet 的核心技术

Internet 中应用层的各种协议非常多，其中由蒂姆·本尼斯李(Tim Berners-Lee) 在 1989 年提出的万维网(World Wide Web，WWW)技术成为 Internet 爆炸性发展的导火索。WWW 不是普通意义上的物理网络，而是一种信息服务器的集合标准。超链接使得 Web 上的信息不仅可按线性方式搜索，而且可交叉访问。WWW 还包含了架构起全球信息网的三大基本技术：HTTP(HyperText Transfer Protocol，超文本传输协议)、HTML(HyperText Markup Language，超文本标记语言)，以及 URL(Uniform Resource Locator，统一资源定位符)。其中，HTML 技术虽然并不是专门为互联网设计的，但是当超文本与互联网结合起来后显得如虎添翼。互联网上原本孤岛一般的众多资源，通过超文本链接成了纵横交错、相互关联、畅通可达的网络。超媒体(Multimedia Hypertext)等技术又能将本地的、远程服务器上的各种形式的文件(文本、图形、声音、图像和视频)综合在一起，形成多媒体文档。最终，WWW 成为 Internet 爆炸式发展的导火线，民众极其欢迎这种开放的信息媒体，广大商家也敏锐地看到商机，纷纷成立网站，促使相关技术继续飞速发展。

此外，蒂姆·本尼斯李还提出了 HTTP 协议。HTTP 中的超文本(Hypertext)包含超链接(Link)和各种多媒体元素标记(Markup)的文本。最常见的超文本格式是 HTML。HTTP 是一种按照 URL 指示，将超文本文档从一台主机(Web 服务器)传输到另一台主机上的应用层协议。

除此之外，DNS(Domain Name System，域名系统)协议也是网络使用必不可少的一个环节。在浏览器的地址栏里，输入 http://218.241.97.42 和输入 http://www.cnnic.net.cn(中国互联网络信息中心(China Internet Network Information Center，CNNIC)网站)所得到的结果是一样的。前者是 IP 地址，它虽然能被机器直接读取，但作为一串数字，不容易被人们记住。于是，人们给自己的网站起了好记的英文名字，称之为“域名”。然后，利用 DNS 将域名和 IP 地址对应起来。若想查询某域名对应的 IP 地址，可以在“运行”对话框的“打开”文本框中输入“cmd”，在打开的窗口中输入“nslookup+空格+域名”，就可以得到对应的 IP 地址；或者输入“ping+空格+域名”，也可以看到来自对应 IP 地址的回复。若还想查询域名的所有者等其他相关信息，可以通过 WHOIS 协议向服务器发送查询请求。该协议能从存放已注册域名的详细信息的数据库中返回域名所有人、域名注册商、注册时间、注册地点、联系电话等信息。有不少网站，如百度应用等都提供该查询服务。用 CNNIC 查询到的已注册域名的详细信息如图 5.30 所示。

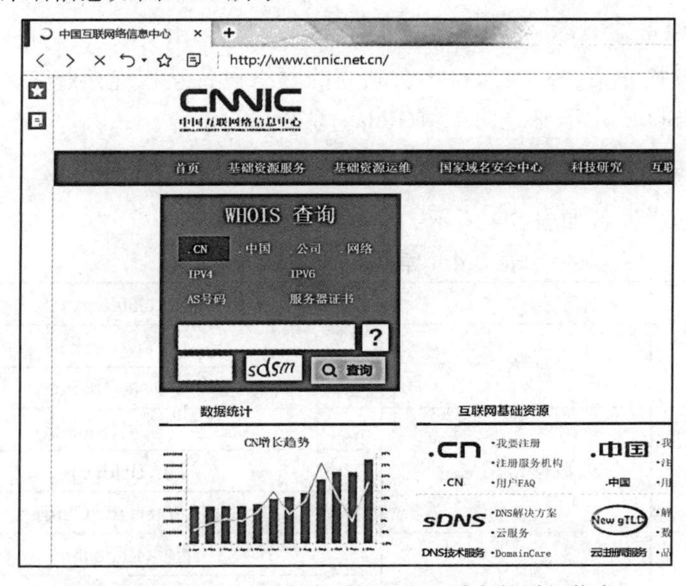

图 5.30　用 CNNIC 查询到的已注册域名的详细信息

使用电子邮件服务时，处理电子邮件的计算机称为邮件服务器，包括发送和接收两种。电子信箱实质上是邮件服务提供机构在服务器的硬盘上为用户开辟的一个专用存储空间，每个电子邮箱有一个唯一的电子邮件地址。邮件地址由用户名、@符号和电子邮件服务器名3部分组成，如Tom@163.com、123456@qq.com。

而搜索引擎则是通过使用网络蜘蛛Spider技术来实现的。该技术以某一个网址为起点，访问链接的各个网页，通过整理，提取并保存在自己的“网页索引数据库”中。用户输入搜索关键词之后，搜索引擎不是在真正搜索Internet，而是搜索这个数据库，从而快速地给出最为匹配的结果。但是Spider技术会消耗巨大流量，而且无所不在的Spider威胁到个人隐私。因此，1994年之后，又出现了Robots协议(Robots Exclusion Protocol，网络爬虫排除标准，又名爬虫规范、机器人协议等)，来规定哪些信息可以被抓取，哪些不允许，规范了网站访问限制政策(Access Policy)，保护了网站数据和敏感信息。

5. Internet的应用

CNNIC发布的第44次《中国互联网络发展状况统计报告》显示，中国网民的规模已超过了8.54亿人，普及率超过61%，人均上网时长近4小时/日。

如今的Internet继续向着“互联网+”的方向发展。“互联网+”是指传统产业互联网条件下的“在线化”和“数据化”。“在线化”是指商品、人和交易行为转移到网上的行为；“数据化”是指这些行为变成流动的数据，并且可用来分享并利用。“互联网+”行动计划将重点促进云计算、物联网、大数据为代表的新一代信息技术与现代制造业、生产性服务业等的融合创新，充分发挥互联网在生产要素配置中的优化和集成作用，将互联网的创新成果深度融合于经济社会各领域之中，提升实体经济的创新力和生产力，形成更广泛的以互联网为基础设施和实现工具的经济发展新形态。

5.5.6 网际互联设备

1. 网际互联设备的概念

市面上组网方式非常多，要想将各台独立的网络设备互相连接起来，就需要使用一些中间设备/系统，ISO的术语称之为中继(Relay)系统。

2. 常见的网际互联设备

常见的网际互联设备如表5.4所示。

表5.4 常见的网际互联设备

<table>
<tr><td>4</td><td>传输层</td><td>网关(Gateway)</td></tr>
<tr><td rowspan="2">3</td><td rowspan="2">网络层</td><td>路由器(Router)</td></tr>
<tr><td>三层交换机(Switch)</td></tr>
<tr><td rowspan="3">2</td><td rowspan="3">数据链路层</td><td>二层交换机(Switch)</td></tr>
<tr><td>网桥(Bridge)</td></tr>
<tr><td>网卡(Interface Card)</td></tr>
<tr><td rowspan="2">1</td><td rowspan="2">物理层</td><td>中继器(Repeater)</td></tr>
<tr><td>集线器(Hub)</td></tr>
</table>

在早期，集线器通常只是为了优化网络布线结构，简化网络管理。集线器相当于一种特殊的中继器，是一个能互联多个网段的转接设备；也可将几个集线器级联起来，既不放大信号，也不具备协议翻译功能，而仅仅只是起到动态分配频宽的作用。采用广播的工作模式，当集线器的某个端口工作时，其他所有端口都能收听到信息，只是非目的地网卡自动丢弃了这个不是发给它的信息包。

中继负责补偿信号衰减，以增加时延为代价，放大信号，延伸网络可操作的距离。一般情况下，中继器的两端连接的是相同的媒体，也有的中继器可以完成不同媒体间的转接，甚至将有线传输改为无线传输。但中继器不处理信号，不区分信号帧是否失效，不能过滤网络流量。

网卡又名网络适配器，是局域网中连接计算机和传输介质的接口。计算机在最初设计时根本没有考虑资源共享，网络功能是零：计算机内部是通过主板上的 I/O 总线并行传输的，而网络则是通过网线等介质串行传输的，两者的数据率也不尽相同。以太网网卡和服务器及时地弥补了计算机的这个不足，解决了微机的联网问题。

网桥(又名桥接器)却像一个聪明的中继器，可以根据信息内容来进行寻址、选择路由、帧过滤、隔离网络等。

二层交换机是一种在通信系统中自动完成信息交换功能的设备，其外形与集线器相似，相当于集线器的升级换代产品。二层交换机比网桥能连接的网段更多，比集线器能提供更多的网络管理信息。

路由器工作在第 3 层(网络层)，比网桥更了解整个网络的状态和拓扑结构，因而可以根据信道的情况，自动地、动态地选择和设定路由，以最佳路径(最短路径)按先后顺序发送信号。

随着现在局域网组件规模的增大，VLAN(Virtual Local Area Network，虚拟局域网)迅速普及，三层交换机也出现在很多公司的网络中。三层交换机可以简单地理解为“基于硬件的路由器(具有部分路由器功能) + 二层交换机”，其可以通过路由缓存来记忆路由，使需要路由的信息包只路由一次，以后再有去同一目标的包就依靠“记忆”直接转发，实现了“一次路由，多次交换”的功能。三层交换机的最重要的目的是加快大型局域网内部的数据交换，对于数据包转发、IP 路由等规律性的过程由硬件高速实现，而路由信息更新、路由表维护、路由计算、路由确定等功能由软件实现。后期又出现了四到七层交换机，可以实现过滤数据包、识别数据包的内容等更加智能化的功能。

网关则是用于两个完全不同结构的网络(异构型网络)的网际互联设备，又称协议转换器。网关工作在第 4 层(传输层)，层数高导致复杂、效率低、透明性弱，一般只能进行一对一的转换协议，或是少数几种特定应用协议转换。网关按功能可以分为 3 类：协议网关、应用网关和安全网关。

3. 网际互联设备的应用概况

在网际互联设备市场中，运营商级路由器和交换机市场竞争十分激烈。我国的互联网设备制造业实现了快速崛起，不仅满足国内发展需要，而且实现了海外拓展，高端路由器产品跻身全球市场前列。在工业和信息化部组织编写的《互联网行业“十二五”发展规划》中强调了国家政策对网际互联设备制造业的支持，强调了：支持高端服务器和核心网络设备等产业发展；研发高并发性、高吞吐量、高可靠性、高容错性的高端服务器，以及高处理能力、低成本、低能耗的超级服务器；研发低能耗高端路由器、大容量集群骨干核心路由器和虚拟化可编程路由器等核心网络设备。

另外，用户端无线智能路由器市场也拉开了大战的序幕。越来越多的互联网企业将路由器看成互联网生态圈里唯一一个软硬件结合的入口，纷纷加入了路由器等硬件产品的产生中。

5.5.7 有线电视网络

有线电视(Cable Television，CATV)，IEC(International Electro Technical Commission，国际电工委员会)又称其为电缆分配系统(Cable Distribution System)，是指利用射频电缆、光缆、多路微波或其组合来传输、分配和交换声音、图像及数据信号的电视系统。

1. 有线电视网络的构成

有线电视网络由信号源、前端、干线传输网络、用户分配网络和用户终端 5 部分组成，其基本框图如图 5.31 所示。

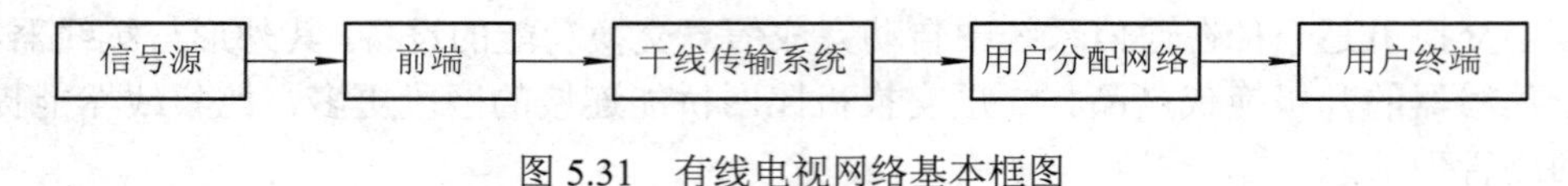

图 5.31 有线电视网络基本框图

1) 信号源

信号源是指能够提供前端系统所需信号的设备。有线电视网络的信号源包括卫星地面站接收的数字和模拟的广播电视信号、各种本地开路广播电视信号、自办节目及上行的电视信号及数据。

2) 前端

前端接收来自本地或远地的空中(开路)广播电视节目、上一级有线电视网传输的电视节目、卫星传送的广播电视节目、微波传送的电视节目以及自办节目等，并对这些信号进行接收、加工、处理、组合和控制等，主要包括提高载噪比、频道变换、邻频处理、调制与解调、抑制非线性失真、电平调节与控制、混合和产生导频信号。

传统有线电视前端的设备主要有天线放大器、频道转换器、频道处理器、电视调制器、导频信号发生器、混合器等。现代电视的前端由模拟和数字两大部分组成，其中模拟部分的组成与传统的前端完全一样；而数字部分体现了现代前端的特点，包括基本业务、扩展业务、增值业务等综合业务通道，由数字电视和数据信息两个模块构成。

3) 干线传输系统

干线传输系统是把前端输出的高频电视信号，通过传输媒体不失真地传输给用户分配网络。干线传输系统的主要传输媒介有电缆、光缆和微波等几种。在过去传统的有线电视系统中，干线传输采用同轴电缆；现代有线电视系统采用光缆、微波、光缆+微波和微波+光缆等模式。

4) 用户分配网络

用户分配网络是有线电视传输系统当中网络传输的最后部分，用于把从前端传来的信号分配给千家万户，包括支线放大器、分配器和分支器。不管是传统的有线电视网络，还是 HFC 网络，都是通过同轴电缆网无源传送给用户设备。

2. 有线电视网络的双向改造

目前对有线电视网络的双向改造主要是传输网络和用户分配网络，重点是用户分配网络的双向改造。常见的有线电视分配网络双向改造的方案主要有 CM 方案(见图 5.32)、EPON 方案和 FTTH 方案。

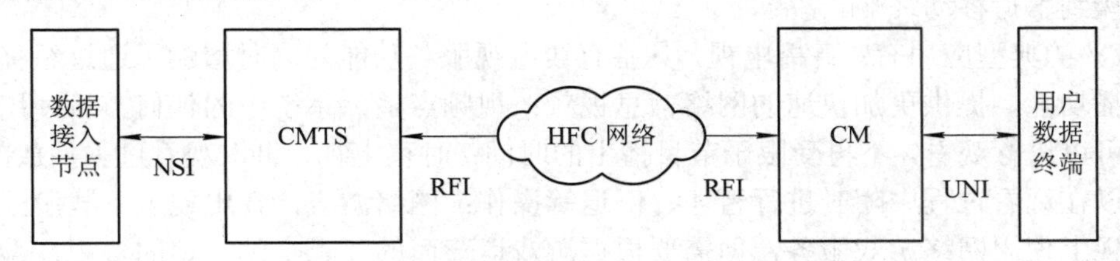

图 5.32　有线电视网络 CM 双向改造方案

随着新技术在有线电视网络中的应用，有线电视网络从单一的传输广播电视业务扩展到集广播电视业务、HDTV 业务、付费电视业务、实时业务(包括传统电话、IP 电话、电缆语音业务、电视会议、远程教学、远程医疗)、非实时业务(Internet 业务)、VPN 业务、宽带及波长租用业务为一体的综合信息网络。HFC 就是一种宽带综合业务数字有线电视网络新技术。

HFC 是一种经济实用的综合数字服务宽带网接入技术。其核心思想是利用光纤替代干线或干线中的大部分段落，剩余部分仍维持原有同轴电缆不变。其目的是将网络分成较小的服务区，每个服务区都有光纤连至前端，服务区内则仍为同轴电缆网。HFC 通常由光纤干线、同轴电缆支线和用户配线网络 3 部分组成，从有线电视台出来的节目信号先变成光信号在干线上传输，到用户区域后把光信号转换成电信号，经分配器分配后通过同轴电缆送到用户。

3. 有线电视网络的发展方向

展望未来，有线电视网络将突破传统电视业务的范围，向着宽带化、交互性和移动性等方向发展，还会与物联网等新兴技术相结合，产生新的应用。

其中，家庭物联网是下一代广播电视网络(Next Generation Broadcasting Network，NGB)发展的必然趋势。NGB 的发展目标是，10 年发展 2 亿用户，加速形成与电信网公平竞争的态势。将有线通信与无线通信结合，使“智慧”家庭发展为家庭物联网，即从数字电视发展成家庭网络。从终端上看，从机顶盒向家庭网关发展，而且逐渐把家庭中的各类娱乐设施，甚至把各类电器、开关、电子产品，通过新型宽带无线接入技术连接起来，形成家庭物联网。

NGB 向物联网发展是广播电视网络必然的发展趋势，为未来广播电视网络发展提供了一种思路。而有线网络的高宽带、高清呈现能力、安全稳定、可靠等特点，无疑使其具备了一定的优势。

4. 下一代有线电视网络的发展近况

随着互联网的普及，现在更多的家庭选择了 IPTV(Internet Protocol Television)。这是一种交互式网络电视，集 Internet、多媒体、通信等多种技术于一体，利用宽带网络作为基础设施，以家用电视机、个人计算机、手机等便携终端作为主要显示终端，通过 IP 向用户提供包括数字电视节目在内的多种交互性多媒体业务。

IPTV 用户接收终端负责接收、处理、存储、播放、转发视音频数据流文件和电子节目导航等信息。IPTV 系统的用户终端一般有 3 种接收方式：第 1 种，通过 IP 网络直接连接到计算机终端；第 2 种，通过 IP 网络连接到 IP 机顶盒和电视机；第 3 种，通过移动通信网络连接到手持移动终端。

IPTV 的典型应用有：直播电视，具备有线电视服务功能的同时增加了通过组播方式实现的直播功能，提供更加快速的网络信息视频；视频点播，系统中的任何节目使用遥控器操作就可以进行观看，不再受限于节目播出的时间；时移电视，可以观看过去播放的节目，并且可以在观看过程中随时进行暂停、倒退等操作；网络游戏，在电视上下载游戏软件后能在电视上使用网络游戏服务，但需要根据游戏运营商的要求交纳一定的费用；准点视频点播，利用组播技术，相同的视频信息因为时间上的交错在其他频道可以点播，更加方便客户观看视频；电视上网，IPTV 技术实现了人们用电视上网的想法，满足了人们的上网需要，可提供基本的网络信息获取功能。

IPTV 技术的进步使宽带业务与数字化电视相结合，从而产生更多的便捷应用，提升用户的体验，使网络电视更加具有互动性、更加人性化。

5.5.8 专用网络

专用网络是集信息服务、应用和计算机网为一体的现代通信网络，是由电信网和计算机网共同形成的有机整体。从网络的物理结构上看，它由现代通信系统组成。从点线组成网的规律来分析，专用网络与公用网络的传输线没有区别，都采用两种传输方式(介质)：一种是电缆或光纤的有线传输方式，也可用其他金属线，如电力线等；另一种为无线传输方式(电磁波或红外光波)。这两种传输方式在节点或端点方面存在区别，其中区别较大的是用户终端，即端节点。专用网络的端节点不只局限于固定电话、手机、电视机、计算机等，而是扩展到工作平台，如传感器、检测仪器仪表、监控显示设备、控制器、驱动器、执行器以及其他用来完成或处理特殊业务或特殊功能的终端设备。

专用网络一般不提供面向公众的用户服务，而是面向机器或设备等特殊用户的。

1. 电子政务

电子政务是在现代计算机、网络通信等技术支撑下，政府机构日常办公、信息收集与发布、公共管理等事务在数字化、网络化的环境下进行的国家行政管理形式。它包含多方面的内容，如政府办公自动化、政府部门间的信息共建共享、政府实时信息发布、各级政府间的远程视频会议、公民网上查询政府信息、电子化民意调查和社会经济统计等。

电子政务最重要的内涵是运用信息及通信技术打破行政机关的组织界限，建构一个电子化的虚拟机关，使人们可以从不同的渠道获取政府的信息及服务，而不是传统的经过层层关卡书面审核的作业方式；而政府机关间及政府与社会各界之间也经由各种电子化渠道进行相互沟通，并依据人们的需求、可以使用的形式、要求的时间及地点提供各种不同的服务选择。电子政务基本架构的规划包括应用、服务及网络通道这 3 个层面。

电子政务的应用将主要体现在以下方面。

(1) 电子商务：在以电子签名(Certificate Authority，CA)等技术构建的信息安全环境下，推动政府机关之间、政府与企业之间以电子数据交换技术(Electronic Data Interchange，EDI)进行通信及交易处理。

(2) 电子采购及招标：在电子商务的安全环境下，推动政府部门以电子化方式与供应商联系，进行采购、交易及支付处理作业。

(3) 电子福利支付：运用电子数据交换、磁卡、智能卡等技术，处理政府各种社会福利事务，直接将政府的各种社会福利金支付给受益人。

(4) 电子邮递：建立政府整体性的电子邮递系统，并提供电子目录服务，以增进政府之间及政府与社会各部门之间的沟通效率。

(5) 电子资料库：建立各种资料库，并为人们提供方便的网络获取方式。

(6) 电子公文：公文制作及管理实现计算机化操作，并通过网络进行公文的发布，确保用户能随时随地浏览到。

(7) 电子税务：在网络或其他渠道上提供电子化表格，为人们提供从网络上报税的功能。

(8) 电子身份认证：以一张智能卡集合个人的医疗资料、个人身份证、工作状况、个人信用、个人经历、收入及缴税情况、公积金、养老保险、房产资料、指纹等身份识别信息，通过网络实现政府部门的各项便民服务程序。

在各国积极倡导的“信息高速公路”的应用领域中，“电子政务”被列为第一位，可见政府信息网络化在社会信息网络化中的重要作用。在政府内部，各级领导可以在网上及时了解、指导和监督各部门的工作，并向各部门做出各项指示，这将带来办公模式与行政观念上的一次革命；各部门之间可以通过网络实现信息资源的共建共享联系，既提高办事效率、质量和标准，又起到节省政府开支等作用。

2. 电力信息网

电力信息网实现了电力信息化，建设了高效能、高质量的宽带多用途电力信息网络。它是基于网络化的电力生产、电力控制、电力市场的，集办公、语音等信息服务为一体的专用宽带信息网络。其主干网主要由SDH光传输系统自愈环网组成。

电力信息城域网是电力信息通信骨干网络在各地市覆盖范围内的延伸，主要用于地区多种电力信息业务的承载，是“信息网络化、业务流程化”的基础，具有信息化神经末梢的作用。其从组网功能结构上可分为核心层、汇聚层、接入层。为了满足电力信息安全防护的要求，可以使用MPLS VPN技术隔离各种业务，各业务网络共用同一套物理网络，但是逻辑上相互独立，这样既有利于各种业务的开展，也使得网络管理更加方便。

3. 交通信息网

智能交通系统是兼有陆地、空中的指挥、监视、调度、语音为一体的主体信息网，如城市交通监控网、高速公路信息网、GPS等卫星导航系统、交通管理信息网等。

近年来，各地都在不遗余力地推进智能交通的建设，并将它作为发展的重要目标。北京市投资几十亿元提升智能交通。上海市在世博会结束后，把世博会期间的交通信息共享机制和交通协调机制延续下去，整合各部门的相关交通信息，经过智能处理后，给广大市民出行带来更多帮助。重庆则启动了“重庆市交通公众出行服务网”(https://jtj.cq.gov.cn)和“重庆市交通网上办事大厅”，与“掌上交通”手机客户端、交通广播、重庆交通微博微信、交通服务热线共同构成五位一体的信息化服务网络。市民不仅能在网上直观查询到实时路况、火车余票等交通信息，还能享受到网上购票、失物招领等便民服务，并且每 5 分钟更新一次信息。

4．工厂自动化网络体系结构

工业自动化系统中广泛采用工业控制计算机、可编程控制器、可编程调节器、采用嵌入式技术的智能设备等进行自动化生产。由于工业现场的特殊性，对网络往往有特殊的要求。例如，图 5.33 所示的某工厂自动化网络体系就在保密性方面提出了高于普通网络的需求。

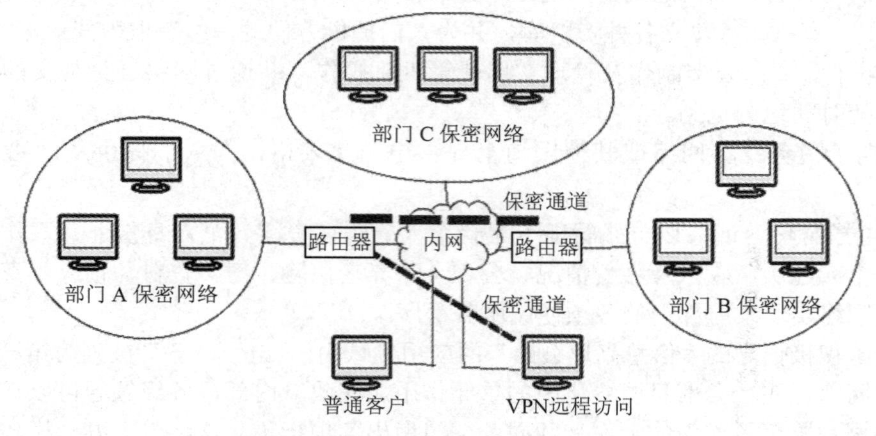

图 5.33　企业内部网络

无线传感器网络的快速成长受益于其可靠度符合大多数工业级应用的需求，工业系统专用的无线传感器网络标准问世，以及无线传感器网络的效益逐渐受到重视。在整合芯片解决方案的价格日趋亲民化后，各种无线传感器网络的全新用途、解决方案和应用纷纷推出，不仅为许多产业带来庞大的效益，同时也逐渐从本质上改变了不同产业一贯的运作方式。基于未来广阔的市场前景，我国政府在国家“十一五”规划和《国家中长期科技发展规划纲要》中将“传感网络及信息处理”列入其中，国家 863、973 计划中也将 WSN(Wireless Sensor Network，无线传感器网络)列为支持项目。此外，国家自然科学基金、各省市和大型企业等也都有资助，为 WSN 的快速发展创造了条件。

同时，无线产品价格的下降也促进着企业将有线网络转化为无线网络，或两者同时使用。尤其是在现在的经济形势下，无线网络的初期投入要低于有线网络。例如，一个污水处理厂从离中控室几百米的地方汲水，用无线网络能节省大量的费用；还有状况监视，应用无线网络也能减少部件费用，如用于监视旋转功能的集电环在无线条件下就无须购买，可以用一个无线传感器代替。因此，许多工厂开始专门定制适合工厂环境的坚固耐用的无线产品。这些公司通过选用正确的基础设施和无线技术，提高其工业网络的性能。无线技术将是下一个技术腾飞的基础，可大大提升工厂效能并保证用户的安全。

5．校园网

校园网是广泛建立在各大中小学的计算机通信网(千兆以太网)。通过校园网，可将学校范围内的教室、实验室、教师和学生宿舍、各部门办公室等的数千台计算机连接起来，教师、学生可以实现学籍管理、选课、网上查阅资料、发布或查看通知等各项教学活动。

校园网是一个庞大而复杂的局部网络，特别是各大专院校的校园网已经非常健全，通常都加入了中国教育和科研计算机网(China Education and Research Network，CERNET)，实现了高校之间的互连互通。同时，高校一般还会选用第二条带宽出口，通常为当地的运营商(如联通、电信等)。上国内站点或是教育网站点时，使用 CERNET 出口；上国际站点时，使用运营商出口。

以上海为例，在上海的众多高校中，同济大学和华师大的网速水平位于前列，校方较早和运营商合作，在校园中建设了光纤宽带网络。同济大学中使用光纤宽带的学生用户比例在上海高校中数一数二，2012 年运营商主要提供 10 Mb/s 宽带，2013 年则提升至 20 Mb/s。而复旦大学则在 2013 年 12 月对校园网出口进行改造，进一步优化和提升了网络功能，为全校近 3 万在校学生和 5800 名教职工提供将近 10 Gb/s 的流量服务。

同时，我国在校大学生也是“网购大军”的重要力量，是在线购物增长最快的群体之一。 00 后大学生也是移动互联网产品最庞大的用户群体，86%的 00 后大学生通过手机上网，其次才是笔记本电脑和台式电脑，分别是 79%和 40%。相比之下，普通网民只有 66%使用移动设备接入互联网。00 后大学生在移动互联网上所花的时间是一般城市居民所花时间的 2 倍。

5.5.9　支撑网

支撑网保障了业务网的正常运行，增强了网络功能，提高了网络服务质量，通过传送相应的监测、控制和信令等信号，对网络的正常运行起支持作用。

根据所具有的不同功能，支撑网可分为信令网、同步网和管理网，如图 5.34 所示。信令网用于传送信令信号，同步网用于提供全网同步时钟，管理网则利用计算机系统对全网进行统一管理。

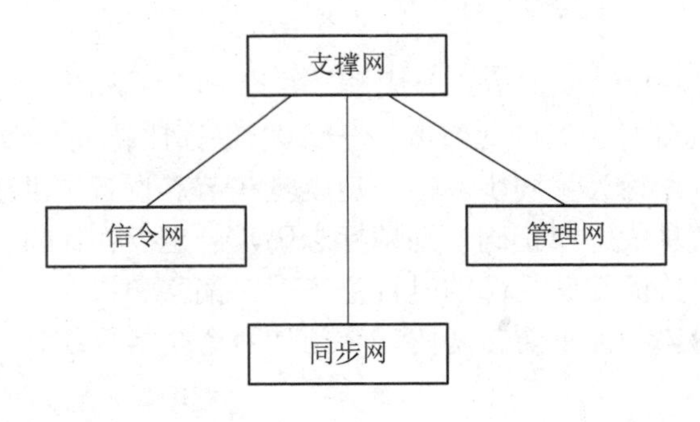

图 5.34　支撑网的构成

1. 信令网

在固定电话网中，信令网就是由完成一次通信接续必需的各种信号所构成的信号系统，专门用来实现网络中各级交换局之间的信令信息的传递。随着本地电话网络向 IP 化演进的步伐，信令网也开始向 IP 方向发展。

“微信导致了信令风暴”的新闻曾一度引发了人们的讨论。因为在只有语音和短信的时代，信令通道是够用的。但如今的微信等业务为了保持永远在线的状态，各种应用客户端会与服务器之间定时通信，告知对方自己的状态。这种定时发送类似于心跳，所以每次发送的命令被形象地称为“心跳包”。微信只要为登录状态就会时刻发出“心跳信号”，实际上占用了信令通道。流量的建立和释放一般是通过信令信道承载的，这会带来大规模小数据量的频繁交互，大量消耗信令信道资源，导致信令量的增幅远大于业务流量的增幅。这些应用会周期性地向应用服务器发送报文，以保证用户永远在线的状态，引起已释放的连接重建。根据统计，智能终端上这类软件所引发的无线信令流量是传统非智能终端的10倍以上。2012年12月，腾讯CEO马化腾回应道：“对信令的占用更多是传统2G、2.5G网络，而3G网络上应该游刃有余。”

在网络优化中，三大运营商为了缓解流量压力，一直实施“多重建网”模式，将2G、3G、WLAN及4G、5G作为一张网进行统筹考虑，发挥多种网络制式各自的优势，相辅相成，尽力为用户提供高数据业务需求服务。

2．同步网

同步网是保障数字通信网中各部分协调工作所必需的。数字网中相互连接的设备上，其信号都应具有相同的时钟频率。

同步网设备主要是指节点时钟设备，主要包括独立型定时供给设备和混合型定时供给设备。

独立型定时供给设备是数字同步网的专用设备，主要包括各种原子钟、晶体钟、大楼综合定时系统(Building Integrated Timing System，BITS)以及由GPS等组成的定时系统。混合型定时供给设备是指通信设备中的时钟单元，它的性能满足同步网设备指标要求，可以承担定时分配任务，如交换机时钟、数字交叉连接设备(Digital Cross Connect Equipment，DXC)等。

同步网的网同步方式有主从同步和互同步。我国同步网采用等级主从同步方式并采用四级结构。

1) 帧同步

在数字信息传输过程中，要把信息分成帧，并设置帧标志码。因此，在数字通信网中，除了传输链路和节点设备时钟源的比特率应一致(以保证比特同步)外，还要求在传输和交换过程中保持帧的同步，称为帧同步。帧同步就是在节点设备中准确地识别帧标志码，以正确地划分比特流的信息段。要正确识别帧标志码，一定要在比特同步的基础上。如果交换系统接收到的数字比特流与其内部的时钟位置存在偏移和错位，就会造成帧同步脉冲的丢失，产生帧失步和滑码。为了防止滑码，必须使两个交换系统使用某个共同的基准时钟速率。

2) 主从同步方式

主从同步方式是在网内某一主交换局设置高精度和高稳定度的时钟源，并以其作为主基准时钟的频率，控制其他各局从时钟的频率，即数字网中的同步节点和数字传输设备的时钟都受控于主基准的同步信息，所有时钟都跟踪于某一基准时钟，通过将定时基准从一个时钟传给下一个时钟来取得同步的同步方式。主从同步方式可分为直接主从和等级主从同步。

主从同步方式中的时钟源由于关系到国家核心利益，因此发达国家纷纷加大投入，研制改进了一代又一代的原子钟。中国计量科学研究院(National Institute of Metrology，NIM)自主研制的“NIM5 号可搬运激光冷却铯原子喷泉钟”精度可达 10^{-15}，即 3000 万年不差 1 秒，为中国北斗卫星的地面时间系统提供了精确的计量支持。北斗三号卫星使用的星载铷原子钟，其授时精度可达到百亿分之三秒，可提供分米级定位。而如今正在研制的 NIM6 铯原子喷泉钟，更是精准度有望达到 1 亿年不差一秒。

3) 互同步方式

互同步方式是在网内不设主时钟，由网内各交换节点的时钟相互控制，最后调整到一个稳定的、统一的系统频率上，实现全网时钟同步。

对于大铯钟这样的一级时间标准，世界上只有少数几个国家的时频实验室拥有，而且有的还不能长期可靠地工作。但是，对于世界上大多数没有大铯钟的实验室，其也可以有自己的时间尺度。这些数字网中虽然没有特定的主节点和时钟基准，但可以用网中每一个节点的本地时钟通过锁相环路受所有接收到的外来数字链路定时信号的共同加权控制。因此，节点的锁相环路是一个具有多个输入信号的环路，而相互同步网构成将多输入锁相环相互连接的一个复杂的多路反馈系统。在相互同步网中各节点时钟的相互作用下，如果网络参数选择得合适，网中所有节点时钟最后将达到一个稳定的系统频率，从而实现全网的同步工作。

通常用多台商品型铯钟构成平均时间尺度，小铯钟越多，时间尺度的稳定性就越好。有了这样高稳定度的时间尺度，也可以满足国防、科研、航天等方面的急需。例如，国家授时中心就是通过用几十台铯原子钟组成的“守时钟组”，并通过卫星与世界各国授时部门进行实时比对，用以作为我们的地方原子时尺度，其稳定度为 10^{-14}。国外有的实验室甚至有几十乃至几百台小铯钟。

4) 同步网的市场发展

随着 5G 产业的发展，其投资热潮将惠及上下游公司，包括同步网。世界各地的科学家还为同步网的核心设备研制了镱、铝、汞和锶等原子钟。时间频率基准关系到国家核心利益，因此发达国家纷纷加大投入研制改进的原子钟。例如，GPS 的时间体系就全部依赖美国军方原子时钟，并溯源到美国标准技术院 NIST 的铯原子喷泉钟。GPST(GPS 时)的原点定于在 1980 年 1 月 6 日协调时 UTC 的 00:00 时。

3. 电信管理网

1) 电信管理网的特点

当前电信管理网正处在迅速发展的过程中，网络的类型、网络提供的业务不断地增加和更新。归纳起来，电信管理网的发展具有以下特点：

(1) 网络的规模变得越来越大；

(2) 网络的结构变得复杂，形成一种复合结构；

(3) 各种提供新业务的网络发展迅速；

(4) 在同一类型的网络上存在着由不同厂商提供的多种类型的设备。

2) 电信管理网的功能

电信管理网(Telecom Management Network，TMN)从三个方面定界了电信网络的管理，即管理业务、管理功能和管理层次。电信管理网可以实现以下管理功能：

(1) 性能管理：对网络的运行管理，包括性能监测、性能分析、性能控制。

(2) 故障管理：可以分为故障检测、故障诊断和定位、故障恢复。

(3) 配置管理：对网络中通信设备和设施的变化进行管理，如通过软件设定来改变电路群的数量和连接。

(4) 计费管理：首先采集用户使用网络资源的信息(如通话次数、通话时间、通话距离)，然后把这些信息存入用户账目日志以便用户查询，同时把这些信息传送到资费管理模块，以使资费管理部分根据预先确定的用户费率计算出费用。

(5) 安全管理：保护网络资源，使网络资源处于安全运行状态。安全是多方面的，如进网安全保护、应用软件访问安全保护、网络传输信息安全保护等。

随着电信技术的飞速发展、电信业务的不断丰富，电信网规模越来越大，设备种类越来越多。为了降低成本，运营商在网络中引入了多厂家设备，从而使网络越来越复杂。为使网络可以快速、灵活、可靠、高质量地向用户提供电信业务，就需要先进的技术和高度自动化的管理手段进行网络管理。管理网作为电信支撑网的一个重要组成部分，建立在传送网和业务网之上，并对通信设备、通信网络进行管理。

5.5.10 三网融合

现代通信网主要有电信网、广播电视网和计算机网 3 种类型。三网融合是指电信网、计算机网和广播电视网三大网络通过技术改造，能够提供包括语音、数据、图像等综合多媒体的通信业务。三网融合是为了实现网络资源的共享，避免低水平的重复建设，形成适应性广、容易维护、费用低的高速宽带的多媒体基础平台。

三网融合从概念上可以从多种不同的角度和层面去观察和分析，至少涉及技术融合、业务融合、市场融合、行业融合、终端融合、网络融合乃至行业规制和政策方面的融合等。三网融合实际是一种广义的、社会的说法，从分层分割的观点来看，目前主要指高层业务应用的融合，主要表现为技术上趋向一致，网络层上可以实现互联互通，业务层上互相渗透和交叉，应用层上趋向使用统一的 TCP/IP，行业规制和政策方面也逐渐趋向统一。融合并没有减少选择和多样化，相反，往往会在复杂的融合过程中产生新的衍生体。三网融合不仅是将现有网络资源有效整合、互联互通，而且会形成新的服务和运营机制，并有利于信息产业结构的优化，以及政策法规的相应变革。融合以后，不仅信息传播、内容和通信服务的方式会发生很大变化，企业应用、个人信息消费的具体形态也将会有质的变化。

三网融合应用广泛，遍及智能交通、环境保护、政府工作、公共安全、平安家居、智能消防、工业监测、老人护理、个人健康等多个领域。

思 考 题

1. 简述交换的基本作用和目的。
2. 简述 IP 交换的基本特点。
3. 简述信息网络拓扑结构类型及其特点。

4. 简述目前我国固定电话网络结构。
5. 简述互联网的含义及其特点。
6. 以 GSM 系统为例，简述移动通信网络的基本结构。
7. 简述“三网融合”的基本思想。

第 6 章　物联网体系架构

6.1　物联网的组成和基本架构

物联网是新一代信息技术的重要组成部分，其英文名称是“The Internet of things”。顾名思义，“物联网就是物物相连的互联网”，如图 6.1 所示。物联网包含两层意思：第一，物联网的核心和基础仍然是互联网，是在互联网基础上延伸和扩展的网络；第二，其用户端延伸和扩展到了任何物品与物品之间，进行信息交换和通信。因此，物联网的定义是：通过射频识别(RFID)、红外感应器、全球定位系统(GPS)、激光扫描器等信息传感设备，按约定的协议，把任何物品与互联网相连接，进行信息交换和通信，以实现对物品的智能化识别、定位、跟踪、监控和管理的一种网络。

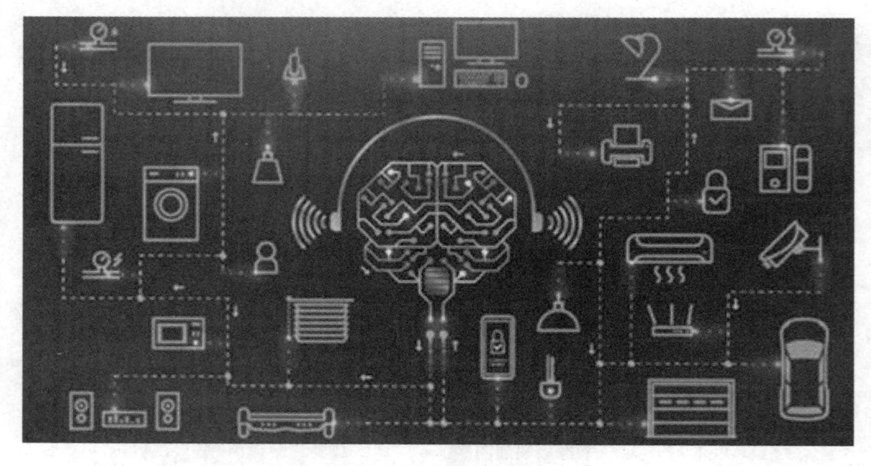

图 6.1　物联网连接万物

在现阶段，物联网是借助各种信息传感技术以及信息传输和处理技术，使管理的对象(人或物)的状态能被感知、能被识别而形成的局部应用网络；在不远的将来，物联网可将这些局部应用网络通过互联网和通信网连接在一起，形成人与物、物与物相联系的一个巨大网络，是感知中国、感知地球的基础设施。

6.1.1　物联网的组成

1. 传感器

传感器是一种物理装置或生物器官，能够探测、感受外界的信号、物理条件(如光、热、湿度)或化学组成(如烟雾)，并将感知的信息传递给其他装置或器官。

传感器在日常生活生产中很常见，它可以把一些物理量的变化变为电信号的变化。例如，话筒和扬声器就是一对语音传感器。除日常会用到的传感器之外，传感器还有很多种类。这些传感器很少被用到，因而它们的价格很高，正是这个原因阻碍了物联网的发展。传感器可以感受声、光、压力、震动、速度、质量、密度、硬度、湿度、温度、图像、语音、电波、化学物质，或是气体的流速、流量、气压、成分，或是液体的流速、流量、成分，或是固体的数量、质量、硬度等各种信息。

2. 电子标签

电子标签是 20 世纪发展起来的技术，已经获得了很多应用，如超市用于标识商品的条形码。现有的电子标签有条形码、二维码、磁卡、接触式 IC 卡、非接触卡和 RFID。

RFID(Radio Frequency Identification)即射频识别技术，又称电子标签、无线射频识别，是一种通信技术，可通过无线电信号识别特定目标并读写相关数据，而无需识别系统与特定目标之间建立机械或光学接触。

3. 电信网络

电信网络是电信系统的公共设施，是指在两个和多个规定的点之间提供连接，以便在这些点间建立电信业务和信息的节点与链路的集合。

电信网络早已为人类所使用，现在使用最多的有语音、文字、音乐、图片、图像等各种信息传输。物联网的信息传送有其独特的地方，与日常使用的语音、文字、音乐、图片、图像传输相比，物联网的信息传输更多的是小数据量的传输和特大数据量的传输。小到每月只发送几个 bit 的信息，如煤气抄表；大到连续不间断地发送大幅图像，如交通监视；而中等数据量的信息传送却比较少见，这对通信提出了新的要求。为实现高效率物联网通信，需要通信行业做出新的标准和新型接入设备，以适应物联网各种通信的需要。现有的通信网络有电缆、光缆、微波、蓝牙、红外、WiFi、移动通信(2G、3G、4G、5G)网络以及卫星网络。

4. 数据处理

物联网采集到的数据是为了满足不同需求，这些数据需要经过计算机的数据处理。这些处理通常包括汇总求和、统计分析、阈值判断、专业计算、数据挖掘。

5. 显示系统

物联网采集到的图像和信息通常需要直接显示或是经过计算后显示到计算机或者大屏幕上。常见的信息显示方式有图像、图表、曲线。

6. 报警系统

物联网采集到的信息通常需要直接报警或是经过计算机处理后报警，常见的报警形式有声、光、电(电话、短信)。报警系统指的是当所选参数偏离预先设定的限度值时能进行报警的系统。

7. 控制执行系统

有一些物联网不仅被要求采集信号、处理信号、存储信号，还被要求发出控制指令，该指令经过网络指挥指定的预设执行装置，同时通过指定预设执行装置的指令执行行动以达到控制系统的目的。

6.1.2 物联网的基本架构

物联网的基本架构包括感知层、网络层和应用层，如图 6.2 所示。

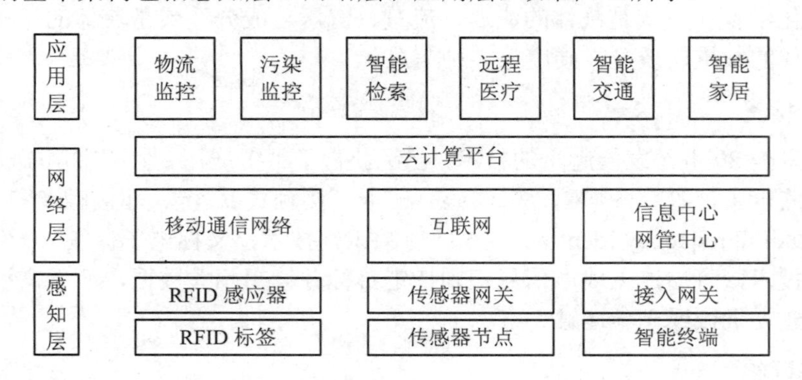

图 6.2 物联网体系架构

1. 感知层

数据采集与感知主要用于采集物理世界中发生的物理事件和数据，包括采集各类物理量、标识、音频、视频数据。物联网的数据采集涉及传感器、RFID、多媒体信息采集、二维码和实时定位等技术。传感器网络组网和协同信息处理技术用来实现由传感器、RFID 等数据采集技术所获取数据的短距离传输、自组织组网以及多个传感器对数据的协同信息处理过程。

2. 网络层

网络层实现更加广泛的互联功能，能够把感知到的信息无障碍、高可靠性、高安全性地进行传送，需要传感器网络与移动通信技术、互联网技术相融合。经过近 20 年的快速发展，移动通信、互联网等技术已比较成熟，基本能够满足物联网数据传输的需要。

3. 应用层

应用层主要包含应用支撑平台子层和应用服务子层。其中应用支撑平台子层用于支撑跨行业、跨应用、跨系统之间的信息协同、共享、互通功能，应用服务子层包括智能交通、智能医疗、智能家居、智能物流、智能电力等行业应用。

6.2 感知层

6.2.1 感知层的功能

1. 物联网的“物”

物联网的“物”指的是有相应的信息接收器和发送器、数据传输通路、数据处理芯片、操作系统、存储空间等，遵循物联网的通信协议，在物联网中有可被识别的标识。

自然物品需要相应的物联网设备，具体来说就是嵌入式系统、传感器、RFID 等才得以成为满足物联网的“物”。

2. 感知层的功能

感知层的功能一般包括数据采集和数据短距离传输两部分，即首先通过传感器、摄像头等设备采集外部物理世界的数据，通过蓝牙、红外、ZigBee、工业现场总线等短距离有线或无线传输技术进行协同工作或者传递数据到网关设备；也可以只有数据的短距离传输这一部分，特别是在仅传递物品的识别码的情况下。实际上，感知层这两个部分的功能有时很难明确区分开。

6.2.2　感知层的关键技术

感知层需要的关键技术包括检测技术、中低速无线或有线短距离传输技术等。

具体来说，感知层综合了传感器技术、物品标识技术(RFID 和二维码)、嵌入式计算技术、智能组网技术、无线通信技术(ZigBee 和蓝牙等)、分布式信息处理技术等，能够通过各类集成化的微型传感器的协作实时监测、感知和采集各种环境或监测对象的信息。通过嵌入式系统对信息进行处理，并通过随机自组织无线通信网络以多跳中继方式将所感知信息传送到接入层的基站节点和接入网关，最终到达用户终端，从而真正实现“无处不在”的物联网理念。

6.2.3　感知层的典型应用

对于目前关注和应用较多的 RFID 网络来说，张贴安装在设备上的 RFID 标签和用来识别 RFID 信息的扫描仪、感应器属于物联网的感知层。

在这一类物联网中被检测的信息是 RFID 标签内容。高速公路不停车收费系统、超市仓储管理系统等都是基于这一类结构的物联网。感知层应用结构如图 6.3 所示。

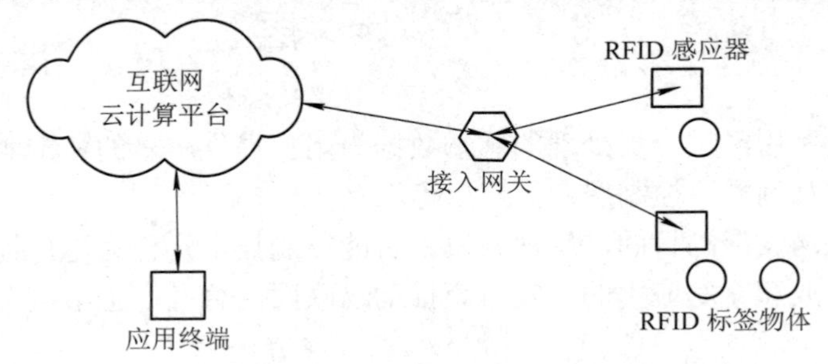

图 6.3　物联网感知层应用结构

6.3　网　络　层

物联网的网络层建立在现有的移动通信网和互联网的基础上。物联网通过各种接入设备与移动通信网和互联网相连。

网络层中的感知数据管理与处理技术是实现以数据为中心的物联网的核心技术，包括传感网数据的存储、查询、分析、挖掘、理解以及基于感知数据决策和行为的理论与技术。

云计算平台作为海量感知数据的存储、分析平台，是物联网网络层的重要组成部分，也是应用层众多应用的基础。

6.3.1 网络层的功能

网络层的功能如下：

(1) 数据传输功能。在物联网中，要求网络层能够把感知层感知到的数据无障碍、高可靠性、高安全性地进行传送，它解决的是感知层所获得的数据在一定范围内，尤其是在远距离传输时的问题。

(2) 物联网网络层将承担比现有网络更大的数据量和面临更高的服务质量要求，物联网需要对现有网络进行融合和扩展，利用新技术以实现更加广泛和高效的互联功能。

(3) 随着物联网的发展，建立端到端的全局网络将成为必须进行的网络设置。

6.3.2 网络层的关键技术

网络层的关键技术如下：

(1) 基于现有 Internet 和移动通信网的远距离有线、无线通信技术和网络技术。

(2) 综合使用 IPv6、3G/4G/5G、WiFi 等通信技术，实现有线与无线的结合、宽带与窄带的结合、感知网与通信网的结合。

(3) 网络层中的感知数据管理与处理技术是实现以数据为中心的物联网的核心技术。感知数据管理与处理技术包括物联网数据的存储、查询、分析、挖掘、理解以及基于感知数据决策和行为的相关技术。

6.4 应 用 层

物联网应用层利用经过分析处理的感知数据为用户提供丰富的特定服务。物联网的应用可分为监控型、查询型、控制型、扫描型等。

应用层是物联网发展的目的，软件开发、智能控制技术将会为用户提供丰富多彩的物联网应用。各种行业和家庭应用的开发将会推动物联网的普及，也给整个物联网产业链带来利润。

目前已经有不少物联网范畴的应用，如高速公路不停车收费系统、基于 RFID 的手机钱包付费应用等。

6.4.1 应用层的功能

应用层的主要功能是把感知和传输来的信息进行分析和处理，做出正确的控制和决策，实现智能化的管理、应用和服务。这一层解决的是信息处理和人机界面的问题。

具体地讲，应用层将网络层传输来的数据通过各类信息系统进行处理，并通过各种设备与人进行交互。这一层也可按形态直观地划分为两个子层：一个是进行数据处理的应用程序层，另一个是提供人机界面的终端设备层。

6.4.2　应用层的关键技术

物联网应用层能够为用户提供丰富多彩的业务体验，然而，如何合理高效地处理从网络层传来的海量数据，并从中提取有效信息，是物联网应用层要解决的一个关键问题。

应用层的关键技术主要有 M2M 技术、用于处理海量数据的云计算技术等。

1. M2M 技术

(1) 从狭义上来说，M2M 指将数据从一台终端传送到另一台终端，即机器与机器(Machine to Machine)的对话，只代表机器和机器之间的通信。

但从广义上来说，M2M 的应用范围并不应拘泥于此，它可代表机器对机器(Machine to Machine)、人对机器(Man to Machine)、机器对人(Machine to Man)、移动网络对机器(Mobile to Machine)以及移动网络对移动网络(Mobile to Mobile)之间的连接与通信，如图 6.4 所示。可以说，M2M 涵盖了所有实现在人、机器、系统之间建立通信连接的技术和手段。

图 6.4　广义的 M2M

目前，M2M 已经成为物联网在现阶段的最普遍的应用形式。M2M 在欧洲、美国、韩国、日本等国家和地区均实现了商业化的应用，包括安全监测、机械服务和维修业务、公共交通系统、车队管理、工业自动化、城市信息化等领域。提供 M2M 业务的主流运营商包括英国的 BT 和 Vodafone、德国的 T-Mobile、日本的 NTT-DoCoMo、韩国的 SK 等。中国的 M2M 应用起步较晚，目前正处于快速发展阶段，各大运营商都在积极研究 M2M 技术，尽力拓展 M2M 的应用市场。

(2) M2M 的三个基本特征是：数据端点(Data Endpoint，DEP)、通信网络、数据融合点(Data Integration Point，DIP)。

DEP 和 DIP 可以用于任何子系统集成。例如，一个完整的过程(X)到一个 IT 应用(Y)。图 6.5 显示了 M2M 的三要素之间的相互关系。该解决方案也被称为“端对端的 M2M”，X

和 Y 构成了事实上的功能端点。

图 6.5 M2M 三要素之间的相互关系

一般而言，一个数据端点(DEP)指的是一个微型计算机系统，一个端点连接到程序或者更高层次子系统的端点，另一个端点连接到通信网络。在大多数的 M2M 应用中都有几个 DEP。另外，一个典型的 M2M 应用只有一个(DIP)。虽说是这样，但是可以设想 M2M 应用有多个 DIP。对于 DIP 没有硬性的规定，如可以形成一个互联网服务器或特殊的软件应用在交通控制主机上。

M2M 应用的信息流也未必是面向服务器的。相反，DIP 和 DIP 之间的直接通信路线是被支持的，还有单个 DEP 之间直接和间接的联系，就像我们所熟知的 P2P(Peer-to-Peer)联系一样。

如上所述，M2M 应用的通信网络是 DEP 和 DIP 之间的中央连接部分。就物理部分来说，这种网络的建立可以使用局域网、无线网络、电话网络/ISDN 等。

2. 云计算技术

云计算是一种以数据和处理能力为中心的密集型计算模式，它融合了多项 ICT (Information and Communication Technology，信息和通信技术)技术，是传统技术“平滑演进”的产物。其中以虚拟化技术、分布式数据存储技术、编程模型、大规模数据管理技术、分布式资源管理技术、信息安全技术、云计算平台管理技术、绿色节能技术最为关键。

1) 虚拟化技术

虚拟化是云计算中重要的核心技术之一，它为云计算服务提供基础架构层面的支撑，是 ICT 服务快速走向云计算的最主要驱动力。可以说，没有虚拟化技术也就没有云计算服务的落地与成功。随着云计算应用的持续升温，业内对虚拟化技术的重视也提到了一个新的高度。与此同时，我们的调查发现，很多人对云计算和虚拟化的认识存在误区，认为云计算就是虚拟化。事实上并非如此，虚拟化是云计算的重要组成部分，但不是全部。

从技术上讲，虚拟化是一种在软件中仿真计算机硬件，以虚拟资源为用户提供服务的计算形式，旨在合理调配计算机资源，使其更高效地为用户提供服务。它把应用系统各硬件间的物理划分打破，从而实现架构的动态化，实现物理资源的集中管理和使用。虚拟化的最大好处是增强系统的弹性和灵活性，降低成本，改进服务，提高资源利用效率。

从表现形式上看，虚拟化又分两种应用模式：一是将一台性能强大的服务器虚拟成多个独立的小服务器，服务不同的用户；二是将多个服务器虚拟成一个强大的服务器，完成特定的功能。这两种模式的核心都是统一管理，动态分配资源，提高资源利用率。在云计算中，这两种模式都有比较多的应用。

2) 分布式数据存储技术

云计算的另一大优势就是能够快速、高效地处理海量数据。在数据爆炸的今天，这一点至关重要。为了保证数据的高可靠性，云计算通常会采用分布式数据存储技术，将数据存储在不同的物理设备中。这种模式不仅摆脱了硬件设备的限制，同时扩展性更好，能够快速响应用户需求的变化。

分布式数据存储与传统的网络数据存储并不完全一样，传统的网络存储系统采用集中的存储服务器存放所有数据，存储服务器成为系统性能的瓶颈，不能满足大规模存储应用的需要。分布式网络存储系统采用可扩展的系统结构，利用多台存储服务器分担存储负荷，利用位置服务器定位存储信息，不但提高了系统的可靠性、可用性和存取效率，还易于扩展。

6.5 物联网标准

物联网的基本标准众多，这里简要介绍10个基本的物联网标准、协议和技术。

1. 6LoWPAN标准

6LoWPAN是一种基于IPv6的低速无线个域网标准，即IPv6 over IEEE 802.15.4。

将IP协议引入无线通信网络一直被认为是不现实的(不是完全不可能)。迄今为止，无线网只采用专用协议，因为IP协议对内存和带宽要求较高，要降低它的运行环境要求以适应微控制器及低功率无线连接很困难。基于IEEE 802.15.4实现IPv6通信的IETF 6LoWPAN草案标准的发布有望改变这一局面。6LoWPAN所具有的低功率运行的潜力使它很适合应用在从手持机到仪器的设备中，而其对AES-128加密的内置支持为强健的认证和安全性打下了基础。

IEEE 802.15.4标准设计用于开发可以靠电池运行1～5年的紧凑型低功率廉价嵌入式设备(如传感器)。该标准使用工作在2.4 GHz频段的无线电收发器传送信息，使用的频带与WiFi相同，但其射频发射功率大约只有WiFi的1%。这限制了IEEE 802.15.4设备的传输距离，因此多台设备必须一起工作才能在更长的距离上逐跳传送信息和绕过障碍物传送。

IETF 6LoWPAN工作组的任务是定义在如何利用IEEE 802.15.4链路支持基于IP的通信的同时，遵守开放标准以及保证与其他IP设备的互操作性。这样做将消除对多种复杂网关(每种网关对应一种本地 802.15.4 协议)以及专用适配器和网关专有安全与管理程序的需要。然而，利用IP并不是一件容易的事情：IP的地址和包头很大，传送的数据可能过于庞大而无法容纳在很小的IEEE 802.15.4数据包中。6LoWPAN工作组面临的技术挑战是发明一种将IP包头压缩到只传送必要内容的小数据包中的方法。他们的答案是“Pay as you go”式的包头压缩方法。这些方法可以去除IP包头中的冗余或不必要的网络级信息，IP包头在接收时从链路级802.15.4包头的相关域中得到这些网络级信息。

最简单的使用情况是一台与邻近802.15.4设备通信的802.15.4设备将非常高效率地得到处理。整个40字节IPv6包头被缩减为1个包头压缩字节(HC1)和1字节的“剩余跳数”。源和目的IP地址可以由链路级64位唯一ID(EUI-64)或802.15.4中使用的16位短地址生成，所以8字节用户数据报协议传输包头被压缩为4字节。

随着通信任务变得更加复杂，6LoWPAN也相应调整。为了与嵌入式网络之外的设备通信，6LoWPAN增加了更大的IP地址。当交换的数据量小到可以放到基本包中时，可以在没有开销的情况下打包传送。对于大型传输，6LoWPAN增加分段包头来跟踪信息如何被拆分到不同段中。如果单一跳 802.15.4 就可以将包传送到目的地，则数据包可以在不增加开销的情况下传送；多跳则需要加入网状路由(Mesh-Routing)包头。

IETF 6LoWPAN 取得的突破是得到了一种非常紧凑、高效的 IP 实现，消除了以前造成各种专门标准和专有协议的因素。这在工业协议(BACNet、LonWorks、通用工业协议和监控与数据采集)领域具有特别的价值。最初开发这些协议是为了提供特殊的行业特有的总线和链路(从控制器区域网总线到 AC 交流电源线)上的互操作性。

几年前，这些协议的开发人员开发 IP 选择是为了实现利用以太网等“现代”技术。6LoWPAN 的出现使这些老协议把它们的 IP 选择扩展到新的链路(如 802.15.4)，因此其自然而然地可与专为 802.15.4 设计的新协议(如 ZigBee 和 ISA100.11a)互操作。受益于此，各类低功率无线设备能够加入 IP 家庭中，与 WiFi、以太网以及其他类型的设备“称兄道弟”。

随着 IPv4 地址的耗尽，IPv6 是大势所趋。物联网技术的发展，将进一步推动 IPv6 的部署与应用。IETF 6LoWPAN 技术具有无线低功耗、自组织网络的特点，是物联网感知层、无线传感器网络的重要技术，ZigBee 新一代智能电网标准中的 SEP 2.0 已经采用 6LoWPAN 技术。随着美国智能电网的部署，6LoWPAN 将成为事实标准，全面替代 ZigBee 标准。

2．AMQP 协议

AMQP(Advanced Message Queuing Protocol，高级消息队列协议)是一个提供统一消息服务的应用层标准高级消息队列协议，是应用层协议的一个开放标准，专为面向消息的中间件设计。基于此协议的客户端与消息中间件可传递消息，并不受客户端/中间件不同产品、不同的开发语言等条件的限制。Erlang 中的实现有 RabbitMQ 等。AMQP 是一个开源标准，允许不同的应用程序在任何网络和任何设备之间进行通信。AMQP 是众多商业中间件集成产品的一部分，其中包含微软的 WindowsAzure 服务总线、VMware 的 RabbitMQ 和 IBM 的 MQlight。AMQP 最初由金融部门开发，用于加快 M2M 通信，但现在已经开始在物联网项目中使用。

3．蓝牙技术

对于物联网来说，蓝牙无线通信协议主要有两种形式：一种是标准的蓝牙技术，被广泛应用于从联网冰箱到淋浴喷头再到门锁的各种智能家居设备中；另一种是低功耗蓝牙技术，通常被简称为 BLE，这种形式的蓝牙技术对受功耗限制的连接设备的大型网络更有吸引力，因为电池寿命不再是限制因素。这两种形式都在 2016 年 12 月的蓝牙 5.0 版本中得到升级，蓝牙 5.0 扩大了蓝牙设备的传输范围，提升了蓝牙设备的数据吞吐量。

4．CoAP 协议

CoAP(Constrained Application Protocol，受限制的应用协议)是一种为受限设备而设计的互联网协议，这些设备只有少量的内存空间和有限的计算能力。它是 IETF(Internet Engineering Task Force，互联网工程任务组)的 CoRE 工作组提出的，正如其名，它在数字标识和智能照明等小型设备上很有效。

5．DDS 技术规范

DDS(Data Distribution Service，数据分发服务)是对象管理组织(Object Management Group，OMG)在 HLA(High Level Architecture，高层体系结构)及 CORBA(Common Object

Request Broker Architecture，公共对象请求代理体系结构)等标准的基础上制定的新一代分布式实时通信中间件技术规范。DDS 采用发布/订阅体系架构，强调以数据为中心，提供丰富的 QoS(Quality of Service，服务质量)策略，能保障数据进行实时、高效、灵活的分发，可满足各种分布式实时通信应用需求。DDS 信息分发中间件是一种轻便的、能够提供实时信息传送的中间件技术。

DDS 技术最早应用于美国海军，用于解决舰船复杂网络环境中大量软件升级的兼容性问题，目前已经成为美国国防部的强制标准。2003 年，DDS 被 OMG 组织接受，并发布了专门为实时系统设计的数据分发/订阅标准。DDS 目前已经广泛应用于国防、民航、工业控制等领域，成为分布式实时系统中数据发布/订阅的标准解决方案。DDS 技术是基于以数据为核心的设计思想提出的，定义了描述网络环境下数据内容、交互行为和服务质量要求的标准。DDS 以数据为核心的设计思想非常贴合如传感器网络、指挥信息网等应用场景，其提供的数据传输模型能够很好地适应应用系统的开发需要。

6. NFC 技术

NFC(Near Field Communication，近场通信)是一种新兴的技术，它使得用了 NFC 技术的设备(如移动电话)可以在彼此靠近的情况下进行数据交换，是由非接触式 RFID 及互连互通技术整合演变而来的。其通过在单一芯片上集成感应式读卡器、感应式卡片和点对点通信的功能，利用移动终端实现移动支付、电子票务、门禁、移动身份识别、防伪等应用。

近场通信业务结合了近场通信技术和移动通信技术，实现了电子支付、身份认证、票务、数据交换、防伪、广告等多种功能，是移动通信领域的一种新型业务。近场通信业务增强了移动电话的功能，使用户的消费行为逐步走向电子化，建立了一种新型的用户消费和业务模式。

NFC 技术的应用在世界范围内受到了广泛关注，国内外的电信运营商、手机厂商等不同角色纷纷开展应用试点，一些国际性协会组织也积极进行标准化制定工作。据业内相关机构预测，基于近场通信技术的手机应用将会成为移动增值业务的下一个“杀手级”应用。

7. ZigBee 协议

ZigBee 是基于 IEEE 802.15.4 标准的低功耗局域网协议。根据国际标准规定，ZigBee 技术是一种短距离、低功耗的无线通信技术。这一名称(又称紫蜂协议)来源于蜜蜂的八字舞，这是因为蜜蜂(Bee)是靠飞翔和“嗡嗡”(Zig)地抖动翅膀的“舞蹈”来与同伴传递花粉所在方位信息的，即蜜蜂依靠这样的方式构成了群体中的通信网络。其特点是近距离、低复杂度、自组织、低功耗、低数据速率，主要适用于自动控制和远程控制领域，可以嵌入各种设备。简而言之，ZigBee 就是一种便宜的、低功耗的近距离无线组网通信技术。ZigBee 是一种低速短距离传输的无线网络协议，从下到上分别为物理层(Physical Layer，PHY)、媒体访问控制层(MAC)、传输层(Transport Layer，TL)、网络层(Network Layer，NWK)、应用层(Application Layer，APL)等，其中物理层和媒体访问控制层遵循 IEEE 802.15.4 标准的规定。

8. XMPP

XMPP(Extensible Messaging and Presence Protocol，可扩展的消息传递和存在协议)是一种基于标准通用标记语言的子集 XML 的协议，它继承了在 XML 环境中灵活的发展性。因此，基于 XMPP 的应用具有超强的可扩展性。经过扩展以后的 XMPP 可以通过发送扩展的信息来处理用户需求，以及在 XMPP 的顶端建立如内容发布系统和基于地址的服务等应用程序。另外，XMPP 包含了针对服务器端的软件协议，使之能与另一个客户进行通话，且叙述无误，这使得开发者更容易建立客户应用程序或给一个配置好的系统添加功能。

9. TR-069

TR-069 是由 DSL 论坛(www.dslforum.org)开发的技术规范之一，其全称为 CPE 广域网管理协议。它提供了对下一代网络中家庭网络设备进行管理配置的通用框架和协议，用于从网络侧对家庭网络中的网关、路由器、机顶盒等设备进行远程集中管理。

TR-069 协议的基本思路是利用了在新一代 Web 服务中广泛使用的基于 SOAP(Simple Object Access Protocol，简单对象访问协议)的 RPC(Remote Procedure Call，远程过程调用)方法。其会话协议使用的是 HTTP 1.1 协议，因此 TR-069 可以方便地使用在 Web 中使用的传送层安全技术，如 SSL/TLS(Secure Sockets Layer，安全套接层/Transport Layer Security，传输层安全)。

TR-069 协议栈的下面几层充分利用了现在 Internet 上广泛使用的通信协议，如 TCP、HTTP、SOAP 等。通过这些成熟的协议，ACS(Administration Server，管理服务器)和用户设备之间可以方便地建立通信的基本通道。TR-069 在 SOAP 之上定义了用于配置、查询、诊断等操作的特定的 RPC 方法，通信的两端(ACS 和用户设备)都可以通过 RPC 调用来实现某个特定功能并得到返回的结果。

用户设备和 ACS 之间的通信分为 ACS 发现阶段和连接建立阶段。在 ACS 发现阶段，用户设备需要得知 ACS 的 URL 或地址，这些信息可以是预配置在用户设备中的，也可以通过 DHCP(Dynamic Host Configuration Protocol，动态主机配置协议)的选项来传送给用户设备。一旦用户设备得到 ACS 的 URL 或地址，用户设备就可以在任何时候发起对 ACS 的连接。

在连接过程中，用户设备作为 HTTP 的客户端，其 SOAP 请求通过 HTTPPOST 发送给 ACS；而 ACS 作为 HTTP 的服务端，其 SOAP 请求通过 HTTPResponse 发送给用户设备。在每一个 HTTP 请求中可以包含多个 SOAP 请求或响应。为了确保管理配置系统的安全，TR-069 建议使用 SSL/TLS 协议对用户设备进行认证。如果不使用 SSL/TLS，也应使用 HTTP 1.1 中定义的认证方式对用户设备进行认证。

除了上面提到的方式外，TR-069 还明确了 ACS 可以向用户设备发起连接请求的规定，用于完成网络侧发起的异步配置动作等。

10. Sigfox

Sigfox 既是一种专用的窄带低功耗技术，也是一家法国公司的名字。该技术的专有性对于 LPWAN(Low-Power Wide Area Network，低功耗广域网)来说是不寻常的(尽管不是唯一的)，但 Sigfox 的商业模式与大多数其他公司不同——它想作为物联网移动运营商，为希望做物联网的企业按需提供网络覆盖。

思 考 题

1. 物联网基本架构有哪些？
2. 物联网感知层功能有哪些?
3. 简述感知层关键技术。
4. 物联网网络层功能有哪些？
5. 简述物联网应用层的功能。
6. 物联网标准有哪些？

第 7 章　物联网核心技术

7.1　自动识别技术

7.1.1　自动识别的概念

自动识别(Automatic Identification，Auto-ID)是先将定义的识别信息编码按特定的标准代码化，并存储于相关的载体中，借助特殊的设备，实现定义编码信息的自动采集，并输入信息处理系统，从而完成基于代码的识别。

自动识别技术是以计算机技术和通信技术为基础的一门综合性技术，是数据编码、数据采集、数据标识、数据管理、数据传输、数据分析的标准化手段。

7.1.2　自动识别技术系统

自动识别系统是一个以信息处理为主的技术系统，它输入将被识别的信息，输出已识别的信息。输入信息分为特定格式信息和图像图形格式信息。

1. 特定格式信息

特定格式信息就是采用规定的表现形式来表示规定的信息。图 7.1 所示为一维条形码，图 7.2 所示为二维条形码。

图 7.1　一维条形码

图 7.2　二维条形码

条形码识别的过程：通过条形码读取设备(如条形码枪)获取信息，译码识别信息，得到已识别商品的信息。

2. 图像图形格式信息

图像图形格式信息则是指二维图像与一维波形等信息，如二维图像包括的文字、地图、照片、指纹、语音等，其识别技术在目前仍然处于快速发展中，在智能手机、安全、娱乐等领域应用广泛。图 7.3 所示为一幅指纹图片。

图 7.3　指纹图片

图像图形格式信息识别的过程：指纹图片通过数据采集获取被识别信息，先预处理，再进行特征提取与选择，再进行分类决策，从而识别信息。

7.1.3　自动识别技术概述

1. 条形码技术

条形码(Bar Code)的最早记载出现在 1949 年。最早生产的条形码是美国 20 世纪 70 年代的 UPC(Univer Product Code，通用商品条形码)。EAN(European Article Number)为欧洲编码协会，后来成为国际物品编码委员会，于 2005 年改名为 GS1(Global Standards 1)。中国于 1988 年成立物品编码中心，1991 年加入 EAN；20 世纪 90 年代出现二维条形码；2002 年美国加入 EAN。

1) *条形码的概念*

条形码是由一组规则排列的条、空以及对应的字符组成的标记。“条”指对光线反射率较低的部分，“空”指对光线反射率较高的部分，这些条和空组成的数据表达一定的信息，并能够用特定的设备识读，转换成与计算机兼容的二进制和十进制信息。条形码分为一维码和二维码。

2) *条形码的编码方法*

(1) 宽度调节法：组成条形码的条或空只由两种宽度的单元构成，尺寸较小的单元称为窄单元，尺寸较大的单元称为宽单元，通常宽单元是窄单元的 2～3 倍。凡是窄单元用来表示数字 0，凡是宽单元用来表示数字 1，而不管它是条还是空，如图 7.4 所示。

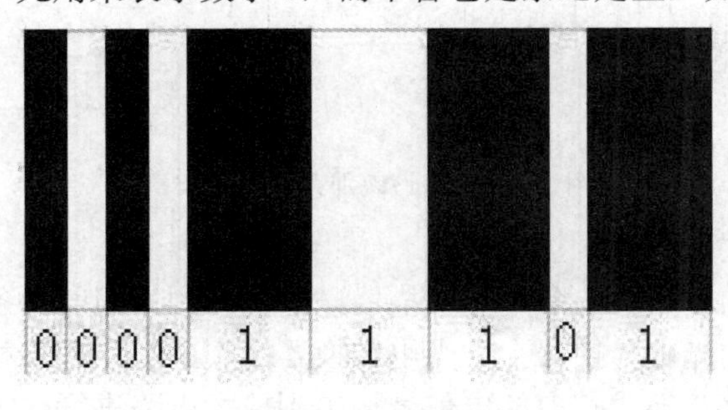

图 7.4　宽度调节法

采用这种方法编码的条形码有 25 码、39 码、93 码、库德巴码等。

(2) 模块组配法：组成条形码的每一个模块具有相同的宽度，而一个条或一个空是由若干个模块构成的，每一个条的模块表示一个数字 1，每一个空的模块表示一个数字 0。如图 7.5 所示，第一个条是由三个模块组成的，表示 111；第二个空是由两个模块组成的，表示 00；而第一个空和第二个条则只有一个模块，分别表示 0 和 1。

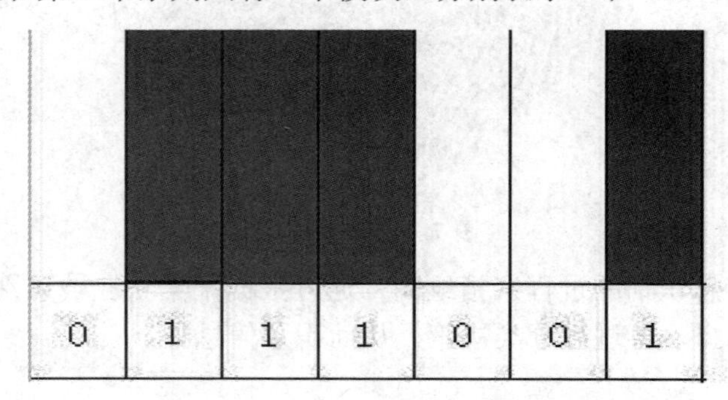

图 7.5 模块组配法

判断条形码码制的一个基本方法是看组成条形码的条空，如果所有条空都只有两种宽度，则是采用宽度调节法的条形码；如果条空具有至少三种以上宽窄不等的宽度，则是模块组配法的条形码。

3) 条形码识别系统

条形码识别系统由光学阅读系统、放大电路、整形电路、译码电路和计算机系统等部分组成，如图 7.6 所示。

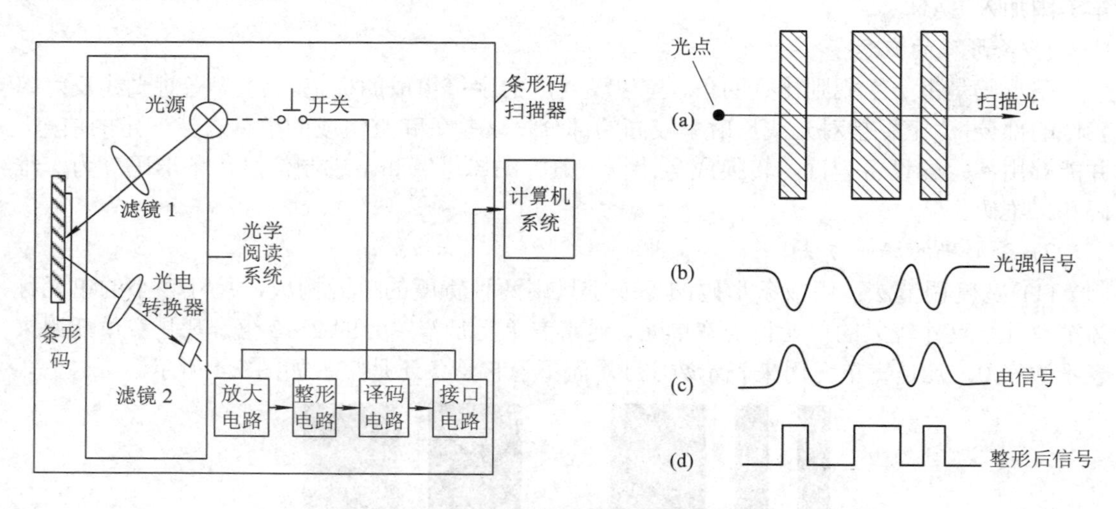

图 7.6 条形码识别系统组成架构

通常条形码识别过程如下：

当打开条形码扫描器开关，条形码扫描器光源发出的光照射到条形码上时，反射光经凸透镜聚焦后，照射到光电转换器上。光电转换器接收到与空和条相对应的强弱不同的反射光信号，并将光信号转换成相应的电信号输出到放大电路进行放大。条形码扫描识别的处理过程中信号的变化如图 7.6 所示。整形电路的脉冲数字信号经译码器译成数字、字符信息，它通过识别起始、终止字符来判断条形码符号的码制及扫描方向，通过测量脉冲数字电信号 1、0 的数目来判断条和空的数目，通过测量 1、0 信号持续的时间来判别条和空的宽度，这样便得到了被识读的条形码的条和空的数目及相应的宽度和所用的码制，根据码制所对应的编码规则，便可将条形符号转换成相应的数字、字符信息。通过接口电路，将所得的数字和字符信息送入计算机系统进行处理。

4) 各类条形码阅读设备

(1) 光笔。使用时，操作者需将光笔接触条形码表面，通过光笔的镜头发出一个很小的光点，当这个光点从左到右划过条形码时，在“空”部分光线被反射，在“条”部分光线将被吸收，因此在光笔内部产生一个变化的电压，这个电压通过放大、整形后用于译码。光笔是最先出现的一种手持接触式条形码阅读器，它也是最为经济的一种条形码阅读器，如图 7.7 所示。

(2) CCD 阅读器。CCD 阅读器比较适合近距离和接触阅读，它的价格没有激光阅读器贵，而且内部没有移动部件，如图 7.8 所示。

(3) 激光扫描仪。激光扫描仪是各种扫描器中价格相对较高的，但它所能提供的各项功能指标最高。激光扫描仪分为手持与固定两种形式：手持激光扫描仪连接方便简单，使用灵活；固定激光扫描仪适用于阅读量较大、条形码较小的场合，可有效解放双手工作，如图 7.9 所示。

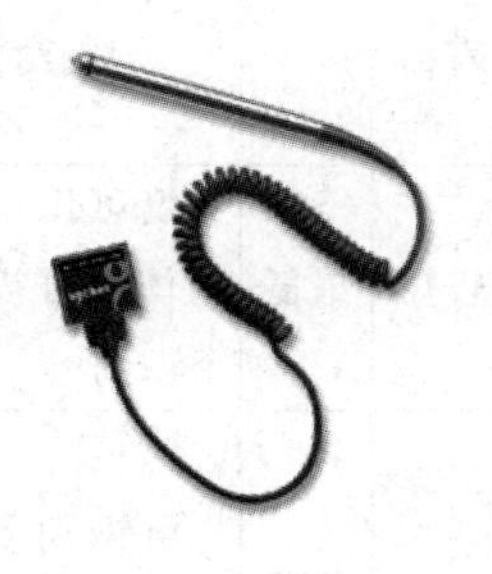

图 7.7　光笔

图 7.8　CCD 阅读器

图 7.9　激光扫描仪

(4) 固定式扫描器。固定式扫描器又称固体式扫描仪，用在超市的收银台等，如图 7.10 所示。

(5) 手持式数据采集器。手持式数据采集器是一种集掌上电脑和条码扫描技术于一体的条码数据采集设备，它具有体积小、质量小、可移动使用、可编程定制业务流程等优点，如图 7.11 所示。

图 7.10　固定式扫描器

图 7.11　手持式数据采集器

手持式数据采集器有线阵和面阵两种：线阵图像采集器可以识读一维条形码符号和堆积式的条形码符号。面阵图像采集器类似于“数字摄像机”拍静止图像，它通过激光束对识读区域进行扫描，激光束的扫描像一个照相机的闪光灯，在扫描时，二维面阵成像单元对照亮区域的反射信号进行采集。面阵图像采集器可以识读二维条形码，当然也可以在多个方向识读一维条形码。

2. RFID 技术

1) RFID 技术的概念

RFID 是一种非接触式的自动识别技术，它利用射频信号(一般指微波，即波长为 0.1～100 厘米或频率在 1～100 GHz 的电磁波)通过空间耦合实现非接触信息传递并通过所传递的信息实现识别目的。其识别过程无须人工干预，可工作于各种恶劣环境，可识别高速运动物体并可同时识别多个标签，操作快捷方便。

2) RFID 技术的特点

RFID 技术具有体积小、信息量大、寿命长、可读写、保密性好、抗恶劣环境、不受方向和位置影响、识读速度快、识读距离远、可识别高速运动物体、可重复使用等特点。RFID 和条形码的区别如表 7.1 所示。

表 7.1 RFID 和条形码的区别

技术	信息载体	信息量	读写性	读取方式	保密性	智能化	抗干扰能力	寿命	成本	识别对象
条形码	纸、塑料薄膜、金属表面	小	只读	CCD 或激光束扫描	差	无	差	较短	最低	仅可识别一种物体，且需要逐个识别
RFID	EEPROM(Electrically Erasable Programmable Read-Only Memory，带电可擦可编程只读存储器)	大	读写	无线通信，可穿透物体读	最好	有	很好	最长	较高	可识别多种物体，可同时识别多个

3) RFID 技术的应用现状

RFID 技术应用于物流、制造、消费、军事、贸易、公共信息服务等行业，可大幅提高应用行业的管理能力和运作效率，降低环节成本，拓展市场覆盖和盈利水平。同时，RFID 本身也将成为一个新兴的高技术产业群，成为物联网产业的支柱性产业。

RFID 发展潜力巨大，前景广阔。因此，研究 RFID 技术、应用 RFID 开发项目、发展 RFID 产业，在提升信息化整体水平、促进物联网产业高速发展、提高人民生活质量、增强公共安全等方面有深远的意义。

RFID 应用系统正在由单一识别向多功能方向发展，国家正在推行 RFID 示范性工程，推动 RFID 实现跨地区、跨行业应用。

4) RFID 系统的定义及构成

(1) 定义：采用射频标签作为识别标志的应用系统称为 RFID 系统。

(2) 构成：基本的 RFID 系统通常由射频标签、读写器和计算机通信网络 3 部分组成，如图 7.12 所示。

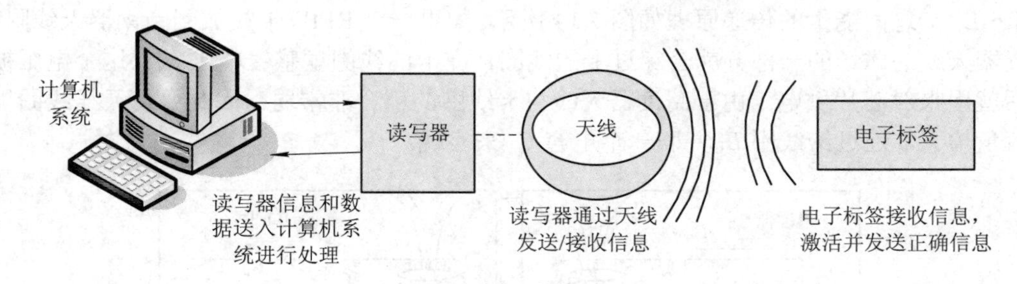

图 7.12　RFID 系统的构成

5) RFID 系统的工作原理

电子标签进入天线磁场后，如果接收到阅读器发出的特殊射频信号，就能凭借感应电流获得的能量发送出存储在芯片中的产品信息(无源标签)，或者主动发送某一频率的信号(有源标签)，阅读器读取信息并解码后，送至中央信息系统进行有关数据处理。

阅读器和电子标签之间的射频信号的耦合类型有两种：① 电感耦合，为变压器模型，通过空间高频交变磁场实现耦合，依据的是电磁感应定律，如图 7.13(a)所示；② 电磁反向散射耦合，为雷达原理模型，发射出去的电磁波碰到目标后反射，同时携带回目标信息，依据的是电磁波的空间传播规律，如图 7.13(b)所示。

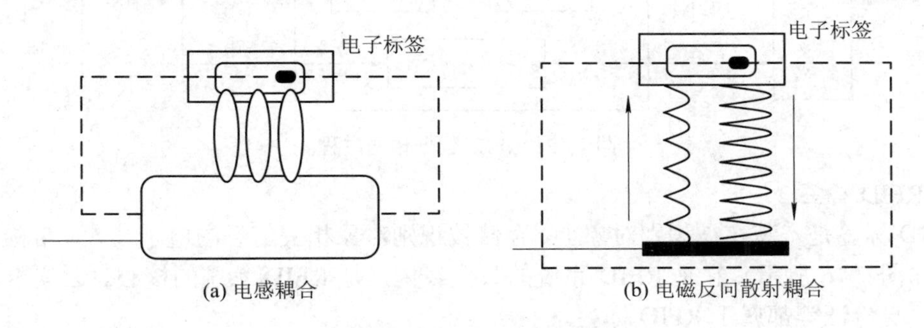

(a) 电感耦合　　(b) 电磁反向散射耦合

图 7.13　射频信号的两种耦合类型

根据 RFID 系统作用距离的远近情况，RFID 系统可分为 3 类：

(1) 密耦合系统：标签一般是无源标签，作用距离范围为 0～10 cm。实际应用中，密耦合系统通常需要将电子标签插入阅读器中或将其放置到读写器的天线表面。其适合安全性较高，作用距离无要求的应用系统，如电子门锁等。

(2) 遥耦合系统：典型作用距离可以达到 1 m。遥耦合系统又可细分为近耦合系统(典型作用距离为 10 cm)与疏耦合系统(典型作用距离为 1 m)两类，目前仍然是低成本 RFID 系统的主流。

(3) 远距离系统：典型作用距离为 1～10 m，个别系统具有更远的作用距离。远距离系统是利用电子标签与读写器天线辐射远场区之间的电磁耦合构成无接触的空间信息传输射频通道工作的。

6) 能量传送

由于 RFID 卡内无电源，因此供芯片运行所需的全部能量必须由阅读器传送。阅读器和 RFID 卡之间能量的传递原理如图 7.14 所示。如果一个 RFID 卡被放到阅读器天线附近，阅读器天线的磁场的一部分就会穿过卡的线圈，在卡的线圈里感生电压 U_i。这个电压被整流后就用来对芯片供电。由于阅读器天线与卡线圈的耦合非常弱，因此要使天线线圈里的电流量增大，通过给线圈 L_T 并联一个电容 C_T 来实现。

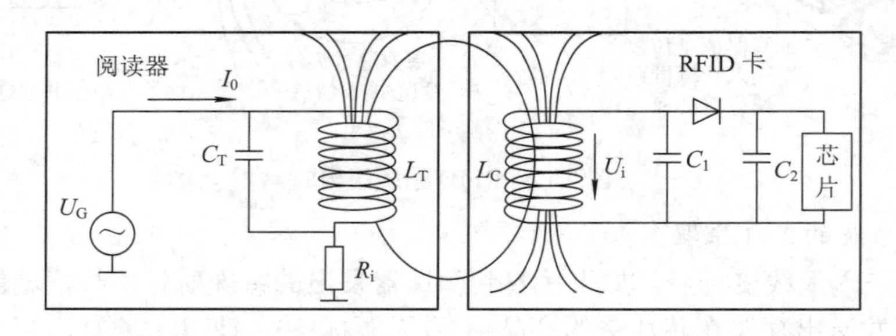

图 7.14 阅读器和 RFID 卡之间能量的传递原理

7) 数据传送

RFID 数据传送过程如图 7.15 所示，包含编码、调制、解码等过程。

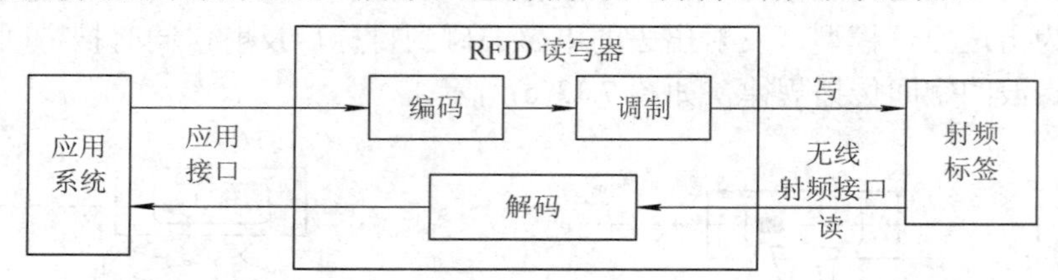

图 7.15 RFID 数据传送过程

8) RFID 标签

RFID 标签是安装在被识别对象上，存储被识别对象相关信息的电子装置，常称为电子标签，如图 7.16 所示。它是 RFID 系统的数据载体，是 RFID 系统的核心。公交卡、银行卡和二代身份证等都属于 RFID 标签。

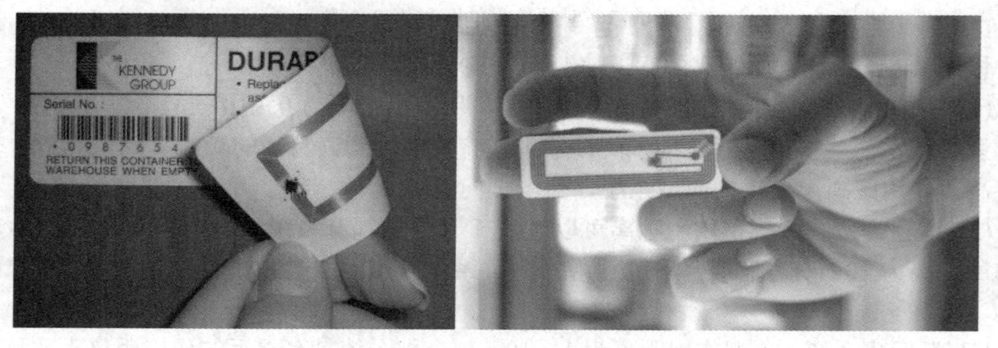

图 7.16 RFID 标签

针对 RFID 标签的分类有很多种，按标签的工作方式分类包括：

(1) 主动式标签：用自身的射频能量主动发射数据给读写器的标签。主动式标签含有电源。

(2) 被动式标签：由读写器发出查询信号触发后进入通信状态的标签。被动标签可有源也可无源。

按标签有无能源分类包括：

(1) 无源标签：标签中不含电池的标签。其工作能量来自阅读器射频能量。

(2) 有源标签：标签中含有电池的标签。其不需利用阅读器的射频能量。

(3) 半有源标签：阅读器的射频能量起到唤醒标签转入工作状态的作用。

按标签的工作频率分类包括：

(1) 低频标签：500 kHz 以下；

(2) 中高频标签：3～30 MHz；

(3) 特高频标签：300～3000 MHz；

(4) 超高频标签：3 GHz 以上。

RFID 标签一般由天线、调制器、编码发生器、时钟及存储器等构成，如图 7.17 所示。

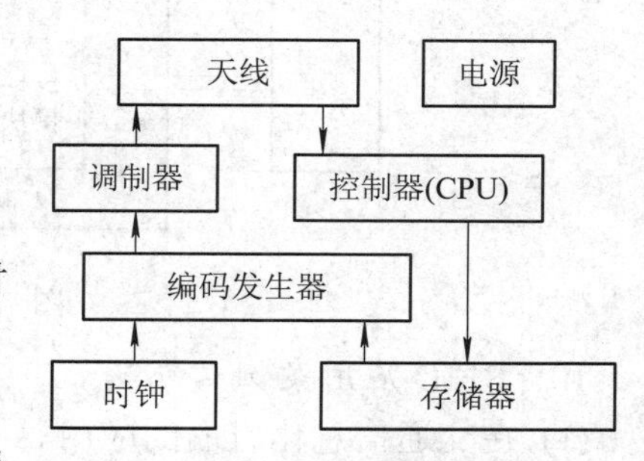

图 7.17 RFID 标签的组成

RFID 标签的功能包括：

(1) 具有一定容量的存储器，用于存储被识别对象的信息；

(2) 在一定工作环境下及技术条件下标签数据能被读出或写入；

(3) 维持对识别对象的识别及相关信息的完整；

(4) 数据信息编码后，工作时可传输给读写器；

(5) 可编程，且一旦编程后，永久性数据不能再修改；

(6) 具有确定的期限，使用期限内无须维修。

9) **读写器**

具有读取与写入标签内存信息的设备称为读写器(Reader and Writer)。RFID 读写器实物如图 7.18 所示。

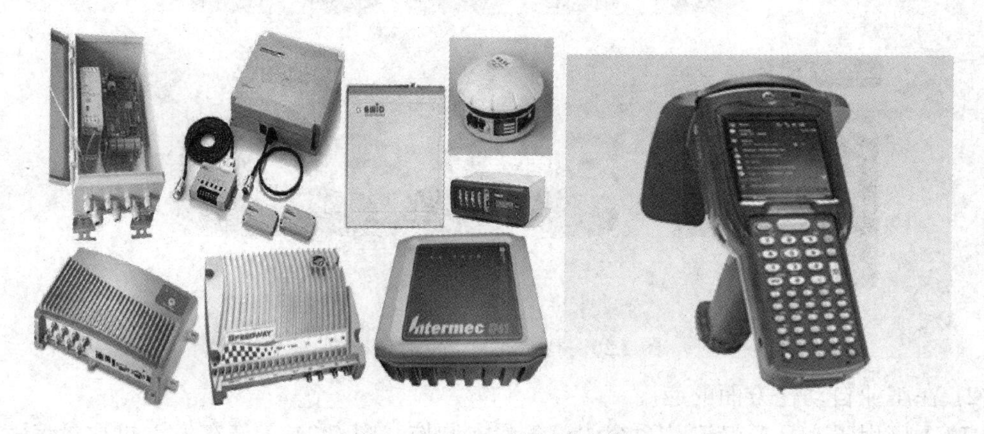

图 7.18 RFID 读写器实物

RFID 读写器的构成如图 7.19 所示，其中包括：

(1) 天线：发射和接收射频载波的设备。

(2) 射频通信模块：用于发射和接收射频载波。

(3) 控制通信处理模块：包括实现发送到射频标签命令的编码、回波信号的解码，差错控制、读写命令流程策略控制，命令缓存、数据缓存、与后端应用程序之间的接口协议实现、I/O 控制等。

(4) I/O 接口模块：实现读写设备与外部传感器、控制器以及应用系统主机之间的输入与输出通信。其包括 RS-232 串行接口、以太网接口、 USB 接口、并行打印接口等。

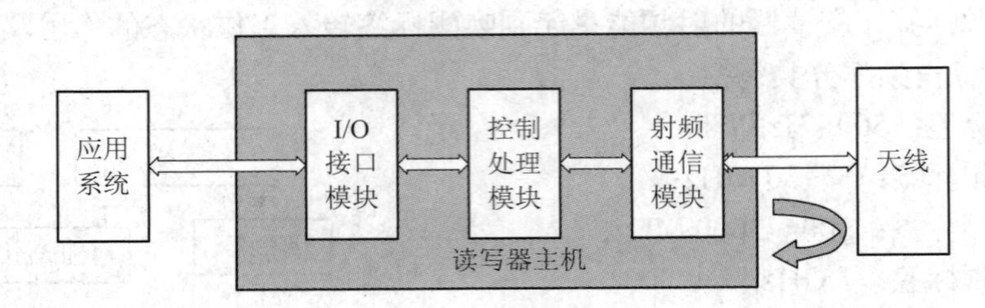

图 7.19　射频读写器的构成

10) RFID 应用案例

(1) 在交通信息化方面的应用。

RFID 可用于智能交通领域的电子不停车收费系统、铁路车号车次识别系统、智能停车场管理系统、公交“一卡通”、地铁/轻轨收费系统等。图 7.20 为智能视频车位引导系统，其组成包括户外大屏、交换机、核心交换机、服务器及查询机。

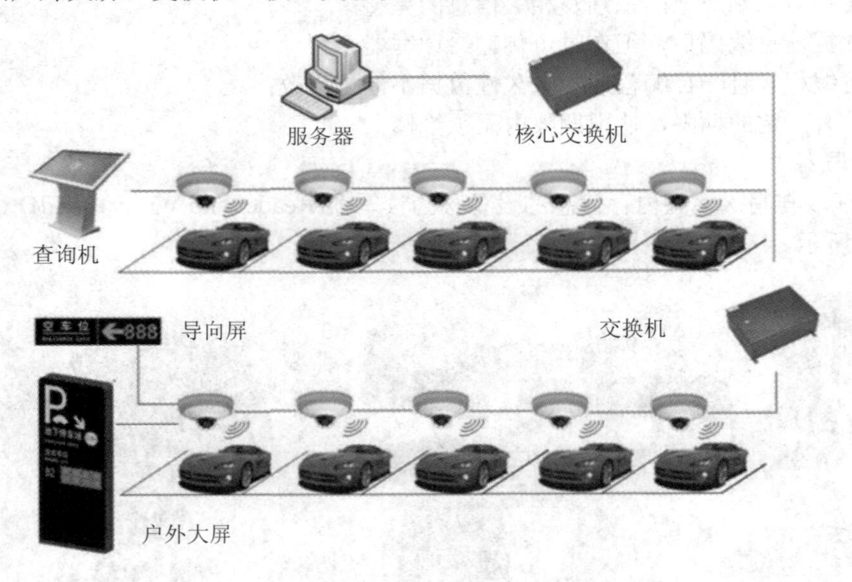

图 7.20　智能视频车位引导系统

(2) 在工业自动化方面的应用。

RFID 可用于产品质量追踪系统、设备状态监控。图 7.21 为汽车发动机质量追踪系统工作原理，在生产线上安装 RFID 阅读器，发动机托盘上安装 RFID 卡，发动机上线即写入汽车发动机条形码信息，每个岗位可根据读取的条形码信息将对应的加工数据通过以太网传输到服务器，从而实现对汽车发动机生产过程的质量监控。

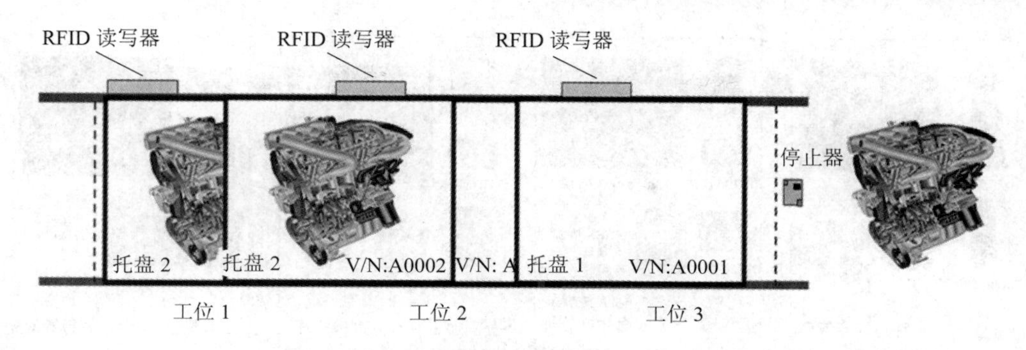

图 7.21　汽车发动机质量追踪系统工作原理

(3) 在物资与供应链管理中的应用。

RFID 可用于航空、邮政包裹的识别，集装箱自动识别系统，智能托盘系统，风景区门票管理系统，大型会展中心门票管理系统。图 7.22 所示为某风景区的门票管理服务系统，其主要由售票系统(门口售票、网络售票、自动售票、订票)、查询系统、检票系统等部分组成。感知层主要应用 RFID 技术实现检票功能，传输层采用局域网、Internet 通信技术，应用层主要为基于数据库、网络技术开发的管理系统。

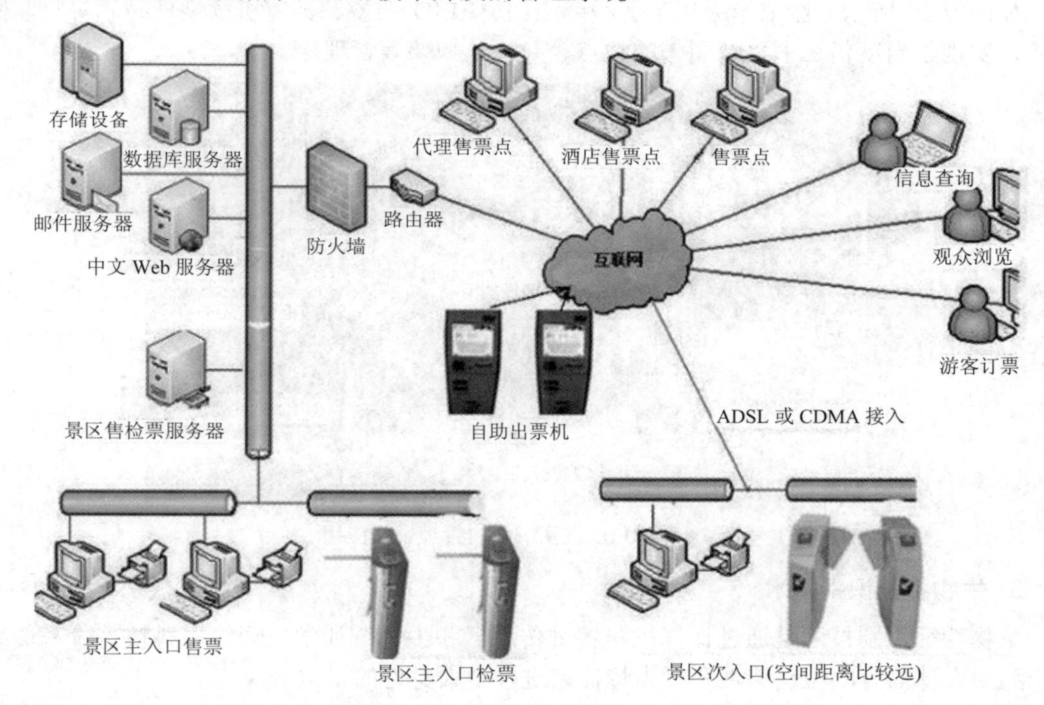

图 7.22　某风景区的门票管理服务系统

(4) 在食品、药品安全及追溯方面的应用。

如图 7.23 所示，在养殖场为每头猪戴上电子耳环，记载其相关信息，并将相关信息采集到计算机上；在屠宰场轨道挂钩上安装电子标签，记录屠宰信息；在分割加工场安装分割标签记录相关信息，所有的信息在分销零售计算机上均可查询。该系统主要采用 RFID 技术、计算机网络技术、数据库技术以及相关的信息查询管理系统。

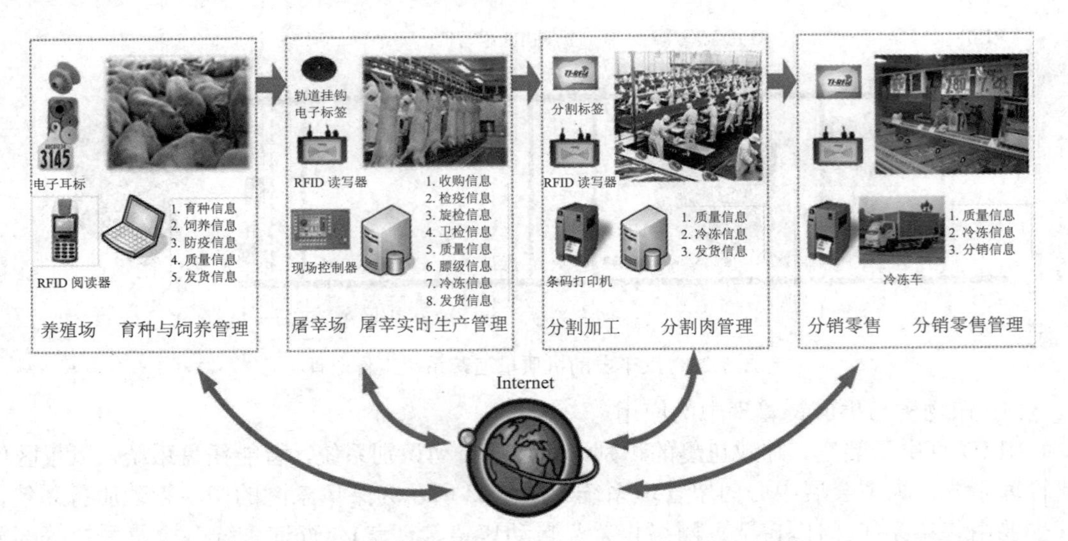

图 7.23 RFID 在食品、药品安全及追溯方面的应用

(5) 在图书资料管理中的应用。

如图 7.24 所示，图书馆采用了无线感应门、RFID 书签、计算机软硬件技术等物联网技术，实现了自动借还书以及图书的盘点、寻找、顺架等管理。

图 7.24 RFID 在图书资料管理中的应用

3. 生物特征识别技术

生物特征识别技术是通过计算机与各种传感器和生物统计学原理等高科技手段密切结合，利用人体固有的生理特性和行为特征来进行个人身份的鉴定。

生理特征多为先天性的，行为特征则多为后天性的，将生理和行为特征统称为生物特征。常用的生理特征有脸像、指纹、虹膜等，常用的行为特征有步态、签名等。声纹兼具生理和行为特点，介于两者之间。

身份鉴别可利用的生物特征必须满足以下几个条件：

第一，普遍性，即必须每个人都具备这种特征；

第二，唯一性，即任何两个人的特征是不一样的；

第三，可测量性，即特征可测量；

第四，稳定性，即特征在一段时间内不改变。

在应用过程中，还要考虑其他实际因素，如识别精度、识别速度、对人体无伤害、被识别者的接受性等。

实现识别的过程：生物样本采集→采集信息预处理→特征抽取→特征匹配。

生物特征识别技术具体包括以下技术。

1) 指纹识别技术

指纹识别技术是通过取像设备读取指纹图像，然后用计算机识别软件分析指纹的全局特征和指纹的局部特征，特征点如嵴、谷、终点、分叉点和分歧点等，从指纹中抽取特征值，可以非常可靠地通过指纹来确认一个人的身份。

指纹识别的优点表现在：研究历史较长，技术相对成熟；指纹图像提取设备小巧；同类产品中，指纹识别的成本较低。

指纹识别的缺点表现在：指纹识别是物理接触式的，具有侵犯性；指纹易磨损，手指太干或太湿都不易提取图像。

图 7.25 为基于指纹识别的应用。

图 7.25　基于指纹识别的应用

2) 虹膜识别技术

虹膜识别技术是利用虹膜终身不变性和差异性的特点来识别身份的。虹膜是指眼球中瞳孔和眼白之间的充满了丰富纹理信息的环形区域，每个虹膜都包含一个独一无二的基于水晶体、细丝、斑点、凹点、皱纹和条纹等特征的结构。

虹膜在眼睛的内部，用外科手术很难改变其结构。由于瞳孔随光线具有强弱变化，因此想用伪造的虹膜代替活的虹膜是不可能的。和常用的指纹识别相比，虹膜识别技术操作更简便，检验的精确度也更高。在可以预见的未来，安全控制、海关进出口检验、电子商务等多种领域的应用必然会以虹膜识别技术为重点。图 7.26 为虹膜识别过程。

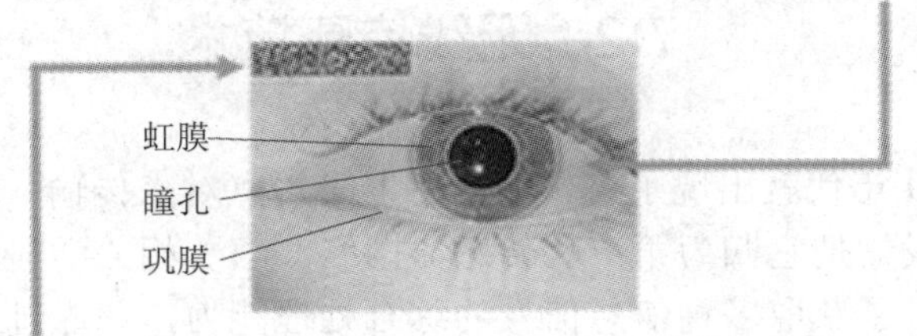

图 7.26　虹膜识别过程

3) DNA(基因)识别技术

DNA(脱氧核糖核酸)存在于一切有核的动(植)物中，生物的全部遗传信息都储存在DNA分子里。DNA识别利用的不同的人体细胞中具有不同的DNA分子结构。

人体内的DNA在整个人类范围内具有唯一性和永久性。因此，除了对双胞胎个体的鉴别可能会失去它应有的功能外，这种方法具有绝对的权威性和准确性。DNA模式在身体的每一个细胞和组织都一样。这种方法的准确性优于其他任何生物特征识别方法，因此广泛应用于识别罪犯。

采用DNA识别技术的主要问题是使用者伦理问题和实际可接受性，DNA模式识别必须在实验室中进行，不能达到实时以及抗干扰，耗时长是另一个问题，这就限制了DNA识别技术的使用。另外，某些特殊疾病可能改变人体DNA的结构，系统无法对这类人群进行识别。

4) 步态识别技术

步态是指人们行走时的方式，这是一种复杂的行为特征。步态识别主要提取的特征是人体每个关节的运动。尽管步态不是每个人都不相同的，但是它也提供了充足的信息来识别人的身份。步态识别的输入是一段行走的视频图像序列，因此其数据采集与脸相识别类似，具有非侵犯性和可接受性。图7.27为步态识别。

图7.27　步态识别

由于序列图像数据量较大，因此步态识别的计算复杂性比较高，处理起来也比较困难。步态识别可用于犯罪分子追踪、家庭防盗、手机、笔记本电脑等物品防盗系统。

7.2　无线传感技术

早在20世纪70年代就出现了将传统传感器采用点对点传输、连接传感控制器而构成的传感网络雏形，我们把它归为第一代传感器网络。随着相关学科的不断发展和进步，传感器网络同时还具有了获取多种信息信号的综合处理能力，并通过与传感控制的相连，组成了有信息综合和处理能力的传感器网络，这是第二代传感器网络。而从20世纪末开始，现场总线技术开始应用于传感器网络，人们用其组建智能化传感器网络，大量多功能传感器被运用，并使用无线技术连接，无线传感器网络逐渐形成。

无线传感器网络是新一代的传感器网络，其发展和应用将会给人类的生活和生产的各个领域带来深远影响。

1. 物联网传感器

在物联网系统中，对各种参量进行信息采集和简单加工处理的设备称为物联网传感器。传感器属于物联网中的感知层，具有十分重要的作用，好比人的眼睛和耳朵，去看去听世界上需要被监测的信息。物联网传感器和通用的传感器应用相比主要有两个特点：一是智能化，二是网络化。

2. 传感器网络

Internet改变了人与人的交互方式，传感器网络将改变未来人与自然的交互方式。传感器网络是指传感器按照一定的协议组成的网络，实现传感器信息的传递和共享。传感器网络和互联网共同组成物联网，实现“人”“机器”“物”三者的信息交换。传感器网络按连接方式分为有线传感器网络和无线传感器网络两种。有线传感器因为其连接复杂、成本高而逐渐被无线传感器网络所替代。无线传感器网络技术是当前热门技术领域之一。

3. 无线传感网技术

1) 无线传感器网络

无线传感器网络是在一定范围内大量部署微型传感器节点，由这些节点通过无线通信方式形成的一个多跳的自组织网络系统，可实时采集、相互联系处理、传递信息，并将结果发送给观察者。

无线传感器网络技术是传感器技术、嵌入式系统、无线通信技术、信息分布处理技术的综合。无线传感器网络体系结构如图7.28所示，由传感器节点构成传感器区域，再和汇聚节点通信，汇聚节点通过Internet及卫星通信网和用户之间通信，从而完成人和物之间信息的传递。

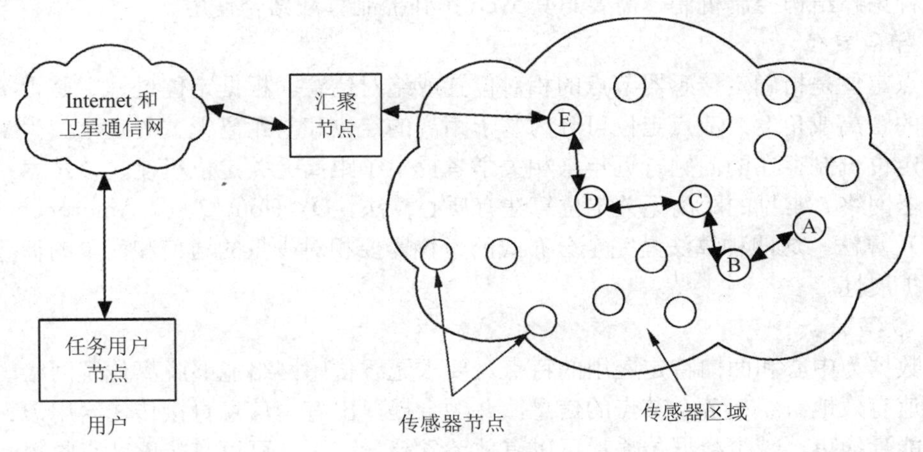

图7.28 无线传感器网络体系结构

2) 无线传感器节点结构

无线传感器节点结构如图7.29所示。其中，传感器模块负责监测区域内信息的采集和数据转换；处理器模块负责整个传感器节点的操作、存储和处理本身采集的数据以及其他节点发来的数据，微处理器负责协调节点各部分的工作；无线通信模块负责与其他传感器节点进行无线通信、交换控制消息和收发采集数据；能量供应模块为传感器节点提供运行所需的能量，通常用微型电池。

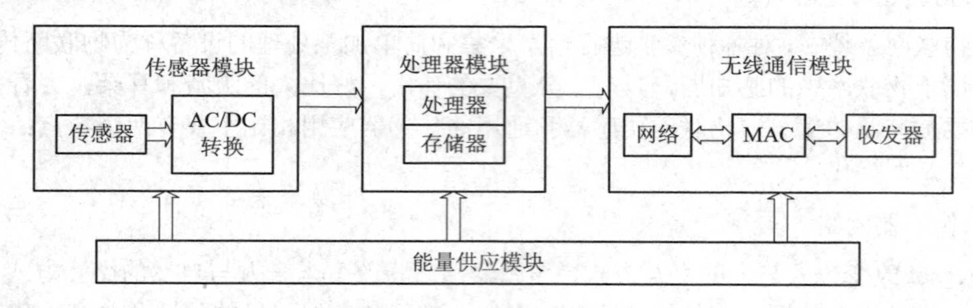

图 7.29　无线传感器节点结构

3) 无线传感网的特点

无线传感网的特点包括：硬件资源有限、电源容量有限、大规模网络、自组织网络、多跳路由、动态拓扑网络、可靠的网络、以数据为中心的网络及应用相关的网络。

4. 无线传感器网络的关键技术

1) 网络拓扑控制

网络拓扑控制的主要研究问题是在满足网络覆盖度和连通度的前提下，一般以延长网络的生命期为主要目标，兼顾通信干扰、网络延迟、负载均衡、简单性、可靠性、可扩展性等其他性能，通过功率控制和骨干网节点选择，剔除节点之间不必要的无线通信链路，生成一个高效的、数据转发的、优化的网络拓扑结构。

除了传统的功率控制和层次型拓扑结构，启发式的节点唤醒和休眠机制也开始引起人们的关注。这种机制重点在于解决节点在休眠状态和活动状态之间的转换问题，不能独立作为一种拓扑结构控制机制，需要与其 Web 拓扑控制算法结合使用。

2) 节点定位

节点定位是指确定传感器节点的相对位置或绝对位置。根据定位过程中是否实际测量节点间的距离或角度，节点定位可分为基于距离的定位和与距离无关的定位。为了克服基于距离定位机制存在的问题，近年来相关学者提出了距离无关定位机制，该技术比较适合于传感器网络。常见的距离无关定位算法有质心算法、DV Hop 算法、Amorphous 算法以及 APIT 算法。这四种算法是完全分布式的，仅需要相对少量的通信和简单的计算，具有良好的扩展性。

3) 数据融合

以数据为中心和面向特定应用的特点，要求无线传感网络能够脱离传统网络的寻址过程，快速有效地组织起各个节点的信息，并融合提取出有用信息直接传送给用户。由于网络存在能量约束，减少数据传输量可以有效节省能量，因此可以在传感节点收集数据的过程中，利用节点的计算和存储能力处理数据的冗余信息，以达到节省能量及提高信息准确度的目的。目前用于数据融合的方法很多，常用的有贝叶斯方法、神经网络法和 D-S(Dempster/Shafer)证据理论等。数据融合技术可以结合网络中多个协议层次进行，只有面向应用需求设计针对性强的数据融合方法，才能最大限度地获益。

4) 无线通信技术

由于 IEEE 802.15.4 标准的网络特征与无线传感网络存在很多相似之处，因此目前很多机构将 IEEE 802.15.4 作为无线传感网络的无线通信平台。

超宽带(Ultra Wideband，UWB)技术是一种极具潜力的无线通信技术。超宽带技术具有对信道衰落不敏感、发射信号功率谱密度低、低截获能力、系统复杂度低以及能提供数厘米的定位精度等优点，非常适合应用在无线传感器网络中。迄今为止，关于超宽带技术有两种技术方案，一种是以 Freescale 公司为代表的 DS-CDMA(Direct Sequence-Code Division Multiple Access，直接序列码分多址)单频带方式；另一种是由英特尔、德州仪器等公司共同提出的多频带 OFDM(Orthogonal Frequency Division Multiplexing，正交频分复用)方案。

由 IEEE 802.15.4 和 ZigBee 联盟共同制定完成的 ZigBee 技术拥有一套非常完整的协议层次结构，具有低功耗、低成本、延时短、网络容量大和安全可靠等特点，目前已经成为一个研发重点。

5. 无线传感网技术的应用

由于无线传感器网络可以在任何时间、任何地点和任何环境条件下获取大量翔实而可靠的信息，因此无线传感器网络作为一种新型的信息获取系统，具有极其广阔的应用前景，可被广泛应用于国防军事、环境监测、设施农业、医疗卫生、智能家居、交通管理、制造业、反恐抗灾等领域。

- **案例一**：医疗监控中的传感器——Mercury

传感器的一个重要应用是医疗监控，哈佛大学研究组改进了传统传感器，使得其外形更小，更适合穿戴在身上，如图 7.30 所示。

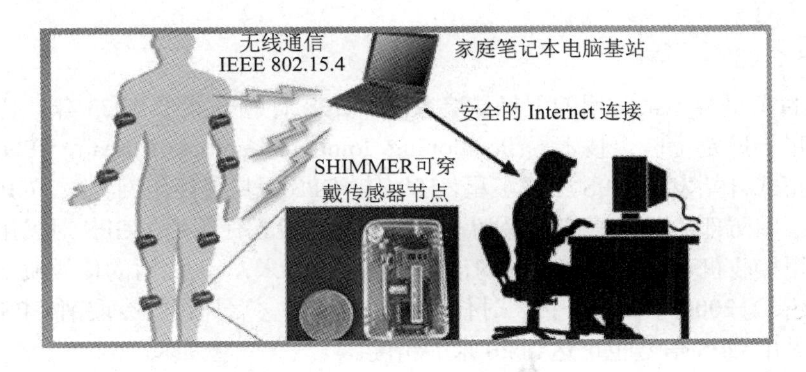

图 7.30 医疗监控中的传感器应用

该应用特点包括：设计十分人性化，具有高精度的感知能力，医用的数据需要较高的采样精度以供医生分析诊断；能连续长期地采集数据；使用无线通信方式，其数据传输是机会性的。

- **案例二**：精细农业领域中的无线传感器

针对西部地区优势农产品苹果、猕猴桃、丹参和甜瓜、番茄等主要农作物，以及西部干旱少雨的生态环境特点，通过开展专项技术研究、系统集成与典型应用示范，可将无线传感器网络技术成功应用于精细农业生产中，如图 7.31 所示。

图 7.31　精细农业领域中的无线传感器应用

该应用特点包括：系统由感知节点、汇聚节点、通信服务器、基于 Web 的监控中心、农业专家系统、交互式农户生产指导平台组成，众多感知节点实时采集作物生长环境信息，以自组织网络形式将信息发送到汇聚节点，由汇聚节点通过 GPRS 上传到互联网上的实时数据库中。农业专家系统分析处理相关数据，提出生产指导建议，并以短消息方式通知农户。

7.3 定位技术

7.3.1 GPS 定位

1. GPS 介绍

GPS 是目前世界上最常用的卫星导航系统。GPS 计划开始于 1973 年，由美国国防部领导下的卫星导航定位联合技术局(Positioning Joint Technology Bureau，JPO)主导进行研究。1989 年正式开始发射 GPS 工作卫星，1994 年 GPS 卫星星座组网完成，GPS 投入使用。

由于美国国防部的背景，GPS 最初设计为军用。投入使用后，GPS 对民用工业开放，但是仅有军用接收机可以享受高质量的信号(精度达 20 米)，供民用的信号质量被故意降低(精度约 300 米)。2000 年 5 月 1 日，时任美国总统比尔·克林顿命令取消 GPS 的这种区别对待，从此民用 GPS 信号也可达到 20 米的精度。

目前全世界有 4 套卫星导航系统：中国北斗、美国 GPS、俄罗斯“格洛纳斯”、欧洲“伽利略”。卫星导航系统是重要的空间基础设施，为人类带来了巨大的社会经济效益。中国的北斗卫星导航系统空间段由 5 颗静止轨道卫星和 30 颗非静止轨道卫星组成，提供两种服务方式，即开放服务和授权服务。开放服务是在服务区免费提供定位、测速和授时服务，定位精度为 10 米，授时精度为 50 纳秒，测速精度 0.2 米/秒；授权服务是向授权用户提供更安全的定位、测速、授时和通信服务以及系统完整性信息。

中国在 2012 年，“北斗”系统已覆盖亚太地区，计划在 2020 年左右覆盖全球。截至 2019 年 9 月在轨卫星 39 颗，已经初步具备区域导航、定位和授时能力，定位精度优于 20 米，授时精度优于 100 纳秒。

2. GPS 定位方法

目前，卫星导航系统定位采用的都是三球交汇定位原理，如图 7.32 所示，具体流程如下：

(1) 用户测量出自身到 3 颗卫星的距离；

(2) 卫星的位置精确已知，通过电文播发给用户；

(3) 以卫星为球心，距离为半径画球面；

(4) 3 个球面相交得 2 个点，根据地理常识排除一个不合理点后即得用户位置。

图 7.32　三球交汇定位原理

3. 接收机与 GPS 卫星间距离测定

每颗卫星都在不断地向外发送信息，每条信息中都包含信息发出的时刻，以及卫星在该时刻的坐标；接收机会接收到这些信息，同时根据自己的时钟记录下接收到信息的时刻；用接收到信息的时刻减去信息发出的时刻，得到信息在空间中传播的时间；用这个时间乘以信息传播的速度，就得到了接收机到信息发出时的卫星坐标之间的距离。

4. GPS 定位缺点

(1) 对时钟的精确度要求高，造成成本过高。受限于成本，接收机上的时钟精确度低于卫星时钟，影响了定位精度。

(2) 理论上 3 个卫星就可以定位，但在实际中用 GPS 定位至少要 4 颗卫星，这极大地制约了 GPS 的使用范围。GPS 定位主要用在室外。

(3) GPS 接收机启动较慢，往往需要 3～5 分钟，因此定位速度也较慢。

(4) 由于信号要经过大气层传播，容易受天气状况影响，因此定位不稳定。

7.3.2　蜂窝基站定位

蜂窝基站定位主要应用于移动通信中广泛采用的蜂窝网络，目前大部分的 GSM、CDMA、4G 等通信网络均采用蜂窝网络架构。

在通信网络中，通信区域被划分为一个个蜂窝小区，通常每个小区有一个对应的基站。以 GSM 网络为例，当移动设备要进行通信时，先连接在蜂窝小区的基站，然后通过该基站接入 GSM 网络进行通信。也就是说，在进行移动通信时，移动设备始终是和一个蜂窝基站联系起来，蜂窝基站定位就是利用这些基站来定位移动设备。

1. COO 定位

COO(Cell of Origin)定位是最简单的一种定位方法，它是一种单基站定位。这种方法非常原始，就是将移动设备所属基站的坐标视为移动设备的坐标。这种定位方法的精度极低，其精度直接取决于基站覆盖的范围。如果基站覆盖范围半径为 50 米，那么其误差就是 50 米。

2. ToA/TDoA 定位

要想得到更精确的定位，就必须使用多个基站同时测得的数据。较常用的多基站定位方法如下：

(1) ToA(Time of Arrival)：与 GPS 定位方法相似，不同之处是把卫星换成了基站。这种方法对时钟同步精度要求很高，而基站时钟精度远比不上 GPS 卫星的水平。此外，多径效应也会对测量结果产生误差。

(2) TDoA(Time Difference of Arrival)：不是直接用信号的发送和到达时间来确定位置，而是用信号到达不同基站的时间差来建立方程组求解位置，通过时间差抵消大部分由于时钟不同步带来的误差。

3. AoA 定位

ToA 和 TDoA 测量法都至少需要 3 个基站才能进行定位，如果人们所在区域基站分布较稀疏，周围收到的基站信号只有 2 个，就无法定位。使用 AoA(Angle of Arrival)定位法，只要用天线阵列测得定位目标和 2 个基站间连线的方位，就可以利用 2 条射线的焦点确定出目标的位置，如图 7.33 所示。

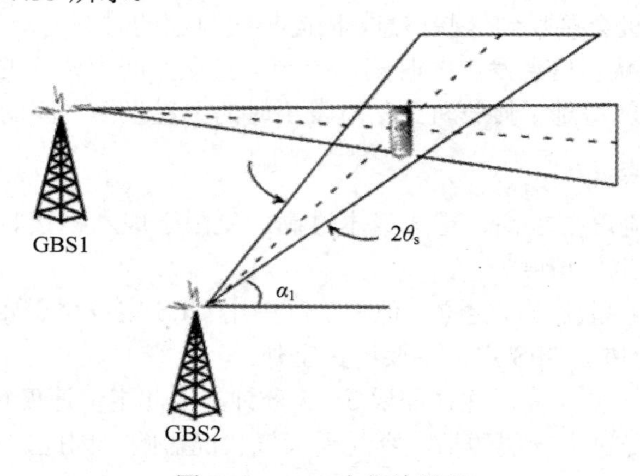

图 7.33　AoA 定位法原理

4. 蜂窝基站定位应用

蜂窝基站定位的精度不高，但其优势在于其定位速度快，在数秒之内便可以完成定位。蜂窝基站定位法的一个典型应用就是紧急电话定位，可用于刑事案件中。

北美地区的 E-911 系统(Enhanced 911)是目前比较成熟的紧急电话定位系统(911 是北美地区的紧急电话号码，相当于我国的 110)。

7.3.3　无线室内环境定位

在无线通信领域，室内和室外的环境可以说是天壤之别。定位也一样，在室外，只需要用 GPS 就可以得到很高的定位精度，基站定位也较精准；但是在室内，GPS 由于受到屏蔽，变得很难用；而基站定位的信号受到多径效应(由波的反射和叠加原理产生的)的影响，定位效果也会大打折扣。

现在大多数室内定位系统基于信号强度(Radio Signal Strength，RSS)，其优点在于不需要专门的定位设备，可以就地取材，利用已有的铺设好的网络来进行定位，非常经济实惠。目前室内环境进行短波定位的方法主要有红外线定位、超声波定位、蓝牙定位、RFID、超宽带定位、ZigBee 定位等。

7.3.4　新型定位技术

1. 无线 AP 定位

无线 AP(Access Point，接入点)定位是一种 WiFi 定位技术，它与蜂窝基站的 COO 定位技术相似，通过 WiFi 接入点来确定目标的位置。

每个 AP 都在不断向外广播信息，以便各种 WiFi 设备寻找接入点，其信息中包含自己的全球唯一的 MAC 地址。如果用一个数据库记录下全世界所有无线 AP 的 MAC 地址，以及该 AP 所在的位置，就可以通过查询数据库来得到附近 AP 的位置，再通过信号强度来估算出比较精确的位置。

2. A-GPS 定位

A-GPS(Assisted Global Positioning System，辅助 GPS)定位是 GPS 定位和蜂窝基站定位的结合体。GPS 定位较慢，初次定位要花几分钟来搜索当前可用的卫星信号；而基站定位虽然速度快，但其精确度不如 GPS 高。 A-GPS 取长补短，利用基站定位法，快速搜索当前所处的大致位置，然后通过基站连入网络，通过网络服务器查询到当前上方可见的卫星，极大地缩短了搜索卫星的速度。知道哪几颗卫星可用之后，只需用这几颗卫星定位，就可以得到非常精确的结果。使用 A-GPS 定位，全过程只需要数十秒，且可以享受 GPS 的定位精度，可以说是两全其美。

7.4　物联网接入技术

在物联网中，物品标签中存储着规范而具有可用性的信息，通过无线数据通信网络自动采集至中央信息系统，实现对物品的识别，然后通过开放性的计算机网络实现信息交换和共享，实现对物品的管理和监控。

物联网应用可分为传感网络、传输网络、应用网络 3 层。其系统应用流程可分为：首先，对目标物体属性进行标识，静态属性可直接存储在标签中，动态属性可由传感器实时探测；其次，识别设备完成对目标物体信息的读取，并将信息转换为适合网络传输的数据格式；再次，将目标物体的信息通过网络传输到信息处理中心，由处理中心对物体信息进行相关的操作。

物联网接入技术是构建物联网的核心，主要包括以太网技术、WLAN 技术、蓝牙技术、ZigBee 技术、超宽带定位技术、NFC 技术。

7.4.1 以太网技术

以太网技术是比较成熟稳定的物联网技术，配合光网络技术的发展，它目前是最为主流的物联网接入技术，是一种计算机局域网组网技术。IEEE 制定的 IEEE 802.3 标准给出了以太网的技术标准，规定了包括物理层的连线、电信号和介质访问层协议的内容。以太网是当前应用最普遍的局域网技术，它很大程度上取代了其他局域网标准，如令牌环网、FDDI 和 ARCNET。以太网的标准拓扑结构为总线型拓扑，但目前的快速以太网(100BASE-T 、1000BASE-T 标准)为了最大限度地减少冲突，最大限度地提高网络速度和使用效率，使用交换机来进行网络连接和组织，这样，以太网的拓扑结构就成了星型。但在逻辑上，以太网仍然使用总线型拓扑和 CSMA/CD 总线技术。

为了使不同计算机厂家生产的计算机能够相互通信，以便在更大范围内建立计算机网络，ISO 在 1978 年提出了 OSI/RM(Open System Interconnection/Reference Model，开放系统互连参考模型)。它将计算机网络体系结构的通信协议划分为 7 层，自下而上依次为：物理层(Physics Layer)、数据链路层(Data Link Layer)、网络层(Network Layer)、传输层(Transport Layer)和会话层(Session Layer)、表示层(Presentation Layer)和应用层(Application Layer)。但在实际的应用生产过程中使用的是 TCP/IP 网络通信协议。TCP/IP 由 4 个层次组成：网络接口层、网络层、传输层、应用层。

7.4.2 WLAN 技术

WLAN 应用无线通信技术将计算机设备互联起来，构成可以互相通信和实现资源共享的网络体系，从而使网络的构建和终端的移动更加灵活。WLAN 通信系统一般使用在同一座建筑内。WLAN 使用 ISM 无线电广播频段通信。WLAN 的 IEEE 802.11a 标准使用 5 GHz 频段，支持的最大速度为 54 Mb/s；而 IEEE 802.11b 和 IEEE 802.11g 标准使用 2.4 GHz 频段，分别支持的最大速度为 11 Mb/s 和 54 Mb/s。

IEEE 802.11 WLAN 提供两种运作模式：Ad-Hoc 模式(点对点或对等模式)与 Infrastructure 模式(基础模式)，二者的差别在于是否采用了 AP。目前大部分 WLAN 采用 Infrastructure 模式组网，移动终端通过 AP 接入网络。在基础结构网络中，具有无线接口卡的无线终端以无线 AP 为中心，通过无线接入网桥(Access Bridge，AB)、无线接入网关(Access Gateway，AG)、无线接入控制器(Access Controller，AC)和无线接入服务器(Access Server，AS)等将无线局域网与有线网网络连接起来，可以组建多种复杂的无线局域网接入网络，实现无线移动办公的接入。

7.4.3 蓝牙技术

蓝牙技术的基础是 IEEE 802.15 协议，是一种开放性的、支持设备短距离通信(一般 10 米内)的无线电技术，其中蓝牙 4.0 版本的有效传输距离达 100 米。采用蓝牙技术，可将包括移动电话、汽车、PDA、无线耳机、笔记本电脑，甚至家用电器等相关外设在内的众多设备采用无线方式连接起来，进行信息交换。利用蓝牙技术，能够有效地简化移动通信终端设备之间的通信，也能够成功地简化设备与 Internet 之间的通信，从而使数据传输变得更加迅速高效，为无线通信拓宽道路。蓝牙采用分散式网络结构以及快跳频和短包技术，支持点对点及点对多点通信，工作在全球通用的 2.4 GHz ISM 频段。其数据传输速率为 1 Mb/s，采用时分双工传输方案实现全双工传输。

蓝牙由底层硬件模块、中间协议层和高端应用层三大部分组成。

底层硬件模块是蓝牙技术的核心模块，所有嵌入蓝牙技术的设备都必须包括底层硬件模块。它主要由链路管理层(Link Manager Protocol，LMP)、基带层(Base Band，BB)和射频(Radio Frequency，RF)组成。蓝牙主机控制器接口(Host Controller Interface，HCI)由基带控制器、连接管理器、控制和事件寄存器等组成。它是蓝牙协议中软硬件之间的接口，提供了一个调用下层 BB、LM(Link Manager，链路管理器)、状态和控制寄存器等硬件的统一命令，上、下两个模块接口之间的消息和数据的传递必须通过 HCI 的解释才能进行。HCI 层以上的协议软件实体运行在主机上，而 HCI 以下的功能由蓝牙设备来完成，二者之间通过传输层进行交互。

中间协议层由逻辑链路控制与适配协议(Logical Link Control and Adaptation Protocol，L2CAP)、服务发现协议(Service Discovery Protocol，SDP)、串口仿真协议或称线缆替换协议(Cable Replacement Protocol Layer，RFCOMM)和二进制电话控制协议规范(Telephony Control Protocol Specification，TCS)组成。

高端应用层位于蓝牙协议栈的最上部分。一个完整的蓝牙协议栈按其功能又可划分为 4 层：核心协议层(BB、LMP、LCAP(Logical Control Adaptation Protocol，逻辑控制适配协议)、SDP(Service Discovery Protocol，服务发现协议))、线缆替换协议层(RFCOMM)、电话控制协议层(TCS-BIN(Telephony Contrd Specification-Binary))、选用协议层(PPP(Point-to-Point Protocol，点到点协议)、TCP、IP、UDP(Use Datagram Protocol，用户数据报协议)、OBEX(Object Exchange Protocol，对象交换协议)、IRMC(Infrared Mobile Communication，红外移动通信)，WAP、WAE(Wireless Application Environment，无线应用环境))，而高端应用层由选用协议层组成。选用协议层中的 PPP 由封装、链路控制协议、网络控制协议组成，定义了串行点到点链路应当如何传输 Internet 协议数据，它要用于 LAN 接入、拨号网络及传真等应用规范；TCP/IP、UDP 是已有的协议，它定义了 Internet 与网络相关的通信及其他类型计算机设备和外围设备之间的通信。蓝牙采用或共享这些已有的协议去实现与连接 Internet 的设备通信，这样既可提高效率，又可在一定程度上保证蓝牙技术和其他通信技术的互操作性；OBEX (Object Exchange Protocol，对象交换协议)支持设备间的数据交换，采用客户/服务器模式提供与 HTTP 相同的基本功能。

7.4.4　ZigBee 技术

ZigBee 技术的基础为 IEEE 802.15.4 标准，根据该协议规定的技术是一种近距离、低复杂度、低功耗、低数据速率、低成本的双向无线通信技术，主要适合于自动控制和远程控制领域，可以嵌入各种设备中，同时支持地理定位功能。另外，对于工业现场，这种无线数据传输是高可靠的，并能抵抗工业现场的各种电磁干扰。在 ZigBee 技术中，使用网状网拓扑结构，以及自动路由、动态组网、直序扩频的方式，就是为了满足工业自动化控制现场的各种需要。ZigBee 现已广泛应用于智能化建筑、家具、文教、卫生、科研以及工业控制等领域，并迅速成为物联网的主要接入技术。其工作频率因地区不同而异样，在欧洲其工作频率范围为 868 MHz，在北美其工作频率范围为 902～928 MHz，在全球其他地区其工作频率范围为 2400～24 835 MHz。

ZigBee 协议栈(Z-STACK)是 ZigBee 技术的核心，包括物理层、媒体访问控制层、网络层、应用层和安全服务提供层。

ZigBee 协议栈的层与层之间通过服务接入点(Service Accessing Point，SAP)进行通信，SAP 是某一特定层提供的服务与上层之间的接口。ZigBee 堆栈的大多数层有两个接口：数据实体接口和管理实体接口。数据实体接口的目标是向上层提供所需的常规数据服务，管理实体接口的目标是向上层提供访问内部层参数、配置和管理数据的机制。

7.4.5 超宽带定位技术

超宽带无线通信是一种不用载波，而采用时间间隔极短(小于 1 纳秒)的脉冲进行通信的方式，也称为脉冲无线电(Impulse Radio)、时域(Time Domain)或无载波(Carrier Free)通信。超宽带调制采用脉冲宽度在纳秒级的快速上升和下降脉冲，脉冲覆盖的频谱从直流至 GHz。通过在较宽的频谱上传送极低功率的信号，超宽带能在 10 米左右的范围内实现数百 Mb/s 至数 Gb/s 的数据传输速率。超宽带具有抗干扰性能强、传输速率高、带宽极宽、消耗电能小、发送功率小等诸多优势，主要应用于室内通信、高速无线 LAN、家庭网络、无绳电话、安全检测、位置测定、雷达等领域。FCC(Federal Communications Commission，美国联邦通信委员会)在 2002 年宣布超宽带可用于精确测距、金属探测，为新一代 WLAN 和无线通信。为保护 GPS、导航和军事通信频段，超宽带限制在 3.1～10.6 GHz 和低于 41 dB 发射功率。

超宽带定位技术最基本的工作原理是发送和接收脉冲间隔严格受控的高斯单周期超短时脉冲，超短时单周期脉冲决定了信号的带宽很宽，接收机直接用一级前端交叉相关器就把脉冲序列转换成基带信号，省去了传统通信设备中的中频级，极大地降低了设备复杂性。超宽带定位技术采用脉冲位置调制(Pulse Position Modulation，PPM)单周期脉冲来携带信息和信道编码，一般工作脉宽为 0.1～1.5 ns，重复周期为 25～1000 ns。

7.4.6 NFC 技术

NFC 技术脱胎于无线设备间的一种非接触式 RFID 及互联技术，允许电子设备之间进行非接触式点对点数据传输(在 10 厘米内)及交换数据，在 20 厘米距离内工作于 13.56 MHz 频率范围。与 RFID 一样，NFC 信息也是通过频谱中无线频率部分的电磁感应耦合方式传递，但两者之间还是存在很大的区别。首先，NFC 是一种提供轻松、安全、迅速的通信的无线连接技术，其传输范围比 RFID 小，RFID 的传输范围可以达到几米，甚至几十米，但由于 NFC 采取了独特的信号衰减技术，相对于 RFID 来说 NFC 具有距离近、带宽高、能耗低等特点。其次，NFC 与现有非接触智能卡技术兼容，目前已经成为得到越来越多主要厂商支持的正式标准。再次，NFC 还是一种近距离连接协议，提供各种设备间轻松、安全、迅速而自动的通信。与无线世界中的其他连接方式相比，NFC 是一种近距离的私密通信方式。最后，RFID 更多地被应用在生产、物流、跟踪、资产管理上；而 NFC 则在门禁、公交、手机支付等领域内发挥着巨大的作用，可以在移动设备、消费类电子产品、个人微型计算机和智能控件工具间进行近距离无线通信。

7.5 物联网数据处理与存储技术

大型物联网系统中数亿、数十亿个传感设备(如传感器、多媒体采集设备、遥感设施等)在不断地感知动态变化的物理世界，并通过各类移动通信设备、计算机与互联网连接和整合，共同构成了人类未来的信息网络，最终将形成人—机—物三元融合的信息世界。据预测，三元融合世界带来的信息量将远远超过现有人类社会的信息。物联网的感知数据是典型的大数据，具备5 V(Volume(数据量大)、Variety(数据多样化)、Volocity(高速)、Value(低价值密度)、Veracity(真实性))的全部特征。同时，伴随着物联网数据规模的爆炸式增长，数据的获取方式、表现形态、相互关系、存取速度和语义演化也会发生一系列根本变化，给目前的海量信息处理技术带来前所未有的挑战。

传统的数据管理技术已经难以满足物联网感知大数据处理需求。例如，起源于20世纪70年代的关系数据库采用了集中式设计，因此并不太适用于分布、并行环境。这种不足在对象数据库、对象关系数据库中也同样存在。直到最近几年，随着云计算键-值模型的提出以及列存储系统的产生，海量数据处理技术才有了显著进步。

作为海量信息处理的主流技术之一，云计算数据处理技术方兴未艾，但在物联网感知大数据管理上还存在诸多局限性。目前，云计算的大部分研究工作集中在软硬件架构、网络和服务模式层面，大多数现有方案局限于关键词处理。接下来详细介绍云计算技术。

1. 云计算的概念

总的来说，云计算可以算作网格计算的一个商业演化版。我国刘鹏教授早在2002年就针对传统网格计算思路存在不实用问题提出了计算池的概念："把分散在各地的高性能计算机用高速网络连接起来，用专门设计的中间件软件有机地黏合在一起，以Web界面接受各地科学工作者提出的计算请求，并将之分配到合适的节点上运行。计算池能大大提高资源的服务质量和利用率，同时避免跨节点划分应用程序所带来的低效性和复杂性，能够在目前条件下达到实用化要求。"这个理念与当前的云计算非常接近。

2. 云计算的特点

1) 超大规模

"云"具有相当大的规模，Google云计算已经拥有100多万台服务器，Amazon、IBM、微软、Yahoo等的"云"均拥有几十万台服务器。企业私有云一般拥有数百上千台服务器。"云"能赋予用户前所未有的计算能力。图7.34(a)所示为Google公司位于比利时的圣吉兰(Saint Ghislain)数据中心，其完全依靠数据中心外面的空气来冷却系统。图7.34(b)所示为Google公司的Dalles数据中心，位于俄勒冈州的哥伦比亚河旁，河上的Dalles大坝为数据中心提供电力。数据中心有2座4层楼高的冷却塔。Google数据中心以集装箱为单位，每个集装箱有1160台服务器，每个数据中心有众多集装箱。Google一次搜索查询的能耗能点亮100瓦的灯泡11秒。

(a) Google 公司的圣吉兰数据中心

(b) Google 公司的 Dalles 数据中心

图 7.34　Google 数据中心

2) 虚拟化

云计算支持用户在任意位置、使用各种终端获取应用服务，图 7.35 所示为云计算架构。所请求的资源来自“云”，而不是固定的有形的实体。应用在“云”中某处运行，但实际上用户无需了解，也不用担心应用运行的具体位置。只需要一台笔记本电脑或者一个手机，就可以通过网络服务来实现我们需要的一切，甚至包括超级计算这样的任务。

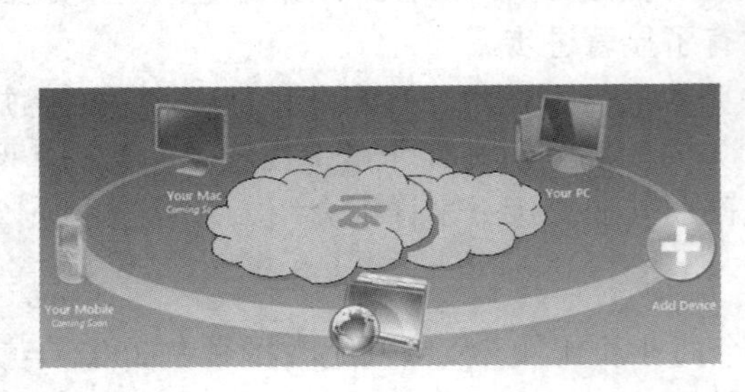

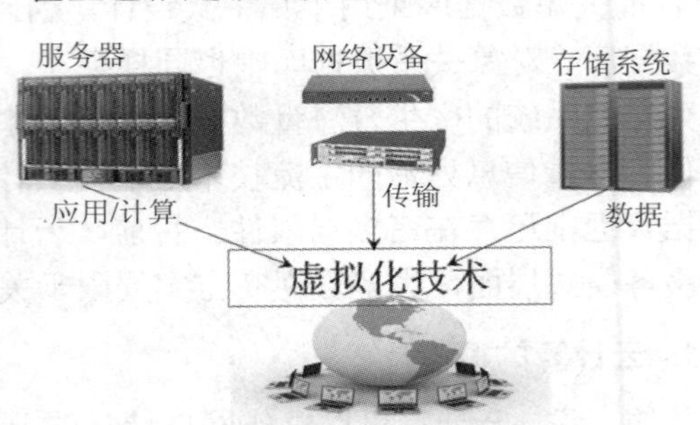

图 7.35　云计算架构

3) 高可靠性

“云”使用了数据多副本容错、计算节点同构可互换等措施来保障服务的高可靠性，使用云计算比使用本地计算机可靠。

4) 通用性

云计算不针对特定的应用，在“云”的支撑下可以构造出千变万化的应用，同一个“云”可以同时支撑不同的应用运行。

5) 高扩展性

“云”的规模可以动态伸缩，满足应用和用户规模增长的需要。

6) 按需服务

“云”是一个庞大的资源池，用户可按需购买；云可以像自来水、电、煤气那样计费。

7) 极其廉价

由于“云”的特殊容错措施，因此可以采用极其廉价的节点来构成“云”。“云”的自动化集中式管理使大量企业无需负担日益高昂的数据中心管理成本，“云”的通用性使资源利用率较之传统系统大幅提升，因此用户可以充分享受“云”的低成本优势，只要花费几百美元、几天时间就能完成以前需要数万美元、数月时间才能完成的任务。

8) 潜在的危险性

云计算服务除了提供计算服务外，还必然提供了存储服务。但是云计算服务当前垄断在私人机构(企业)手中，不可避免地让这些私人机构以“数据(信息)”的重要性挟制整个社会。对于信息社会而言，“信息安全性”是至关重要的。另外，云计算中的数据对于数据所有者以外的其他云计算用户是保密的，但是对于提供云计算的商业机构而言确毫无秘密可言。

3. 云计算的服务类型

云计算作为一种新的服务模式，按服务类型可大致分为以下几种：

1) 将基础设施作为服务(Infrastructure as a Service, IaaS)

消费者通过Internet可以从完善的计算机基础设施获得服务。世纪互联集团目前已开拓新的IT基础设施业务，截至目前，世纪互联在全国20多个城市运营超过50个数据中心，拥有超过44 000个机柜，端口容量达2000 Gb/s以上。

2) 将软件作为服务(Software as a Service, SaaS)

SaaS是一种通过Internet提供软件的模式，用户无需购买软件，而是向提供商租用基于Web的软件，来管理企业经营活动。相对于传统的软件，SaaS解决方案有明显的优势，包括较低的前期成本、便于维护、快速展开使用等。

3) 将平台作为服务(Platform as a Service, PaaS)

PaaS实际上是指将软件研发的平台作为一种服务，以SaaS的模式提交给用户。因此，PaaS也是SaaS模式的一种应用。但是，PaaS的出现可以加快SaaS的发展，尤其是加快SaaS应用的开发速度。但是，PaaS还是存在一定的技术门槛，国内大多数公司还没有此技术实力。

4. 云计算应用

1) 国外云计算应用

(1) 亚马逊。

亚马逊的云名为亚马逊网络服务(Amazon Web Services，AWS)，目前主要由4块核心服务组成：简单存储服务(S3)、弹性计算云(EC2)、简单排列服务以及SimpleDB对数据的管理。换句话说，亚马逊现在提供的是可以通过网络访问的存储、计算机处理、信息排队和数据库管理系统接入式服务。亚马逊的云计算结构如图7.36所示。

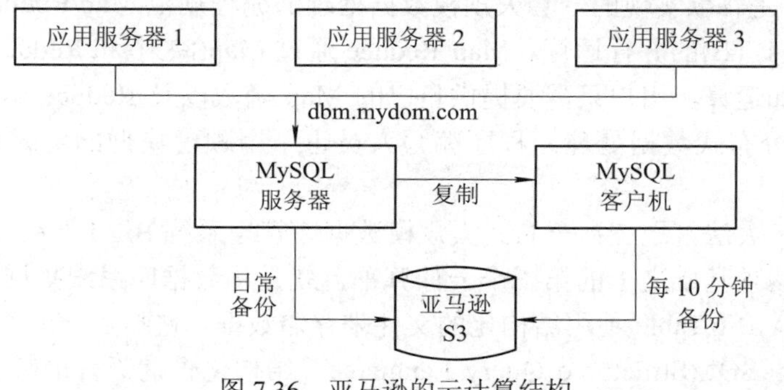

图7.36　亚马逊的云计算结构

(2) 谷歌公司(Google，下称谷歌)。

Google 搜索引擎建立在分布于 200 多个地点、超过 100 万台服务器的支撑之上，其围绕 Internet 搜索创建了一种超动力商业模式。如今，他们又以应用托管、企业搜索以及其他更多形式向企业开放了他们的“云”。

在云计算领域，亚马逊目前在市场份额方面优势明显，但微软、谷歌等云计算服务提供商也在尽力吸引更多的用户，进而扩大市场份额。为了方便更多的用户迁移到云计算平台，2020 年 1 月，谷歌云计算部门宣布将同 IBM 合作，将 IBM 的 Power Systems 引入谷歌的云计算。谷歌云目前也已推出了引入 IBM Power Systems 之后的服务，利用 IBM 强大的基础架构和谷歌云的云技术来实现相关企业的云策略，相关的服务也能简化用户的云迁移过程，将 IBM Power Systems 的性能与谷歌云的低延迟网络等相结合，谷歌云能为企业提供所需要的、经济且高效的解决方案。

谷歌云计算三大法宝之一：GFS(Google File System，谷歌文件系统)。

GFS 是一个可扩展的分布式文件系统，用于大型的、分布式的、对大量数据进行访问的应用。GFS 中的文件读写模式和传统的文件系统不同。

一个 GFS 集群包含一个主服务器和多个块服务器，被多个客户端访问。GFS 的结构如图 7.37 所示。通过服务器端和客户端的联合设计，GFS 客户端代码被嵌入每个程序里，它实现了 GFS API，对数据进行读写。

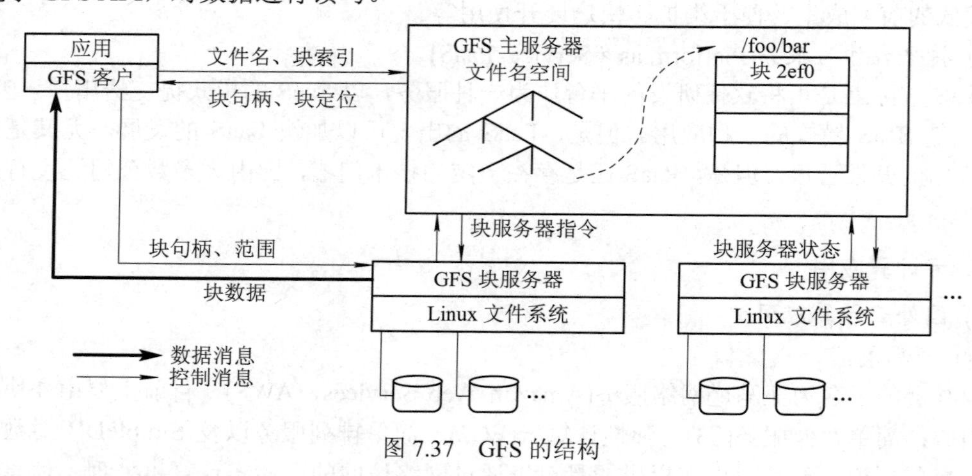

图 7.37 GFS 的结构

谷歌云计算三大法宝之二：Map Reduce 分布式编程环境。

Map Reduce 是谷歌实现的一套大规模数据处理的编程规范 Map/Reduce 系统，用于大规模数据集(大于 1 TB)的并行运算。Map Reduce 通过 Map(映射)和 Reduce(化简)这样两个简单的概念来参加运算，用户只需要提供自己的 Map 函数以及 Reduce 函数就可以在集群上进行大规模的分布式数据处理，程序编写人员也不用顾虑集群的可靠性、可扩展性等问题。

谷歌云计算三大法宝之三：分布式大规模数据库管理系统 Big Table。

构建于上述两项基础之上的第三个云计算平台就是将数据库系统扩展到分布式平台上的 Big Table 系统。Big Table 使用结构化的文件来存储数据。它不是一个关系型数据库，不支持关联或类似于 SQL(Structured Query Language，结构化查询语言)的高级查询，取而代之的是多级映射的数据结构。

2) 国内云计算应用

(1) 百会移动办公，其典型应用如下：

① 百会 CRM：一款全球领先的企业级客户关系管理整体解决方案，围绕客户生命周期，将市场活动、线索、商机、销售跟踪和预测有机整合。

② 百会办公门户：集成企业邮箱、企业即时通信、企业网盘、群组、日历、企业知识库及内部论坛等多种应用的企业办公平台。

③ 百会云邮箱：企业即时通信、文档协作和企业邮箱的完美结合，云端收发共享，多终端邮件同步的最佳方式。

④ 百会文件：集成 Office 的企业网盘，独创技术实现多人、异地、实时、协作编辑同一个文档的协作平台。

⑤ 百会快 OA：具备超强的快速定制能力，基于全球知名的云开发平台，可为中小企业的管理需求提供量身定制的、高性价比的解决方案。

⑥ 百会创造者：一个提供应用快速在线开发和运行环境的云开发平台。

⑦ 百会 Office：将常用办公工具与数据存储、协作办公、云计算进行无缝整合，打破了传统 Office 的局限，使办公更为方便、快捷。

(2) 易度云办公平台。

易度云办公平台的典型应用有文档管理、项目管理和云办公服务。以文档管理为例，其能够实现以下功能：TB 级海量文档集中安全存储，100 多种文档在线查看，强大的文档搜索功能，精细的文档权限控制，文档审核、变更流程的控制。

7.6 物联网信息安全技术

7.6.1 物联网信息安全的研究背景和意义

物联网产业融合了广泛的信息化技术，需要更多的产学研机构参与。同时，物联网产业的发展主要是以应用来推动，需要发挥政府各个部门的积极性，明确产业方向，引导市场需求，并从政策上给予扶持，鼓励各种类型的企业积极投入研发、生产和运营。我国政府一直高度重视信息化建设，很早就提出以信息化带动工业化，通过全面提高我国信息化水平，实现产业升级和经济增长方式转变，且早在国家“十一五”规划中就已经对宽带无线通信网络、传感网、编码等物联网涵盖的一些问题做了相关部署。近年来，党和国家领导人更充分认识到以物联网为主要内容的新一代信息化浪潮的迅猛发展，适时果断提出要加快发展我国物联网产业，相关政府部门对有关问题迅速做出部署。2009 年 8 月 7 日，国务院总理温家宝在无锡视察中科院物联网技术研发中心时指出，要尽快突破核心技术，将物联网产业发展上升到战略性新兴产业的高度。2009 年 9 月 11 日，中国传感网标准工作组正式成立，该工作组将聚集国内物联网主要技术力量，制定国家标准，积极参与国际标准提案工作，促进国内外物联网业界同行的交流和合作，通过标准为产业发展奠定坚实基础，提升中国在物联网领域的国际竞争力。11 月 3 日，国务院指出要着力突破传感网、物联网关键技术。随后在 12 月 11 日，工信部开始统筹部署宽带普及、三网融合、物联网及下一代互联网发展，将加快培育物联网产业列为我国信息产业发展的三大重要目标，制定技术产业发展规划和应用推进计划，推动发展关键传感器件、装备、系统及服务。2011 年 11 月 28 日，工业和信息化部发布了《物联网“十二五”发展规划》，进一步明确了国家在“十二五”期间在物联网方面的发展目标。《物联网“十二五”发展规划》指出，要大力攻克核心技术，加快构建标准体系，协调推进产业发展，着力培育骨干企业，积极开展应用示范，合理规划区域布局，加强信息安全保障，提升公共服务能力。需要说明的是，《物联网“十二五”发展规划》将信息安全保障作为一个专门任务予以重视，其内容包括加强物联网安全技术研发，建立并完善物联网安全保障体系，加强网络基础设施安全防护建设。2016 年 11 月 28 日，工业和信息化部发布了《物联网“十三五”发展规划》，明确指出了“十三五”发展思路和目标。“十三五”时期是经济新常态下创新驱动、形成发展新动能的关键时期，必须牢牢把握物联网新一轮生态布局的战略机遇，大力发展物联网技术和应用，加快构建具有国际竞争力的产业体系，深化物联网与经济社会融合发展，支撑制造强国和网络强国建设。到 2020 年底，具有国际竞争力的物联网产业体系基本形成，包含感知制造、网络传输、智能信息服务在内的总体产业规模突破 1.5 万亿元，智能信息服务的比例大幅提升。推进物联网感知设施规划布局，公众网络 M2M 连接数突破 17 亿。物联网技术研发水平和创新能力显著提高，适应产业发展的标准体系初步形成，物联网规模应用不断拓展，泛在安全的物联网体系基本成型。

7.6.2 物联网信息安全的特征、需求与目标

1. 物联网信息安全的特征

从物联网的信息处理过程来看，感知信息经过了采集、汇聚、融合、传输、决策与控制等过程，整个信息处理的过程体现了物联网安全的特征与要求， 也揭示了所面临的安全问题。

(1) 感知网络的信息采集、传输与信息安全问题。

感知节点呈现多源异构性，无法提供统一的安全保护体系。

(2) 核心网络的传输与信息安全问题。

核心网络具有相对完整的安全保护能力，现有通信网络的安全架构都是从人通信的角度设计的，对以物为主体的物联网，要建立适合于感知信息传输与应用的安全架构。

(3) 物联网业务的安全问题。

大规模、多平台、多业务类型使物联网业务层的安全面临新的挑战。

2. 物联网信息安全的需求

(1) 物联网信息机密性。

信息隐私是物联网信息机密性的直接体现，如感知终端的位置信息。另外，在数据处理过程中同样存在隐私保护问题， 如物联网中信息采集、传递和查询等操作，不会由于个人隐私或机构秘密的泄露而造成对个人或机构的伤害。信息的加密是实现机密性的重要手段，由于物联网的多源异构性，因此密钥管理显得更为困难。

(2) 物联网信息完整性和可用性。

物联网的信息完整性和可用性贯穿物联网数据流的全过程，网络入侵、拒绝攻击服务、Sybil 攻击、路由攻击等都使信息的完整性和可用性受到破坏。同时，物联网的感知互动过程也要求网络具有高度的稳定性和可靠性，如在仓储物流应用领域，物联网必须是稳定的，不能出现互联网中电子邮件时常丢失等问题，不然无法准确检测进库和出库的物品。

3. 物联网信息安全的目标

物联网信息安全目标与网络信息安全目标类似，通俗地说，就是保护网络信息系统，使其没有危险，不受威胁，不出事故。

7.6.3　物联网信息安全的关键技术概述

1. 物联网感知层信息安全的关键技术

物联网感知层主要包括传感器节点、传感网路由节点、感知层网关节点(又称协调器节点或汇聚节点)，以及连接这些节点的网络，通常是短距离无线网络，如 ZigBee、433、WiFi 等。广义上，传感器节点也包括 RFID 标签，感知层网关节点包括 RFID 读写器，无线网络也包括 RFID 使用的通信协议(如 EPC global)。考虑到许多传感器的特点是资源受限，因此处理能力有限，对安全的需求也相对较弱，但完全没有安全保护会面临很大问题，因此需要轻量级安全保护。对轻量级并没有一个标准的定义，但我们可以分别以轻量级密码算法和轻量级安全协议进行描述。由于 RFID 标准中为安全保护预留了 2000 门等价电路的硬件资源，因此如果一个密码算法能使用不多于 2000 门等价电路来实现，这种算法就可以称为轻量级密码算法。目前已知的轻量级密码算法包括 PRESENT 和 LBLOCK 等。而对轻量级安全协议没有一个量化描述，许多安全协议都声称为轻量级协议。虽然轻量级密码算法有一个量化描述，但追求轻量的目标却永无止境。因此，这里列出几个轻量级密码算法设计的关键技术和挑战：

1) 超轻量级密码算法的设计

这类密码算法包括流密码和分组密码，设计目标是在硬件实现成本上越小越好，不考虑数据吞吐率和软件实现成本和运行性能，使用对象是 RFID 标签和资源非常有限的传感器节点。

2) 可硬件并行化的轻量级密码算法的设计

这类密码算法同样包括流密码和分组密码算法，设计目标是考虑不同场景的应用，或通信两端的性能折中。虽然其在轻量化实现方面也许不是最优，但当不考虑硬件成本时，可使用并行处理技术实现吞吐率的大幅度提升，适合协调器端使用。

3) 软件并行化的轻量级密码算法的设计

这类密码算法的设计目标是满足一般硬件轻量级需求，但软件实现时可以实现较高的吞吐率，适合在一个服务器管理大量终端感知节点情况下在服务器上软件实现。

4) 轻量级公钥密码算法的设计

在许多应用中，公钥密码具有不可替代的优势，但公钥密码的轻量化到目前为止是一个没有逾越的技术挑战，即公开文献中还没有找到一种公钥密码算法可以使用小于 2000 门等价电路实现，且在当前计算能力下不可实际破解。

5) 非平衡公钥密码算法的设计

这其实是轻量级公钥密码算法的折中措施，目标是设计一种在加密和解密过程中很不平衡的公钥密码算法，使其加密过程达到轻量级密码算法的要求或解密过程达到轻量级密码算法的要求。考虑到轻量级密码算法的使用在很多情况下是在传感器节点与协调器或服务器进行通信，而后者计算资源不受限制，因此无需使用轻量级算法，只要在传感器终端上使用的算法具有轻量级即可。对于轻量级安全协议，既没有量化描述，也没有定性描述。总体上，安全协议的轻量化需要与同类协议相比，减少通信轮数(次数)，减少通信数据量，减少计算量。当然，要满足这些要求一定会有所牺牲，就是可靠性甚至某些安全性方面的牺牲。可靠性包括对数据传递的确认(是否到达目的地)、对数据处理的确认(是否被正确处理)等，而安全性包括前向安全性、后向安全性等，因为这些安全威胁在传感器网络中不太可能发生，攻击成本高而造成的损失小。轻量级安全协议包括如下几种：

(1) 轻量级安全认证协议，即如何认证通信方的身份是否合法；

(2) 轻量级安全认证与密钥协商协议(Authentication and Key Agreement，AKA)，即如何在认证成功后建立会话密钥，包括同时建立多个会话密钥的情况；

(3) 轻量级认证加密协议，即无需对通信方的身份进行专门认证，在传递消息时验证消息来源的合法性即可。这种协议适合非连接导向的通信；

(4) 轻量级密钥管理协议，包括轻量级 PKI(Public Key Infrastructure，公钥基础设施)轻量级密钥分发(群组情况)、轻量级密钥更新等。注意，无论轻量级密码算法还是轻量级安全协议，都必须考虑消息的新鲜性，以防止重放攻击和修改重放攻击。这是与传统数据网络有着本质区别的地方。

2. 物联网传输层信息安全的关键技术

物联网传输层主要包括互联网和移动网络(如 GSM、LTE、5G 等)，也包括一些非主流的专业网络，如电信网、电力载波等。但研究传输层安全关键技术时一般主要考虑互联网和移动网络。事实上，互联网有许多安全保护技术，包括物理层、IP 层、传输层和应用层的各个方面，而移动网络的安全保护也有自己的国际标准，因此物联网传输层的安全技术不是物联网安全中的研究重点。

3. 物联网处理层信息安全的关键技术

物联网处理层就是数据处理中心，小的可以是一个普通的处理器，大的可以是由分布式机群构成的云计算平台。从信息安全角度考虑，系统越大，受到攻击者关注的可能性就越大，因此需要的安全保护程度就越高。因此，物联网处理层安全的关键技术主要是云计算安全的关键技术。

4. 物联网应用层安全的关键技术

物联网的应用层严格地说不是一个具有普适性的逻辑层，因为不同的行业应用在数据处理后的应用阶段表现形式相差各异。综合不同的物联网行业应用可能需要的安全需求，物联网应用层安全的关键技术可以包括如下几个方面：

1) 隐私保护技术

隐私保护包括身份隐私和位置隐私。身份隐私就是在传递数据时不泄漏发送设备的身份；而位置隐私则是告诉某个数据中心某个设备在正常运行，但不泄漏设备的具体位置信息。事实上，隐私保护都是相对的，没有泄漏隐私并不意味着没有泄漏关于隐私的任何信息。例如，位置隐私通常要泄漏(有时是公开或容易猜到的信息)某个区域的信息，要保护的是这个区域内的具体位置；而身份隐私也常泄漏某个群体的信息，要保护的是这个群体的具体个体身份。在物联网系统中，隐私保护包括 RFID 的身份隐私保护、移动终端用户的身份和位置隐私保护、大数据下的隐私保护技术等。在智能医疗等行业应用中，传感器采集的数据需要集中处理，但该数据的来源与特定用户身份没有直接关联，这就是身份隐私保护。这种关联的隐藏可以通过第三方管理中心来实现，也可以通过密码技术来实现。

隐私保护的另一个种类是位置隐私保护，即用户信息的合法性得到检验，但该信息来源的地理位置不能确定。同样，位置隐私的保护方法之一是通过密码学的技术手段。根据经验，在现实世界中稍有不慎，我们的隐私信息就会被暴露于网络上，有时甚至处处小心还是会泄露隐私信息。因此，如何在物联网应用系统中不泄露隐私信息是物联网应用层的关键技术之一。在物联网行业应用中，如果隐私保护的目标信息没有被泄露，就意味着隐私保护是成功的。

2) 移动终端设备安全

智能手机和其他移动通信设备的普及为生活带来极大便利的同时，也带来很多安全问题。当移动设备失窃时，设备中数据和信息的价值可能远大于设备本身的价值，因此如何保护这些数据不丢失、不被窃是移动设备安全的重要问题之一。当移动设备成为物联网系统的控制终端时，移动设备的失窃所带来的损失可能会远大于设备中数据的价值，因为对 A 类终端的恶意控制造成的损失不可估量，因此作为物联网 B 类终端的移动设备安全保护是重要的技术挑战。

3) 物联网安全基础设施

即使保证物联网感知层安全、传输层安全和处理层安全，也保证终端设备不失窃，也仍然不能保证整个物联网系统的安全。一个典型的例子是智能家居系统，假设传感器到家庭汇聚网关的数据传输得到安全保护，家庭网关到云端数据库的远程传输得到安全保护，终端设备访问云端也得到安全保护，但对智能家居用户来说还是没有安全感，因为感知数据是在别人控制的云端存储的。如何实现端到端安全，即 A 类终端到 B 类终端及 B 类终端到 A 类终端的安全，需要由合理的安全基础设施完成。对智能家居这一特殊应用来说，安全基础设施可以非常简单，如通过预置共享密钥的方式完成；但对其他环境，如智能楼宇和智慧社区，预置密钥的方式不能被接受，也不能让用户放心。因此，如何建立物联网安全基础设施的管理平台是安全物联网实际系统建立中不可或缺的组成部分，也是重要的技术问题。

4) 物联网安全测评体系

安全测评不是一种管理，更重要的是一种技术。首先要确定测评什么，即确定并量化测评安全指标体系，然后给出测评方法，这些测评方法应该不依赖于使用的设备或执行的人，而且具有可重复性。这一问题必须首先解决好，才能推动物联网安全技术落实到具体的行业应用中。

思 考 题

1. 简述条形码编码方法。
2. 什么是 RFID？RFID 的技术特点有哪些？
3. 无线传感器网络的关键技术有哪些？
4. 物联网系统中采用的定位技术有哪些？
5. 简述云计算的特点。
6. 物联网信息安全技术有哪些？

第 8 章　物联网与当前热门技术

8.1　物联网与 5G 通信

8.1.1　5G 是物联网的时代

2019 年 6 月 6 日，工业和信息化部正式向中国移动、中国联通、中国电信和中国广电发布了 4 张 5G 商用牌照，这意味着国内正式迈进 5G 时代。而作为全球唯一能够提供端到端 5G 商业解决方案的华为，也公开表示已为迎接中国的 5G 商用做好了准备。

除此之外，国内手机厂商如小米、OPPO 等也迫不及待地于 2019 年初就带来了已具形态的 5G 手机展示。与此同时，BAT 等科技公司也纷纷调整战略与组织架构布局，全面迎接全新的 5G 时代。5G 的诞生将改写物联网领域。

5G 是新一代蜂窝移动通信技术，也是 4G(LTE、WiMAX-A)、3G(UMTS)、2G(GSM)标准的延伸。相比可打电话的 2G、能够上网的 3G、满足移动互联网用户需求的 4G，逐步可以商用的 5G 在多重性能上更胜一筹，如：

(1) 高数据率与低延迟；

(2) 更节能，有效地降低通信成本；

(3) 具备更高的系统容量；

(4) 更可靠的连接；

(5) 平均下载速度为 1 Gb/s，最高 20 Gb/s。

5G 和物联网相辅相成，而这又与物联网有何联系？其实 5G 和物联网的关系，可以看成 4G 与互联网的关系。

如今根据 Business Insider 的预测数据显示，物联网设备安装数量将在接下来的几年中呈现爆发式发展，如图 8.1 所示。

截至 2021 年，全球预估将有 225 亿个连接的物联网设备。

面对如此庞大的生态系统，低延时、高速率、高容量的 5G 不乏为一个优秀的选择。对此，知名互联网学者、DCCI(Data Center of China Internet，互联网数据中心)互联网研究院院长刘兴亮也曾表示：

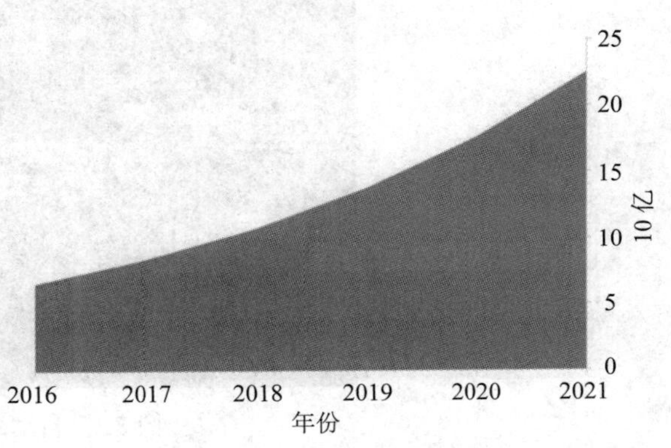

图 8.1　物联网设备安装数量预测

3G 和 iPhone、Android 一起开启了移动互联网的新时代。谁也无法否认，这是人类历史上一个伟大的时代。现在，5G 也被赋予了这样的历史使命，它也将会大规模开启一个新的时代。

基于此，在物联网时代被寄予满满期望的 5G 将会为物联网带来哪些改变？

1. 智慧城市

5G 将在智慧城市计划中实现更广泛的应用，从垃圾管理、交通监控到逐渐智能化的医疗设施。

随着越来越多的传感器进入城市基础设施，智慧城市将充分受益于新一代网络，毕竟 5G 不仅能够处理大量的数据负载，还可以集成各种智能系统，不断达成通信交互，实现真正联网城市的愿景。图 8.2 为智慧城市布局。

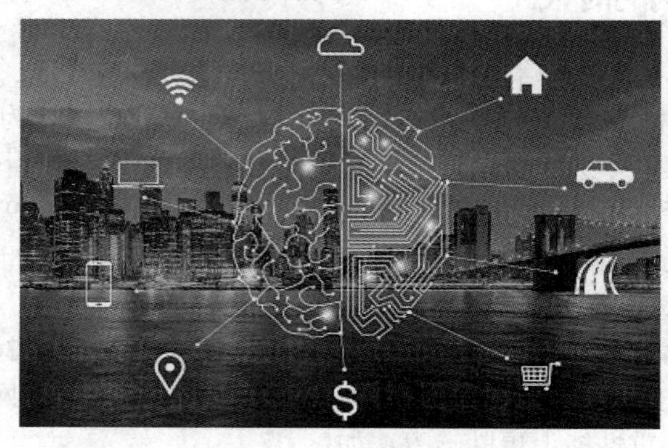

图 8.2 智慧城市布局

2. 自动驾驶汽车

未来，自动驾驶将是人工智能、物联网相结合发展的一个重要方向。

基于车联网技术，自动驾驶汽车上的传感器会产生大量数据，其中包括测量温度、交通状况、天气、GPS 位置等，这些生成的数据会消耗大量能源。此外，自动驾驶汽车也需要依赖于信息的实时传输技术以提供最佳服务。图 8.3 为自动驾驶模拟。

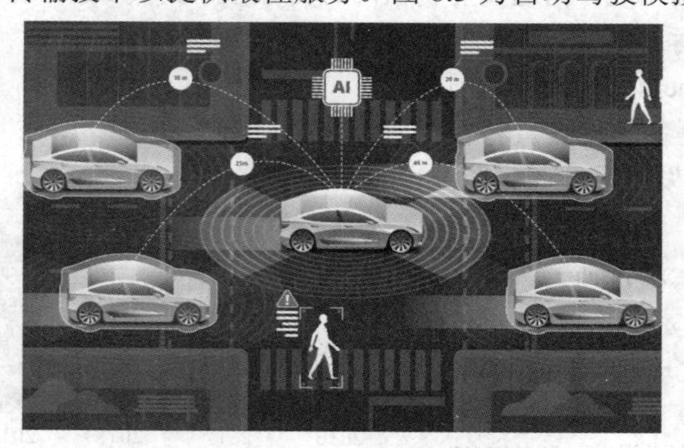

图 8.3 自动驾驶模拟

如今，凭借高速连接和低延迟的 5G，自动驾驶汽车可以自动化收集各种数据，包括时间关键数据，且算法可以在这些数据上自动跟踪汽车的工作状况和改善未来的设计。

3. 智慧医疗

智慧医疗英文简称为 WIT120，是最近兴起的专有医疗名词，是一套融合物联网、云计算等技术，以患者数据为中心的医疗服务模式。智慧医疗采用新型传感器、物联网、通信等技术并结合现代医学理念，构建以电子健康档案为中心的区域医疗信息平台，将医院之间的业务流程进行整合，优化了区域医疗资源，实现跨医疗机构的在线预约和双向转诊，缩短病患就诊流程，缩减相关手续，使得医疗资源合理化分配，真正做到以病人为中心。在不久的将来，医疗行业将融入更多人工智能、传感技术等高科技，从而使医疗服务走向真正意义的智能化，推动医疗事业的繁荣发展。在中国新医改的大背景下，智慧医疗正在走进寻常百姓的生活。图 8.4 所示为某医院正在开展远程医疗手术。

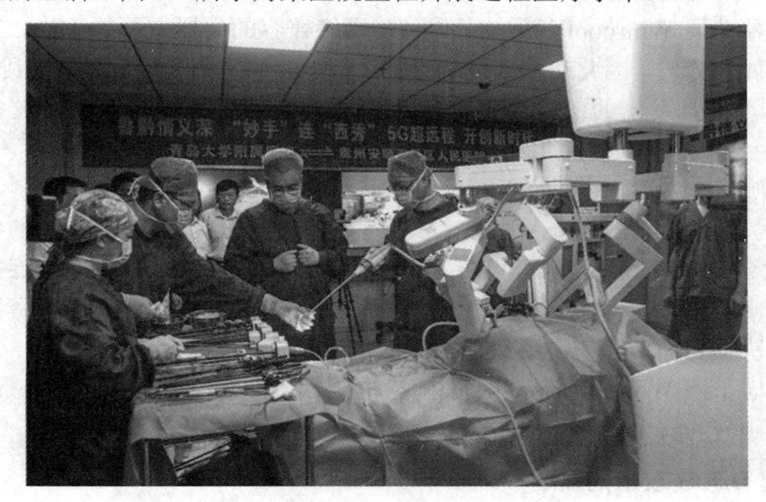

图 8.4　远程医疗手术

物联网技术在医疗领域的应用潜力巨大，能够帮助医院实现对人的智能化医疗和对物的智能化管理工作，支持医院内部医疗信息、设备信息、药品信息、人员信息、管理信息的数字化采集、处理、存储、传输、共享等，实现物资管理可视化、医疗信息数字化、医疗过程数字化、医疗流程科学化、服务沟通人性化，能够满足医疗健康信息、医疗设备与用品、公共卫生安全的智能化管理与监控等方面的需求，从而解决医疗平台支撑薄弱、医疗服务水平整体较低、医疗安全生产隐患等问题。

8.1.2　5G 和物联网面临的挑战

从全球部署的角度来看，5G 移动网络仍然有些陌生，但它们的前景令人鼓舞。它们不仅提出了很高的数据传输速度，而且还将促进设备之间的连接。智能设备以及可以连接到网络的任何个人或家庭使用的设备都将受益于更好的连接性和更高的速度。尽管最新一代的移动网络具有许多优势，但也存在一些安全挑战。

关于 5G 网络和物联网装置的不同安全领域，可以侧重于网络通信的加密、IPv6 地址以及使用这些易受攻击的物联网装置可能发生的 DDoS(Distributed Denial of Service，分布式拒绝服务攻击)。其主要有以下几个方面。

1. 5G 网络上的流量加密

物联网是一种保持其新兴地位和持续增长的技术。5G 网络正在逐步实现，这一事实使得连接的设备数量大大增加。个人、企业和/或工业设备每天都通过物联网功能连接到网络，使它们能够更智能地工作。因此，最终用户可以从每个设备中获得最大的利益。截至 2015 年，联网的物联网设备数量已超过 50 亿件。

众所周知，物联网已经促进了与多个设备的网络连接。很少有人想到灯泡可以连接到互联网，但今天已经实现了。但是，对于网络犯罪分子而言，这是一个非常诱人的领域，更不用说通过此网络传输的所有数据。网络犯罪分子利用新兴技术的机会非常高，这主要是因为其仍有一些方面和标准需要定义。

著名的电器公司 Whirpool 正致力于与 5G 网络兼容的电器方面的工作。家用电器的大部分骨架是金属制成的，因此在内部放置 WiFi 天线并不能使其很好地连接到无线网络，因为信号会反弹，但是发出的信号通过 5G 天线则可以顺利通过且物联网设备可以连接到 Internet。

但是流量呢？未加密。为此，Whirpool 建议对 5G 流量进行加密。同样，他们选择将 5G 天线配置为仅接收合法流量。因此，每当有设备想要连接到 Whirpool 的内部网络时，该 5G 天线就会检查其是否为许可设备。如果不是，则忽略，设备将无法连接。如果有人想进行中间攻击，那么实际上将是无用的，因为捕获的流量将无法通过加密读取。当然，其有效性将取决于它们可以实现哪种加密算法。

他们还考虑了该 Whirpool 内部网络中生成的流量流向 Internet 的情况。该公司本身表示将实施一种额外的安全机制，其中包括使用 VPN 隧道。

2. 大规模 DDoS 攻击的风险

5G 网络重要的特征之一与安全性有关。其特点是与网络服务非常相似的运作环境，在这种环境中，严格的认证方法和全面的安全措施得到执行。因此，通过这些网络进行的通信具有额外的保护层面，但也有潜在的威胁来源。诺基亚威胁情报实验室的一位代表指出，5G 为兼容装置提供了更大的带宽，这将使能力更强的 BOTSIOT 能够通过。这一增强的能力将有助于开发可用于高带宽 DDO 攻击的 BotNet。

另一个可能危及连接到 5G 的物联网设备安全性的细节是位置。在什么意义上呢？最新一代移动网络的优势之一是它促进了远程位置的连接。这样做的缺点是，许多物联网设备在维护或升级时可能会受到限制。因此，几乎在默认情况下，这些设备很容易受到攻击。

另外，这些设备中的许多都通过 Linux 发行版运行，因此它们实际上被用作计算机。遗憾的是，许多用户没有想到他们需要防病毒-恶意软件保护和更新的事实。一旦感染，他们可能会托管非法内容，包括恶意软件和/或病毒，与命令及控制有关的数据以及与网络犯罪攻击协作的任何其他功能。

3. IPv6 地址和欺骗攻击的危险

与 IPv4 地址相比，IPv6 地址的数量更庞大。众所周知，IPv4 的地址几乎全部被占用，这是事实。迈向 5G 网络将涉及大量设备，IPv4 完全不支持这些设备。如果这些设备默认情况下使用 IPv6，则它们将没有私有地址，但有公共地址。公共 IP 地址在 Internet 上可见且可追溯。因此，非常重要的一点是要注意从 IPv4 到 IPv6 的迁移。在公司环境中使用的那些设备必须以强制性方式迁移到 IPv6，以确保地址是私有的并且它们不能从 Internet 访问。

欺骗攻击会怎样？5G 网络没有独立于前几代的网络架构，这意味着任何存在的漏洞，如在 4G 网络中的漏洞，都将出现在最新一代的移动网络中。4G 重要的漏洞之一与 GTP 协议有关。后者是一种通信协议，适用于移动网络，特别是 3G 和 4G 网络。它允许对生成的流量进行管理和控制，漏洞在于可以为用户获取和解释流量数据，然后可能会进行假冒攻击，损害受影响用户的体验。

8.2　物联网与大数据

8.2.1　物联网与大数据的关系

物联网和大数据之间的联系非常紧密，如图 8.5 所示，主要体现在以下几个方面：

(1) 物联网是大数据的重要基础。大数据的数据来源主要有 3 方面，分别是物联网、Web 系统和传统信息系统，其中物联网是大数据的主要数据来源，占整个数据来源的 90% 以上，所以说没有物联网也就没有大数据。

(2) 大数据是物联网体系的重要组成部分。物联网的体系结构分成 6 个部分，分别是设备、网络、平台、分析、应用和安全，其中分析部分的主要内容就是大数据分析。大数据分析是大数据完成数据价值化的重要手段之一，目前的分析方式有两种，一种是基于统计学的分析方式，另一种是基于机器学习的分析方式。当大数据与人工智能技术相结合之后，智能体就可以把决策通过物联网平台发送到终端，当然决策也可以是人工做出的。

(3) 物联网平台的发展进一步整合大数据和人工智能。当前物联网平台的研发正处在发展期，随着相关标准的陆续制定，未来物联网平台将进一步整合大数据和人工智能，物联网未来必然是数据化和智能化。

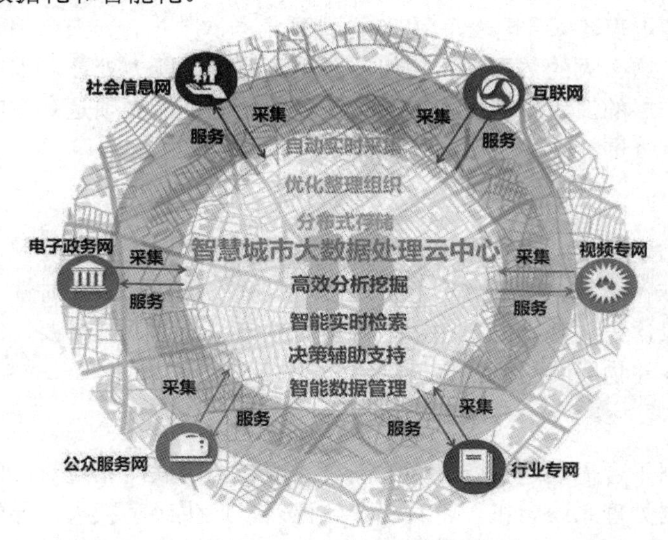

图 8.5　物联网与大数据之间的联系

大数据时代已经来临。传感器、RFID 等的大量应用，计算机、摄像机等设备和智能手机、平板电脑、可穿戴设备等移动终端的迅速普及，促使全球数字信息总量急剧增长。物联网是大数据的重要来源，随着物联网在各行各业的推广应用，每秒钟物联网上都会产生海量数据。

数据是资源、财富。大数据分析已成为商业的关键元素，基于数据的分析、监控、信息服务日趋普遍。在各行各业中，数据驱动的企业越来越多，他们须实时吸收数据并对之进行分析，形成正确的判断和决策。大数据正成为 IT 行业全新的制高点，而基于应用和服务的物联网将推动大数据的更广泛运用。

由于物联网数据具有非结构化、碎片化、时空域等特性，因此需要新型的数据存储和处理技术。而大数据技术可支持物联网上海量数据的更深应用。物联网帮助收集来自感知层、传输层、平台层、应用层的众多数据，然后将这些海量数据传送到云计算平台进行分析加工。物联网产生的大数据处理过程可以归结为数据采集、数据存储和数据分析 3 个基本步骤。数据采集和存储是基本功能，而大数据时代真正的价值蕴含在数据分析中。物联网数据分析的挑战还在于将新的物联网数据和已有的数据库整合。

物联网上的大数据应用空间广阔，大数据和物联网结合充满无限可能。随着物联网、互联网、移动互联网、智能终端、大屏显示系统、云计算平台等的联合应用，物联网上的大数据可帮助人们建立智能监控模型、智能分析模型、智能决策模型等应用，深刻改变人们的生活。

8.2.2 物联网大数据平台

一个物联网大数据平台需要具备哪些功能? 与通用的大数据平台相比，它需要具备什么样的特征呢? 下面进行详细分析。

1. 高效分布式

物联网大数据平台必须是高效的分布式系统。物联网产生的数据量巨大，仅中国而言，就有 5 亿多台智能电表，每台电表每隔 15 分钟采集一次数据，一天全国智能电表就会产生 500 多亿条记录。这么大的数据量，任何一台服务器都无能力处理，因此处理系统必须是分布式的、水平扩展的。为降低成本，一个节点的处理性能必须是高效的，需要支持数据的快速写入和快速查询。

2. 实时处理

物联网大数据平台必须是实时处理的系统。对于互联网大数据处理，大家所熟悉的场景是用户画像、推荐系统、舆情分析等，这些场景并不需要什么实时性，批处理即可。但是对于物联网场景，需要基于采集的数据做实时预警、决策，延时要控制在秒级以内。如果计算没有实时性，物联网的商业价值就会大打折扣。

3. 高可靠性

物联网大数据平台需要运营商级别的高可靠服务。物联网系统对接的往往是生产、经营系统，如果数据处理系统宕机，将直接导致停产，产生经济损失，导致对终端消费者的服务无法正常提供。例如，如果智能电表的系统出现问题，直接导致的是千家万户无法正常用电。因此，物联网大数据系统必须是高可靠的，必须支持数据实时备份，必须支持异地容灾，必须支持软件、硬件在线升级，必须支持在线IDC(Internet Data Center，互联网数据中心)机房迁移，否则服务一定有被中断的可能。

4．高效缓存

物联网大数据平台需要高效的缓存功能。绝大部分场景需要能快速获取设备当前状态或其他信息，用以报警、大屏展示或其他。系统需要提供一高效机制，让用户可以获取全部或符合过滤条件的部分设备的最新状态。

5．实时流式计算

物联网大数据平台需要实时流式计算。各种实时预警或预测已经不是简单的基于某一个阈值进行，而是需要通过将一个或多个设备产生的数据流进行实时聚合计算，不只是基于一个时间点，而是基于一个时间窗口进行计算。不仅如此，计算的需求也相当复杂，因场景而异，应容许用户自定义函数进行计算。

6．数据订阅

物联网大数据平台需要支持数据订阅。与通用大数据平台比较一致，同一组数据往往有很多应用都需要，因此系统应该提供订阅功能，只要有新的数据更新，就应该实时提醒应用。另外，该订阅也应该是个性化的，容许应用设置过滤条件，如只订阅某个物理量5分钟的平均值。

7．和历史数据处理合二为一

实时数据和历史数据的处理要合二为一。实时数据在缓存里：历史数据在持久化存储介质里，而且可能依据时长保留在不同的存储介质里。系统应该隐藏背后的存储，为用户和应用呈现的是同一个接口和界面。无论是访问新采集的数据还是10年前的老数据，除输入的时间参数不同之外，其余应该是一样的。

8．数据持续稳定写入

物联网大数据平台需要保证数据能持续稳定写入。对于物联网系统，数据流量往往是平稳的，因此数据写入所需要的资源往往是可以估算的。但是变化的是查询、分析，特别是即席查询，有可能耗费很大的系统资源，不可控。因此，系统必须保证分配足够的资源，以确保数据能够写入系统而不被丢失。准确地说，系统必须是一个写优先系统。

9．数据多维度分析

物联网大数据平台需要对数据支持灵活的多维度分析。对于联网设备产生的数据，需要进行各种维度的统计分析，如从设备所处的地域进行分析，从设备的型号、供应商进行分析，从设备所使用的人员进行分析等。另外，这些维度的分析是无法事先想好的，而是在实际运营过程中根据业务发展的需求定下来的。因此，物联网大数据系统需要一个灵活的机制增加某个维度的分析。

10．支持数据计算

物联网大数据平台需要支持数据降频、插值、特殊函数计算等操作。原始数据的采集可能频次较高，但具体分析时往往不需要对原始数据进行，而是对降频之后的数据进行。系统需要提供高效的数据降频操作。设备是很难同步的，不同设备采集数据的时间点也很难对齐，因此分析一个特定时间点的值往往需要插值才能解决，系统需要提供线性插值、设置固定值等多种插值策略才可以。工业互联网里，除通用的统计操作之外，往往还需要支持一些特殊函数，如时间加权平均。

11．即席分析和查询

物联网大数据平台需要支持即席分析和查询。为提高大数据分析师的工作效率，系统应该提供一命令行工具或容许用户通过其他工具执行SQL查询，而不是非要通过编程接口。查询分析的结果可以很方便地导出，再制作成各种图表。

12．灵活的数据管理策略

物联网大数据平台需要提供灵活的数据管理策略。一个大的系统采集的数据种类繁多，而且除采集的原始数据外，还有大量的衍生数据。这些数据各自有不同的特点，有的采集频次高，有的要求保留时间长，有的需要多个副本以保证更高的安全性，有的需要能快速访问。因此，物联网大数据平台必须提供多种策略，让用户可以根据数据特点进行选择和配置，而且各种策略并存。

13．开放的系统

物联网大数据平台必须是开放的。系统需要支持业界流行的标准SQL，提供各种语言开发接口，包括C/C++、Java、Python等，也需要支持Spark、R、Matlab等，方便集成各种机器学习、人工智能算法或其他应用，让大数据处理平台能够不断扩展，而不是成为一个孤岛。

14．支持异构环境

物联网大数据平台必须支持异构环境。互联网大数据平台的搭建是一项长期工作，每个批次采购的服务器和存储设备都会不一样，系统必须支持各种档次、各种不同配置的服务器和存储设备并存。

15．支持边云协同

物联网大数据平台需要支持边云协同。系统要有一套灵活的机制将边缘计算节点的数据上传到云端，根据具体需要，可以将原始数据，或加工计算后的数据，或仅仅符合过滤条件的数据同步到云端，而且随时可以取消，更改策略。

16．单一后台管理

物联网大数据平台需要单一的后台管理系统，便于查看系统运行状态、管理集群、管理用户、管理各种系统资源等，而且系统能够与第三方IT运维监测平台无缝集成，便于管理。

17．私有化部署

物联网大数据平台应便于私有化部署。因为很多企业出于安全以及各种因素的考虑，希望采用私有化部署。而传统的企业往往没有很强的IT运维团队，因此在安装、部署上需要做到简单、快捷，可维护性强。

8.2.3　物联网大数据应用场景

在物联网的概念里，有关任何开和关切换到网络的设备皆会彼此连接，如图 8.6 所示。

图 8.6　物联网大数据多种应用场景

这里以物联网大数据在医疗领域和智能交通领域的应用为例进行说明。

1．医疗领域

目前物联网技术在医疗行业中的应用包括人员管理智能化、医疗过程智能化、供应链管理智能化、医疗废弃物管理智能化以及健康管理智能化。

最典型的应用就是可穿戴设备，如图 8.7 所示，这种帮助用户实现个性化的自我健康管理的设备已经成为很多注重健康人士的新宠。

图 8.7　各种可穿戴设备

但是，目前许多医疗保健机构普遍遇到的问题是：他们正面临着已经采集了大量的数据却无法从中获得更多真正价值的现状。大数据分析仍然是一项新技术，因此这些医疗机构的 IT 团队需要专业的工具来帮助他们分析这些海量大数据。

物联网设备为大规模数据收集和分析提供了新的能力，已经在帮助医疗专业人员和其他利益相关者更好地了解其组织的运作方式。但是，物联网医疗发展的长期目标不仅仅局限于了解他们目前的状况，更在于他们如何利用数据来预测未来。

预测分析对于整个医疗保健领域的管理人员而言越来越重要。2019 年，据 Society of Actuaries 的调查，超过 92%的医疗保健机构负责人表示，预测分析对他们的业务未来发展至关重要。其中，60%的医疗机构负责人计划在未来 5 年内将至少 15%的预算投资用于预测分析功能。另外，调查还显示，数据可视化被认为是预测性数据分析软件解决方案中最重要的功能，甚至超过了机器学习等技术。

根据一些研究人员的预测，到2025年，医疗保健BI(Business Intelligence，商业智能)的市场估值将达到101亿美元，有望推动更多的创新和资金来改善技术的可用性。这很可能为更多的初创企业敞开大门，并带来更多的企业投资。

随着物联网在医疗保健领域的广泛应用，医疗机构将需要寻找更多的解决方案，以便他们能够将收集到的数据服务于医疗专业人员。

因此，有了开发物联网新技术所需的资源，我们有望在未来几年看到更多解决方案来推动医疗行业更高质量的数据分析与应用。

2. 智能交通领域

当前，物联网应用于智能交通已见雏形，且在未来几年将具有极强的发展潜力。物联网在智能交通领域的应用包括实时监控系统、自动收费系统、智能停车系统和实时车辆跟踪系统，可以自动检测并报告公路、桥梁的健康状况，并能帮助交通运输业缓解能耗、污染以及拥堵问题。

麦肯锡全球研究院早在2013年就宣布，通过大数据对现有的基础设施进一步强化管理和维护，每年能节省将近4000亿美元的支出。通过对交通数据的收集和分析挖掘，来对现有交通设施性能进行改善，提高其利用效率，下文列举三个成功案例。

1) 以色列实时识别模式系统

以色列在特拉维夫和本古里安机场之间的13号公路上铺设了一条1英里的快车道，如图8.8所示，这条车道是基于车辆的道路通过时间来收费的。它的工作原理如下：采用高阶的实时识别模式系统，通过统计在此快车道上的车辆数目或者通过计算两车之间的平均距离来评估道路的拥堵程度，从而可以智能选择在该道路系统能够承受的前提下是否增加“吞吐量”。而其收费方式也相应会变得智能化，当道路车流密度越高时，收费就越高；当车流密度越低时，则收费越低。这种智能收费系统通过以上收费方式，在一定程度上降低了道路的拥堵程度。

图8.8　以色列1英里的快车道

2) 巴西优化航空路线利用率

巴西航空交通在过去10年里迅速发展，预计在2030年年客运量将至少增加一倍，旅客人次将达到 3.1 亿以上。而为了解决空中交通拥堵的问题，巴西引进了一种系统，即利用 GPS 收集的数据来优化对现有的航空路线的利用效率，以缩短飞机航线。它的工作原理如下：改变了飞机在空中排队等候降落地面的一般性方法，同时为每一架飞机都设计了唯一的路线。听起来似乎很简单，但是系统需要收集大量的数据，并对数据进行快速有效的分析，包括对飞机之间的距离、行驶时间、飞机行驶性能等进行综合性评估，以此来保证飞机能够以最短的路线行驶。最早部署这一系统的巴西利亚国际机场的飞机，每一次降落都将节省 7.5 分钟和 77 加仑的燃料，相当于减少 22 海里的飞行距离。巴西计划将该系统部署到该国最繁忙的 10 个机场，初步估计这一部署在北美机场将会为巴西带来 16%～59%的客流量的增长；当然，还需要考虑机场硬件设施等各类条件。

3) 欧洲铁路公司应用大数据提高交通客流量

欧洲铁路基础设施供应商通常要求运营商为他们提供详细的火车行驶路线，然后供应商开发一个尽量满足每一条路线的时间表系统。而这种系统通常难以保证列车性能和客流量的最佳配置。在德国，绝大多数的货运列车不会如期出发，这一情况不可避免地会导致轨道并发症。最近，一些铁路公司开始利用大数据“工业化”的方法来对铁路交通进行优化。基于对过去铁路客流量以及列车性能的需求分析，将铁路轨道分裂成适应不同速度的插槽，能够满足不同性能的列车行驶速度和不同客流量的需要。而实现这些优化则需要有先进的规划技术。例如，针对列车的延迟出发，可以考虑为其变换适应速度较高的铁路轨道插槽，从而弥补列车出发的一个时间差。通过这种创新，不仅提高了铁路行驶的准确性和可靠性，还带来了交通流量 10%的提升。

4) 百度地图与交通部门合作深挖大数据

百度地图并不满足于对自有大数据的挖掘，而对交通部门的公共交通数据保持“饥渴”。公共交通大数据与百度用户大数据结合起来会有难以估量的价值，具体来说，体现在以下方面：

(1) 大幅提升用户出行体验。百度地图与江苏交通部门合作，接入南京实时公交数据之后，用户就可在百度地图查询公交实时到站信息。除了实时公交之外，百度地图与成都合作接入最新路网信息，地图导航就会第一时间知晓交通事故、道路维修、交通管制等情况进而绕行，进而提升出行体验。

(2) 提高日常交通疏导效率。基于互联网地图，交通信息不需通过大屏幕就可传达给司机。例如，交通部门可在云端疏导，司机则通过车载导航或手机地图收到语音指令，这样可避免让交警处于复杂恶劣的交通环境中；再如，有地方发生交通事故时，用户可通过百度地图的个性化导航绕行。借助于互联网地图，交通部门信息将更有效地传达给市民，实现云端调度，提升道路资源的使用效率，降低城市拥堵程度。

(3) 辅助宏观交通规划决策。相当一部分交通问题，如长期拥堵、事故高发，均可归结到交通规划不合理，包括城市规划、道路规划、方向规划、交通灯设置、道路转向设置等。如果有了基于海量大数据的分析结果，就可更有效地进行交通规划决策，进而提升整体效率，尤其是公共交通规划、公交路线、地铁班线、出租车配额，诸多公共交通资源配置决策均可基于大数据进行。

(4) 为共享出行提供基础支持。共享出行已深刻改变了市民的出行方式，共享出行平台依赖地图进行派单、计费、导航，这是百度与 Uber 结盟的原因。专车是增加还是减少城市拥堵？专车如何派单和行走才能避免拥堵？通过地图大数据分析都会有答案。共享出行的本质是基于LBS(Location Based Service，基于位置服务)的大数据出行方式，百度地图大数据与公共交通大数据结合之后，可为共享出行提供更好的支持。

(5) 无人车十分依赖公共大数据。百度是中国布局无人车最积极的巨头，无人车被视作根治交通问题的终极解决方案：只有无人车的交通系统更效率、更安全、更环保。无人车要全面上路，必须依赖于政府部门提供的实时而全面的交通数据，否则无人车很可能会开进死胡同出不来，或者遇到道路维修造成无人车大堵车。基于公共交通大数据，无人车就能接受云端的准确调度，选择正确路线。

8.3 物联网与云计算

8.3.1 物联网与云计算的区别和联系

作为信息技术领域的两大焦点，云计算、物联网两者之间区别比较大，不过它们之间也是息息相关的，首先物联网通过传感器采集到海量数据，然后云计算对海量数据进行智能处理和分析。

云计算与物联网二者相辅相成，其中云计算是物联网发展的基石，同时作为云计算的最大用户，物联网又不断促进云计算的迅速发展。

在云计算技术的支持下，物联网能够进一步提升数据处理分析能力，不断完善技术。假如没有云计算作为基础支撑，物联网工作效率便大大降低，那么其相比传统技术的优势也不复存在。由此可见，物联网对云计算的依赖性是很强的。

互联网是物联网的基础，也是核心，物联网在互联网的基础上可将用户端不断延伸到物物之间。物联网业务量逐渐增加，从而对数据存储、分析计算的能力提出更高要求，由此便有了云计算技术。

随着物联网、云计算的关系越来越紧密，物联网在云计算的支持下也被赋予了更强的工作性能，不仅能够提升其使用率，也使得其应用领域变得越来越广泛。因此，在云计算的承载下，物联网的发展空间也更为广阔。

实际上，云计算是真正实现物联网应用的核心技术，人类运用云计算的模式能够进行物联网中不同业务的实时动态的智能分析和管理决策。同时，在为物联网提供便捷和按需应用时，云计算做出了重大贡献。而若没有这个工具，那么物联网所产生的海量数据信息将无法顺利进行传输、处理，甚至是应用。

一般来说，云计算可以为物联网的海量数据提供足够大的存储空间，而云存储则可通过网格技术、分布式技术等将不同类型的设备集合应用起来、协同起来，对外提供数据存储以及业务分析等功能。

8.3.2 云计算在物联网中的应用分析

1. 云计算和物联网的结合方式

物联网与云计算都是根据互联网的发展而衍生出来的时代产物，互联网是二者的连接纽带。物联网是把数据信息的载体扩展在实物上，物联网的目标是将实物进行智能化的管理，为了实现对海量数据的管理和计算，就需要一个大规模的计算平台作为支撑。云计算的技术能实现对海量数据的管理。所以，作为这种特定的计算模式，云计算能够实现对数据库的数据信息进行实时的动态管理和分析。将云计算应用到物联网的数据传输和数据应用中，可在很大程度上提高物联网的运行速度。

2. 云计算对物联网的意义

云计算能为物联网提供技术支持，物联网为了实现规模化和智能化的管理和应用，对数据信息的采集和智能处理提出了较高的要求。基于云计算规模较大、虚拟化、多用户、较高的安全性等优势，因此其能够满足物联网的发展需求。云计算通过利用其规模较大的计算集群和较高的传输能力，能有效地促进物联网基层传感数据的互享。云计算的虚拟化技术能使物联网的应用更容易被建设。云计算技术的高可靠性和高扩展性为物联网提供了更为可靠的服务。基于云计算的各种优势，其为物联网的建设与发展提供了更好的服务。

3. 云计算与物联网的结合优势

云计算的大规模服务器很好地解决了物联网服务器节点不可靠的问题。随着物联网的逐渐发展，感知层和感知数据都在不断增长，由于处理不当，使得服务器的各个部分容易出现错误状况，在访问量不断增加的情况下，会造成物联网的服务器间歇性崩塌。增加更多的服务器资金成本，而且在数据信息较少的情况下会使服务器产生浪费的状态。基于这种情况，云计算弹性计算的技术很好地解决了该问题。

云计算能使物联网在更广泛的范围内进行数据信息互享。物联网的数据及信息直接存储到网络平台上，而网络平台的服务器分布在世界各地。在网络平台的服务器可以不受地域限制，对信息的采集和传输能很大限度地实现数据信息互享。云计算技术中的数据挖掘技术还能够有效地增强物联网的数据信息处理能力。同时，云计算还增强了物联网总的数据信息处理能力，提高了物联网的智能化处理的程度。物联网应用用户的不断增加，使得其产生大量的数据信息，而云计算通过计算机群为物联网提供了较强大的计算能力。物联网的产生是建立在互联网基础之上的，云计算是一种依据互联网的计算方式，在这种新型的网络数据信息应用的模式下，可以预见其在未来网络技术的发展中会形成一定规模。因此，云计算与物联网的有效结合会令云计算技术从理论走向实际应用，并促进社会经济产业的辉煌发展。

8.3.3　云计算与物联网的应用实例

1. 在电网方面的应用

近些年来，我国电力部门开展了电网的智能化模式，其主要目的是支持物联网时代所带来的能源转换和节省资源。智能化电网是把新型材料、先进电力设备、新型能源和国内当下先进的科学技术以及网络管理技术有效地结合，用以实现国内电力的相关工作的顺利便捷地进行，保证电力行业更好地服务于社会各个领域，促进电力行业的稳定发展。云计算与物联网的有效结合促进了国内电力行业的协调发展，可有效地辅助电力企业的数据转换业务，为电力企业提高工作和服务效率。

2. 在交通方面的应用

随着物联网的不断发展，物联网的理念已经转变到产业中来，物联网在交通系统中得到了广泛应用。物联网的有效应用为人们的生活出行带来了极大的便捷，尤其体现在较为繁华的城市中。智能化交通是将传感器和诸多电子信息系统综合地运用起来，并在地面上建立安全、实时、准确的交通运输系统，同时通过先进的技术对交通运输系统进行全新改造，从而形成一种自动化、智能化的交通系统。

此外，在智能化交通的监控和管理的过程中，对云计算技术的应用中不是改变了对计算机的思维模式，而是将多种先进的技术进行综合性的整合。其主要表现在两个方面。其一，目前交通数据信息的运行管理系统进入了平稳的运营阶段，对于原有的计算机硬件的需求有别于以往的需求，对计算机的硬件更注重其平稳性。对云计算的数据信息资源的需求服务解决了计算机软件成本问题。其二，在交通运输行业中，其基础设施和设备都在快速发展，对于机场、火车站、客运专线和铁路干线的建设也加入了软件设计和程序的思维，促进了交通运输领域的发展。所以，云计算和物联网的有效结合，使得交通运输系统实现信息化，加速了交通运输系统智能化的建设。

3. 在公安系统中的应用

国内的公安联网系统是由大量的前端感应系统集合在一起形成的，对海量数据的存储需求较高，并且要求对海量数据进行有效的管理和计算，同时是对有效数据进行搜索的复杂计算过程。所以，公安联网系统对数据和信息的计算能力和存储能力要求较高。基于数据库中的数据是不断更新的，因此对数据信息的计算要求也是动态式的。所以，云计算技术的计算模式较为符合公安系统的物联网，利用云计算的方式可以实现可配置的计算资源，进行较为便捷的查找和应用，对于较为紧急的资料，在进行查找时要做到快速访问，而云计算的技术满足了这种要求。云计算的公共物联网体系框架可被归类为感知层、传输层、支撑层和应用层等层面。网络平台的服务主要集中在公安物联网体制的框架的支撑层面和应用层面。

8.4 物联网与泛在网

8.4.1 泛在网基础

1. 泛在网的概念

泛在网(又称U网络，来源于拉丁语的Ubiquitous)即广泛存在的网络，它以无所不在、无所不包、无所不能为基本特征，以实现在任何时间、任何地点、任何人、任何物都能顺畅地通信为目标。目前，随着经济发展和社会信息化水平的日益提高，构建“泛在网络社会”，带动信息产业的整体发展，已经成为一些发达国家和城市追求的目标。

已有的泛在网络技术包括3G、LTE、GSM、WLAN、WiMax、RFID、ZigBee、NFC、蓝牙等无线通信协议和技术，还包括光缆和其他有线线缆的通信协议和技术。

2. 泛在网架构终端

最早提出U战略的日韩给出了如下定义：无所不在的网络社会将是由智能网络、最先进的计算技术以及其他领先的数字技术基础设施武装而成的技术社会形态。根据这样的构想，泛在网将以“无所不在”“无所不包”“无所不能”为基本特征，帮助人类实现 4A 化通信，即在任何时间(anytime)、任何地点(any-where)、任何人(anyone)、任何物(anything)都能顺畅地通信。4A 化通信能力仅是 U 社会的基础，更重要的是建立泛在网之上的各种应用。

3. 泛在网标准体系

要建设一个真正的无处不在的信息通信网络，除了需要高度普及先进的基础设施之外，还需要建立一个标准化体系保障泛在网的可用性和互通性。

中国电子商务专家陈记强认为：“泛在网在全球正在从设想变成现实，从局部应用变为规模推广，需要多方面的支持，技术的标准化是泛在网大规模应用的重要推动力。通过标准制定将市场上各自为政的利益主体聚集起来，形成合力，朝着共同的方向进行技术创新、产品开发、大规模生产，引导泛在网产业健康有序发展。”

泛在网标准体系研究主要包括以下内容：

(1) 泛在网的技术特点、应用对象；

(2) 泛在网系统构架；

(3) 系统中各功能模块和组件；

(4) 各模块之间的接口；

(5) 数据标志(采集、处理、传输、存储、查询等过程)；

(6) 应用服务标准、信息安全、个人隐私保护等。

目前泛在网标准体系研究有 4 个重点研究方向，包括下一代网络技术标准、传感器网络技术标准、RFID 技术标准、对象标志技术标准。

8.4.2　泛在网与物联网的区别和联系

互联网与物联网相结合，便可以称为泛在网。利用物联网的相关技术如 RFID 技术、无线通信技术、智能芯片技术、传感器技术、信息融合技术等，以及互联网的相关技术如软件技术、云计算技术等，可以实现人与人的沟通以及物与物的沟通，使沟通的形态呈现多渠道、全方位、多角度的整体态势。这种形式的沟通不受时间、地点、自然环境、人为因素等的干扰，可以随时随地自由进行。泛在网的范围比物联网大很多，除了人与人、人与物、物与物的沟通外，还涵盖了人与人的关系、人与物的关系、物与物的关系。

物联网通信技术旨在实现人和物体、物体和物体之间的沟通和对话，为此需要统一的通信协议和技术、大量的 IP 地址，还要再结合自动控制、纳米技术、RFID、智能嵌入等技术作为支撑。这些协议和技术统称为泛在网技术。

ITU 把泛在网描述为物联网基础的远景，泛在网由此成为物联网通信技术的核心。

8.4.3　应用案例——泛在电力物联网

1. 泛在电力物联网的概念

2018 年国家电网提出泛在电力物联网的概念，并开始着手打造 SG-eIoT(Electric Internet of Things)。

对于这个新概念，国家电网董事长寇伟的解释是：

泛在电力物联网就是围绕电力系统各环节，充分应用移动互联、人工智能等现代信息技术、先进通信技术，实现电力系统各环节万物互联、人机交互，具有状态全面感知、信息高效处理、应用便捷灵活特征的智慧服务系统。

通俗地讲，泛在电力物联网本质上就是一个物联网。

电力物联网就是把电力系统里的各种设备、电力企业、用户相连形成的一个网，而泛在则表示无处不在。

举一个大家都熟悉的例子：手机交电费。之所以可以如此方便地用手机交电费，就是因为物联网将手机和家庭的智能电表相连了。当然，这只是泛在电力物联网在用电侧的应用。

未来的泛在网络，其更大的想象空间是在配用电侧，它将是主动式配电网的高级表现，它能够实现 DG(分布式发电)与智能用电的完美结合。网络中无处不在的感知技术与多层次计算能力将解决“电从哪里来”“来电是否清洁”的问题，这也将是对能源互联网概念的诠释。

事实上，泛在电力物联网也将涵盖发电、输电、配电、用电等所有环节。我们更多的关注它在配用电侧的表现，是因为发、输电侧的智能化水平较之配用电是相对成熟的，而配电环节的体量相对发、输电而言也更大、更深、更广。但就“泛在”的概念而言，也只有打通了电力这个商品的全寿命周期，运用技术的手段来实现能源的生产、输送、消费的安全性与经济性，才是未来能源革命的方向。

泛在电力物联网和能源互联网的区别如图 8.9 所示，可以看出，能源互联网 = 坚强智能电网+泛在电力物联网。其中，坚强智能电网侧重在发、输电侧，如特高压建设、新能源(风、光等)建设等；而泛在电力物联网侧重在电力需求侧，旨在利用“大云物移智”(大数据、云计算、物联网、移动互联网、人工智能)等先进信息通信技术来更好地满足用户对能源的多种需求。

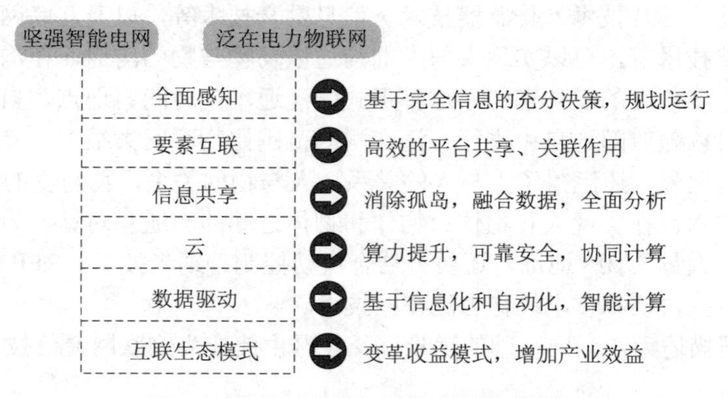

图 8.9　能源互联网与泛在电力物联网的区别

2. 泛在电力物联网的体量

泛在电力物联网未来的建设节奏分成两步：

第一步：至 2021 年初步建成网络，基本实现业务协同和数据贯通，初步实现统一物联管理等目标；

第二步：至 2024 年建成该网络，全面实现业务协同、数据贯通和统一物联管理等要求。全部建成后，泛在电力物联网将会成为接入设备最多的物联网生态圈。

目前国家电网系统接入的终端设备超过了 5 亿只(其中 4.5 亿只电表，其他设备几千万台)。根据国家电网规划，2025 年接入终端设备将超过 10 亿只，2030 年将达到 20 亿只。

2019 年是我国电力信息化投资的元年，预计 2019—2021 年，国家电网在电力信息化上的投资将分别达到 300、500、600 亿元。如此大规模的投资将会带动整个产业的高速增长，无论处在这个行业的哪个环节，都将迎来一个周期性的成长机会，而且作为一种战略驱动的能源革命，它也将迭代当前的电网装备与规划设计的思路。

3. 泛在电力物联网的架构

作为一种物联网，泛在电力物联网也包含感知层、网络层、应用层 3 层结构。其整个产业链可以简单概括为“云-管-边-端-芯”，其中，“云”是指配电物联网云平台，“网”是指有线或者无线通信方式，“边”是指边缘计算机，“端”是指智能终端，“芯”是指硬件处理芯片。

此外，卫星和 5G 技术形成的信息传输系统将成为泛在网实现的关键力量，信息的传输速度与流量是泛在网的技术保证。

8.5　物联网的发展方向

物联网有以下 6 个发展方向。

1. 迎接大数据时代

在 2019 年，大约有 36 亿台设备主动连接到互联网，用于日常任务。随着 5G 的推出，将为更多设备和数据流量打开大门。用户可以通过增加边缘计算的使用来应对这种趋势，这将使企业更容易、更快地在接近操作点处理数据。

2. 全数字化管理+云服务

2018—2020 年间，制造业中联网设备的数量会翻一番。在 2019 年，87%的医疗保健机构采用了物联网技术，如医疗保健机构和物联网智能药丸、智能家居护理、个人医疗保健管理、电子健康记录、管理敏感数据等。这种改进可以应用于许多垂直和水平行业。

3. 未来物联网设备爆发式增长

根据国际数据公司的数据，到 2021 年，物联网支出将达到 1.4 万亿美元。物联网是少数几个被新兴和传统风险投资家感兴趣的市场之一。智能设备的普及以及客户越来越依赖于使用它们完成许多日常任务，将增加投资物联网初创公司的兴奋感。

4. 智能物联网的扩展应用

其一是，部署在社区的智能传感器将记录步行路线、共用汽车使用、建筑物占用、污水流量和全天温度变化等所有内容，目的是为居住在那里的人们创造一个舒适、方便、安全和干净的环境。一旦模型被完善，它可能成为其他智慧社区和最终智慧城市的模板。

其二是汽车行业，在未来几年，自动驾驶汽车将成为一种常态。如今大量车辆都有一个联网的应用程序，显示有关汽车的最新诊断信息。这是通过物联网技术完成的，物联网技术是联网汽车的核心。表 8.1 为企业智能物联网扩展应用领域关键词。

表 8.1 企业智能物联网扩展应用领域关键词

亿欧智库：代表性企业 2019 年或未来规划关键词					
千亿美元级企业		中美主要 ICT 企业		国内补充企业	
企业	关键词	企业	关键词	企业	关键词
爱克森美孚	页岩油	微软	云与 AI	软银中国	新能源
克罗格集团	人工智能	Facebook	智能家居	苏宁	智慧零售
沃博联	数据收集	谷歌	人工智能	国美	家庭解决方案
沃尔玛	区块链	亚马逊	无人便利店	华润集团	智慧城市
Verizon	5G	华为	5G	恒大	新能源汽车
通用电气	AI 的应用	甲骨文	云计算	中粮集团	全球化

5. 物联网+区块链

当前物联网的集中式架构是物联网网络易受攻击的主要原因之一。随着数十亿设备的联网和更多设备的加入，物联网将成为网络攻击的首要目标，这使得安全性变得极其重要。

区块链为物联网安全提供了新的希望，原因如下：首先，区块链是公共的，参与区块链网络节点的每个人都可以看到存储的数据块和交易，尽管用户仍然可以拥有私钥来控制交易；其次，区块链是分散的，因此没有单一的权威机构可以批准消除单点故障(Single Point of Failure，SPOF)弱点的交易；第三，也是最重要的，它是安全的，数据库只能扩展，以前的记录不能更改。

在未来几年，制造商将认识到将区块链技术嵌入所有设备中的好处，并争夺“区块链认证”等标签。

6. 物联网产业升级

麦肯锡预测，未来 10 年内，全球物联网将创造 10 多万亿美元的价值，约占全球经济的 1/10，并与城市管理、生产制造、家庭事务、汽车驾驶、能源环保、物流运输、消费结算、个人健康等重要领域结合，形成数个千亿级规模以上的细分市场。

事实证明，随着物联网的发展，联网设备数量也在不断增加，越来越多的企业愿意进行产业转型以及技能升级。

思 考 题

1. 简述 5G 与物联网面临的挑战。
2. 简述物联网大数据平台的特征。

3. 举例物联网大数据的应用场景。
4. 简述泛在网的网络标准体系。
5. 简述物联网发展的方向。

参 考 文 献

[1] 张毅，郭亚利. 通信工程(专业)概论[M]. 武汉：武汉理工大学出版社，2007.
[2] 鲜继清，李文娟，张媛，等. 通信技术基础[M]. 2 版. 北京：机械工业出版社，2015.
[3] 何凤梅，詹青龙，王恒心. 物联网工程导论[M]. 2 版. 北京：清华大学出版社，2018.
[4] 蒋青，范馨月，陈善学. 通信原理[M]. 北京：科学出版社，2014.
[5] 吴功宜，吴英. 物联网工程导论[M]. 2 版. 北京：机械工业出版社，2018.
[6] 史萍，倪世兰. 广播电视技术概论[M]. 北京：中国广播电视出版社，2003.
[7] 刘文开，刘远航. 地面广播数字电视技术[M]. 北京：人民邮电出版社，2003.
[8] 刘云浩. 物联网导论[M]. 2 版. 北京：科学出版社，2013.
[9] 蒋青. 现代通信技术基础[M]. 北京：高等教育出版社，2008.
[10] 郭梯云，等. 移动通信[M]. 西安：西安电子科技大学出版社，2005.
[11] 顾畹仪. 光纤通信系统[M]. 3 版. 北京：北京邮电大学出版社，2013.
[12] 达新宇. 现代通信新技术[M]. 西安：西安电子科技大学出版社，2001.
[13] 储钟圻. 现代通信新技术[M]. 3 版. 北京：机械工业出版社，2013.
[14] Alberto Leon-Carcia，Indra aWidjaja. 通信网基本概念与主体结构[M]. 乐正友，杨为理，译. 北京：清华大学出版社，2003.
[15] 谢希仁. 计算机网络[M]. 北京：电子工业出版社，2013.
[16] 中国互联网络信息中心. 中国互联网络发展状况统计报告[Z]. 2013.
[17] 物联网世界：http://www.iotworld.com.cn.
[18] Jean-Philippe Vasseur, Adam Dunkels. 基于 IP 的物联网架构、技术与应用[M]. 田辉，徐贵宝，马军锋，等译. 北京：人民邮电出版社，2010.
[19] 电子工程世界：http://bbs.eeworld.com.cn/thread-620402-1-1.html.
[20] 张智文. 射频识别技术理论与实践[M]. 北京：中国科学技术出版社，2008.
[21] 周晓光，王晓华，王伟. 射频识别(RFID)系统设计、仿真与应用[M]. 北京：人民邮电出版社，2008.
[22] 黄玉兰. 物联网核心技术 [M]. 北京：机械工业出版社，2011.
[23] 中国物品编码中心：http://www.ancc.org.cn.
[24] 蔡自兴，等. 人工智能及其应用[M]. 5 版. 北京：清华大学出版社，2016.
[25] 何蔚. 面向物联网时代的车联网研究与实践 [M]. 北京：科学出版社，2013.
[26] 陈根. 智能穿戴改变世界：下一轮商业浪潮[M]. 北京：电子工业出版社，2014.
[27] Nitesh Dhanjani. 物联网设备安全 [M]. 林林，陈煜，龚娅君，译. 北京：机械工业出版社，2017.
[28] 佛朗西斯・达科斯塔. 重构物联网的未来[M]. 周毅，译. 北京：中国人民大学出版社，2016.
[29] 通信产业报[N]. 信息产业部.

[30] 通信世界[N]. 中国通信企业协会会刊.
[31] 现代通信[N]. 中国通信学会.
[32] 中国工信产业网：http://www.cnii.com.cn.
[33] 维库电子通：http://wiki.dzsc.com.